CB127044

ROCHAS e Histórias do Patrimônio CULTURAL do BRASIL e de MINAS

Antônio Gilberto Costa

Bem-Te-Vi

Sumário

Apresentação

Antônio Gilberto Costa

Hay quien recorre los monumentos de una ciudad con la mirada desenfocada de un vídeo-turista, que observa el paisaje desde un mirador, viajeros para los cuales el pasado y sus iconos artísticos son una pieza de museo estéril y disecada. Hay quien escribió que nadie podrá conocer un país si no sabe preguntar a sus símbolos, si no trata de descubrir el misterio de su historia última. La cerámica, ... las catedrales, los palacios ... respiran vida, son latidos de Historia, nos enseñan a oler el tiempo pasado en el viento, a tocar-lo en las piedras pulidas por el sueño de los hombres y a conocer su intimidad interrogando silencios y voces de luz, así, sin apuro, como quien interroga un poema o un libro

FERNANDO GARCÍA DE CORTÁZAR

No estudo das rochas e de suas aplicações pelo homem, tenho dedicado parte do tempo a "perguntar e interrogar" edificações, monumentais ou não, e suas "Pedras", aqui e em diversos lugares do mundo, sempre na busca por respostas para questionamentos de natureza muito diversa e que envolvem escalas de tempo muito diferentes, pois, no que diz respeito às rochas, as histórias implicam milhões de anos, ao passo que, para as suas aplicações em projetos desenvolvidos pelo homem, contados a partir dos nossos dias, são passados não mais do que alguns milhares de anos.

Para a terra e algumas de suas rochas pode-se considerar que tudo teve início há cerca de 4,5 bilhões de anos, nos primórdios do sistema solar, quando foram formadas. Desde então, a terra vem passando por contínua diferenciação e evolução. Nesta história e escala geológicas, as rochas foram geradas e experimentaram inúmeras transformações pela atuação de variados processos, e ainda hoje continuam sendo produzidas e modificadas, sejam elas ígneas, portanto vulcânicas ou plutônicas, mas formadas a partir da cristalização dos líquidos magmáticos, ou sedimentares e geradas pela desagregação de outras rochas com posterior compactação, ou ainda metamórficas e resultantes de várias transformações.

Por outro lado, dentro dessa imensidão de tempo, só muito recentemente apareceu o homem e por conta disso esses materiais pétreos passaram a ser utilizados pelo mesmo. No início, fossem lá muito velhas ou novas, essas rochas, muito provavelmente, tiveram utilidade apenas como abrigo ou refúgio. A partir de então, elas passaram a ser empregadas na fabricação de utensílios diversos, tais como armas para a caça e a pesca, bem como para outras atividades do cotidiano. Foram também muito usadas para a produção de ornamentos e como fonte para a produção de pigmentos amarelo, ocre, preto e vermelho, com os quais foram produzidas representações pictóricas, registrando cenas do cotidiano desse homem pré-histórico. Para esses primeiros tempos, objetos construídos em pedra por esses homens primitivos e datados de aproximadamente 165.000 anos, constituem, até o presente, as evidências mais antigas dessas possíveis primeiras aplicações. No entanto, para o território de Minas, documentação arqueológica indica que este só foi conquistado pelo homem pré-histórico há cerca de 12.000 anos.

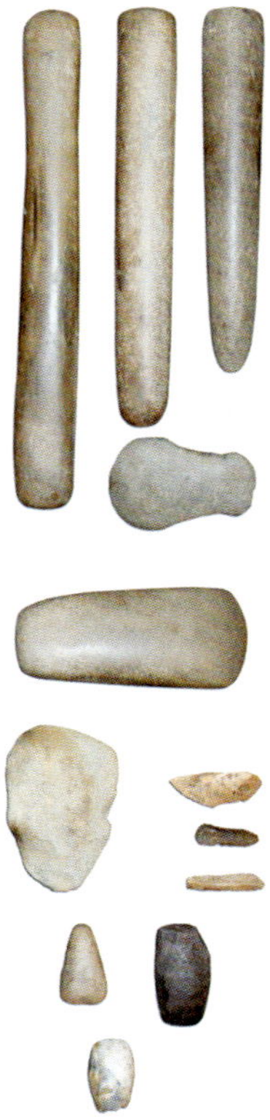

As artes do homem pré-histórico nas terras de Minas

Utensílios produzidos em pedra [acima] e representações de cenas do seu cotidiano, gravadas, dentre outros sítios, nas paredes calcárias do Peruaçu, constituem registros da presença do homem pré-histórico nas terras de Minas [página à esquerda].

A partir destas utilizações inicialmente em estado bruto, o *Homo sapiens* moderno visualizou outras possibilidades e vantagens de aplicações para as rochas, e desde então, seus descendentes não só passaram a compreender sua diversidade, explicada pelas diferenciações, transformações, alterações e deteriorações, como também aprenderam a identificar suas potencialidades, por conta de suas características, e aperfeiçoaram as técnicas para as suas extrações.

Estes avanços tecnológicos permitiram uma grande expansão do uso destes materiais e, ao longo da nossa história mais recente, são inúmeros os seus exemplos. Os egípcios notabilizaram-se pela construção de seus colossais monumentos com o uso de calcários e de arenitos, rochas sedimentares; os gregos imortalizaram-se através da edificação de seus templos e na produção de suas famosas estátuas, com a utilização dos mármores, rochas metamórficas. Já os romanos descobriram as vantagens da aplicação das rochas vulcânicas na produção de argamassas, do cimento e do concreto, o que acabou por permitir a construção das imensas cúpulas de suas edificações históricas, como a do *Pantheon* de Roma.

Mas, voltando aos 4,5 bilhões de anos, tão imensos para a formação das rochas e da própria terra, só quase ao final desses foi então o território de Minas Gerais conquistado, ocupado e "construído". Tomando para escala de tempo aquela dos nossos antepassados, isto poderia corresponder ao início do século XVIII, quando da chegada de portugueses e de mamelucos ao futuro território das minas, ou há aproximadamente 12.000 anos atrás, considerando-se as referências arqueológicas conforme mencionado anteriormente.

Escolhendo como ponto de partida desta história a chegada dos portugueses, apesar da riqueza do nosso patrimônio pré-histórico, será considerado o período de 200 anos, contados a partir desta chegada, como sendo aquele durante o qual foram construídas não só as bases do que viria a se transformar nas Minas Gerais de hoje, mas boa parte do seu conjunto de bens culturais edificados em pedra e que constituem a expressão maior de sua identidade.

Assim sendo, nesta obra, que tem por ênfase a apresentação das rochas utilizadas nas construções históricas do Brasil, e em especial nas de Minas, monumentais ou não, deve-se ter em mente que a idade de formação para aquelas empregadas nas edificações continuará sendo de milhões ou mesmo de bilhões de anos, mas o destas edificações encontra-se apenas entre os 100 e 300 anos atrás!

Esta grande diferença de idades valida a afirmação de que, de modo geral, as rochas empregadas já eram muito antigas, quando estes monumentos foram construídos. Por conta disto e por conta de mudanças nas condições sob as quais as mesmas foram formadas em relação àquelas que agora se encontram, é previsível que se alterem em um tempo muito curto, não mais na escala de tempo geológico, mas na escala de tempo do homem e dos seus projetos.

Considerados todos os devidos tempos, as indagações direcionam-se agora para o nível de consciência acerca da importância das rochas no nosso cotidiano, a despeito da importância dos materiais pétreos para a construção civil e para o desenvolvimento dos países. Aqui, a percepção é de, que de modo geral, pouco é conhecido sobre a presença das rochas no nosso dia a dia e que menos ainda se sabe sobre suas importantes aplicações nas construções mais antigas e históricas do Brasil e de Minas.

Por conseguinte, editar uma obra que trata das rochas e de suas aplicações, nesse tempo muito recente, e ainda que presentes tão somente em uma parte do vastíssimo e valioso patrimônio cultural do Brasil e de Minas Gerais, tem as suas justificativas.

Pensada e executada sob a ótica de um geólogo, torna-se necessário assinalar, e de pronto, que esta é uma obra que não tem a pretensão de imiscuir-se em questões

Cidades históricas de Minas: Mariana, Tiradentes, Diamantina, Congonhas do Campo, Itabirito e Ouro Preto

nas áreas da Arquitetura, das Belas Artes, das Engenharias, ou ainda da História. Deve ser entendida como uma contribuição para o conhecimento e para a preservação de bens, construídos em pedra. No entanto, considerando as inúmeras interfaces que o tema proposto apresenta, e que neste caso o tratar das rochas não se configura como tarefa exclusiva da Geologia, é também de se assinalar que não seria mesmo possível ao geólogo prescindir de conceitos daquelas áreas mencionadas, tendo em vista o entendimento do conjunto.

Considerando a interdisciplinaridade do tema, e com o intuito de trazer ao leitor outras informações situadas nestas interfaces, buscou-se o apoio de especialistas das Belas Artes, da Arquitetura, da História e da Engenharia de Minas. Através de textos produzidos por tais especialistas, com abordagens sobre a História, as Artes e a Economia do momento em que esses bens foram produzidos, e em especial nas *Minas Geraes*, ficaram estes responsáveis pelo intróito às ditas pedras, suas aplicações e histórias.

Assim, nesta abordagem sobre rochas e monumentos, começaremos por uma contextualização do momento histórico, passaremos em seguida pelo entendimento dos conceitos dos estilos barroco e rococó e tomaremos conta de conhecimentos acerca da importância da atividade mineral do século XVIII, como fonte de recursos para a edificação de boa parte desse patrimônio. Por fim e passada esta apresentação, entraremos neste ainda pouco conhecido universo da aplicação das rochas nas construções no Brasil, com ênfase naquelas do território mineiro dos séculos XVIII e XIX.

SOBRE HOMENS, BARRO, PEDRA E CAL: UM CALDO DE CULTURAS E TÉCNICAS NA ARTE E ARQUITETURA DAS MINAS COLONIAIS

Fernanda Borges de Moraes[1] e João Pinto Furtado[2]

Todos estes tesouros e a grandeza
De todas estas pedras determino,
Que por mão de um benévolo destino
Vão buscar inda a Lusa Monarquia
Desde o seio da terra a ver o dia
O mármore virá, que aos Céus levante
Edifícios soberbos; a elegante
Mão do artífice, a Vila edificada
Fará que sobre as outras respeitada
De Rica tenha o nome, derivado
Dos tesouros o epíteto prezado
Cláudio Manoel da Costa

No meio do caminho tinha uma pedra
Carlos Drummond de Andrade

O ano de 1938 figura como marco de um longo processo de conhecimento e reconhecimento da excepcionalidade da produção urbanístico-arquitetônica e artística de Minas Gerais. Naquele ano, de uma "única penada", foi tombada expressiva quantidade de bens culturais no estado pelo recém-criado serviço de patrimônio, posteriormente denominado Instituto do Patrimônio Histórico e Artístico Nacional - IPHAN. Os conjuntos urbanos, edificações isoladas e bens móveis mineiros tombados inserem-se em um recorte temporal e espacial específico – o século XVIII e a região do quadrilátero ferrífero – privilegiando assim a produção artística do período conhecido como barroco colonial mineiro.

Curioso é o fato de que, no século XVIII - mesmo que a proclamação da Independência viesse a ocorrer já no primeiro quartel do XIX - ser mineiro não implicava ainda necessariamente também ser "brasileiro", sendo este termo, à época, mais apropriadamente utilizado para denominar os comerciantes do pau-brasil. Foram os intelectuais modernistas, posteriormente e pelo trabalho da crítica, que finalmente tornaram essa metonímia possível, tanto como expressão artística quanto como referência política para a nossa nacionalidade. Desde então, a arte Barroca e a Inconfidência Mineira – neste último caso, com destaque para apenas um dos conjurados, Joaquim José da Silva Xavier, o Tiradentes – prestaram-se a uma reconstrução histórica deveras ufanista, a qual procurou enxergar, nesses dois elementos simbólicos, os contornos de nossa atual nacionalidade. Em outras palavras, seja pela via da identidade cultural e artística, seja pelo esboço de criação de uma comunidade política, procurou-se identificar, no século XVIII, características que não seriam exatamente as mais marcantes a seu próprio tempo. A questão que resta inconclusa, e que aqui principiamos por abordar, é sobre

[1] Professora da Escola de Arquitetura da UFMG.

[2] Professor do Departamento de História da FAFICH-UFMG.

até que ponto tal associação pode se converter em objeto de estudo e reflexão. Por que essas partes expressam o todo? O que há de verdadeiro nisso?

Em 100 anos de Independência, por volta da primeira explosão modernista, de 1922, o Brasil continuou sob a influência européia – das missões artísticas das primeiras décadas do século XIX ao urbanismo haussmaniano de Aarão Reis, com seu neoclassicismo e ecletismo da arquitetura da nova capital das Minas Gerais – e nossa identidade de nação parecia não estar sequer delineada. A riqueza promovida pelo café e, um pouco mais tarde, pelo desencadeamento do processo de industrialização permitiam a importação de todo tipo de novidades, de objetos artísticos a materiais e elementos construtivos. Da Europa também veio a inquietação das vanguardas artísticas, inquietação que acabou por contaminar um grupo bastante diversificado de intelectuais, adeptos de um movimento que iria causar uma série de rupturas no pensamento vigente nas Artes, na Arquitetura e, até, no Urbanismo: o Modernismo.

Nesse contexto de grandes transformações na economia, na política e na sociedade, entender o Brasil e identificar os elementos de nossa nacionalidade foi tarefa autoimposta por esses intelectuais modernistas. Negando o anacronismo da produção neoclássica, eclética e neocolonial na arquitetura, assim como o academicismo nas artes plásticas e literárias ao longo do século XIX, os modernistas procuraram retroagir ao tempo da América portuguesa, que também era ameríndia e africana, e ali vislumbrar os delineamentos de uma incipiente consciência nativista. Assim, Mário de Andrade resgatou e procurou evidenciar, em Macunaíma, por exemplo, a nossa pujante mestiçagem cultural. Mestiçagem essa também evidenciada no barroco mineiro, reconhecido como a primeira e principal produção genuinamente nacional – que, mesmo inserida na produção artística do mundo conhecido à época, se destacava em suas peculiaridades, corroboradas mais tarde na obra seminal de Germain Bazin sobre o barroco brasileiro.

O destaque conferido à produção mineira alçou o conjunto da obra de Aleijadinho, artífice da pedra, ao pedestal de última manifestação válida de arte religiosa no mundo. Estetas, historiadores e críticos da arte se debruçaram sobre a produção mineira a partir de então, oferecendo ricas leituras a partir de suas respectivas especialidades. No entanto, alguns aspectos da realidade coeva parecem ter sido relativamente negligenciados, sobretudo em termos da contextualização de sua obra à luz do ambiente econômico, político, sociocultural e geográfico que lhe deu suporte, os quais serão aqui brevemente examinados.

DOS PRIMÓRDIOS DA OCUPAÇÃO A FINS DO SÉCULO XVIII

No que respeita às condições sociais de existência, segundo vertentes expressivas da historiografia brasileira, Minas Gerais, a partir da descoberta do ouro, se teria tornado, momentaneamente, o centro dinâmico de toda a sociedade colonial, e derivaria desta transformação e da própria natureza da atividade mineradora uma sociedade urbana, mais flexível[3] e até, numa certa vertente historiográfica regional, democrática[4]. Isto se expressaria, entre outros aspectos, num peso menos acentuado da grande propriedade, em maiores possibilidades de ascensão social e enriquecimento para todos, além da possibilidade de compra de alforria pelos escravos[5].

[3] Celso Furtado, por exemplo, foi um dos defensores desta tese que, até os anos 1970, era dominante nos meios acadêmicos brasileiros. Ver: FURTADO. Formação econômica do Brasil, 1984.

[4] VASCONCELLOS. *Mineiridade: ensaio de caracterização*, 1968.

[5] Cito, entre outros, DORNAS FILHO. *O ouro das gerais e a civilização da capitania*, 1957 e SANTOS. *Memórias do distrito diamantino*, 1976.

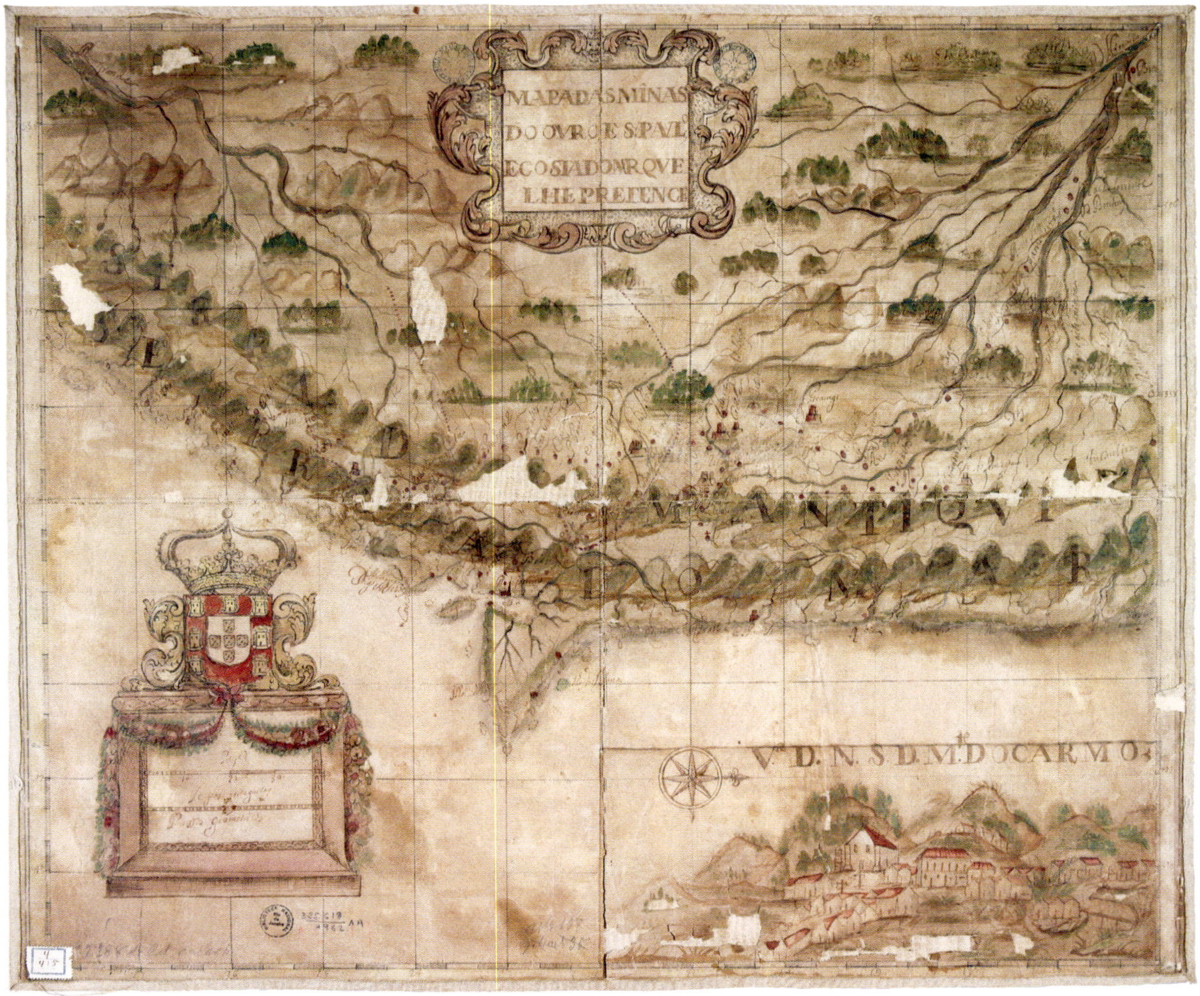

A região das minas no *MAPA DAS MINAS DO OURO E S.PAULO E COSTA DO MAR QUE LHE PRETENCE*

Executado nos idos de 1714, pelo engenheiro de capitania Pedro Gomes Chaves, constitui uma das primeiras e ao mesmo tempo uma das poucas representações de parte do território mineiro desse tempo [BN – 51,1 x 61,8 cm].

Nenhuma destas interpretações, no entanto, teria explicado satisfatoriamente as causas da persistência, às vésperas da Inconfidência de 1788 e apesar da crise que já se arrastava por aproximadamente três décadas, de cerca de trezentas e sessenta mil almas, que, tendo ali se concentrado ao longo de décadas, ainda habitavam o espaço econômico das Minas e ali desenvolviam inúmeras atividades ligadas à sua reprodução material. De que viviam? Como se articulavam economicamente? Como estavam distribuídas entre as diversas comarcas? Quais eram os móveis de sua inserção econômica e lógica produtiva?

Respostas a essas questões estão indicadas, esboçadas ou desenvolvidas em trabalhos de uma nova geração de historiadores que vem se dedicando ao estudo de Minas Gerais em fins do século XVIII e início do XIX. Embora, já nos anos 1950 e 1960, autores como Mafalda Zemella e Sérgio Buarque de Holanda nos alertassem quanto às transformações por que passaria a economia mineira na segunda metade do século XVIII[6], foi a partir dos anos 80 que se consolidou toda uma gama de trabalhos que demonstram a existência de forte diversidade na economia mineira do século XVIII.

A partir dos criativos e sistemáticos trabalhos e/ou artigos de Alcir Lenharo[7] e Maria Yedda Linhares[8], autores como Carlos Magno Guimarães e Liana Reis[9], Júnia F. Furtado[10], José Newton Meneses[11] e Cláudia Chaves[12], entre outros, vêm demonstrando o alto grau de complexidade que adquire a economia mineira na segunda metade do século XVIII. Alguns desses trabalhos, que se propõem a estudar a região mineradora sob os

[6] ZEMELLA. *O abastecimento da capitania das Minas Gerais no século XVIII*, 1990; HOLANDA. Metais e pedras preciosas. In: *História Geral da Civilização Brasileira*, 1988.

[7] LENHARO. *As tropas da moderação*, 1979.

[8] LINHARES. *O Brasil no século XVIII e a idade do ouro: a propósito da problemática da decadência*, 1979.

[9] GUIMARÃES. *Agricultura e escravidão em Minas Gerais (1700-1750)*, p. 07-36; GUIMARÃES & REIS. *Agricultura e caminhos de Minas (1700-1750)*, p. 85-99.

[10] FURTADO. *O livro da capa verde: o regimento diamantino de 1771 e a vida no distrito diamantino no período da Real Extração*, 1996; FURTADO. *Homens de negócio*, 1999.

[11] MENESES. *O continente rústico; abastecimento alimentar na comarca do Serro Frio (1750-1810)*, 1997.

[12] CHAVES. *Perfeitos negociantes: homens de negócio nas Minas setecentistas*, 1999.

mais diversos aspectos, apresentam ainda a idéia de que, assim como há diversificação e crescimento, há também limites quanto à natureza do crescimento econômico das Minas, os quais se impõem também aos seus moradores, sobretudo no que diz respeito às possibilidades de ação autônoma e mobilidade social[13].

Ao se fazer uma investigação sobre os padrões de consumo na região das Minas, por exemplo, procurando relacioná-los à produtividade média da região mineradora quanto à extração aurífera, pode-se perceber que esses padrões de consumo e produtividade, além de variar sensivelmente ao longo de todo o século XVIII, dificilmente comprovariam a tese de ali ter existido uma "sociedade democrática", assim como também não comprovariam a tese da existência de uma "sociedade decadente ou estagnada".

Por um lado, para as primeiras décadas de existência da capitania, existem inúmeras evidências de crises cíclicas e recorrentes de fome[14]. Ainda que fragmentárias e dispersas no tempo, são valiosas as informações dos cronistas sobre os hábitos alimentares dos colonos, em especial os mineiros[15]. As informações corroboram, em certo sentido, a tese da pobreza inicial relativa da região onde se praticava exclusivamente a mineração. Descrevendo hábitos como o do consumo de "bichos de taquara", "macacos" e "formigas", regularidade entre os moradores das Minas durante as duas primeiras décadas do século XVIII, Eduardo Frieiro fornece algumas preciosas evidências da pobreza mineira setecentista[16]. Descrevendo, ainda segundo relato dos cronistas, a primeira viagem do Conde de Assumar, do Rio a Minas, passando por São Paulo, Frieiro chega a mencionar a gentil recusa, por parte daquele último, de "meio macaco" que lhe fora oferecido, na região do Rio das Mortes, como "iguaria" digna de ser servida somente a convidados ilustres[17].

A carência de produtos alimentares pode ser explicada em parte pela própria natureza especulativa típica de uma economia predatória, como era a produção aurífera em seus primórdios. Já em 1703, com a população comparativamente reduzida, a alta de preços era sensível. Eduardo Frieiro, citando Antonil, fornece dados para um cotejamento:

> *Assim, um alqueire de farinha que em São Paulo custava 640 rs., nas Minas valia 43.000 rs.; uma libra de açúcar, 120 rs. em São Paulo e 1.200 rs. nas Minas; uma galinha, lá 160 rs. aqui 4.000 rs.; um boi de corte lá 2.000 rs., aqui 120.000 rs.; um escravo negro que na costa valia 85 e 100 mil rs., nas Minas se negociava pelo triplo e até pelo sêxtuplo*[18].

Os preços elencados, é preciso dizer, correspondem ao início da época mineradora e seria possível que tivessem apresentado ligeira tendência de alta, relativa ao crescimento populacional, ao longo do século XVIII. Por outro lado, o desenvolvimento de alguma produção local de gêneros alimentícios, como sugerem análises recentes, contribuiu para diminuir consideravelmente os preços de alguns itens. Ainda assim, acreditamos que a descoberta, pela historiografia, de produção local de alimentos, nos níveis até agora encontrados, não invalida a hipótese da generalização de uma certa tendência à carência alimentar nas região das Minas, notadamente no núcleo minerador e no início do século XVIII[19].

---

[13] Cf. SOUZA. *Desclassificados do ouro*, 1986.

[14] Cf. VASCONCELOS. *História antiga das Minas Gerais*, 1974; VASCONCELOS. *História média de Minas Gerais*, 1974.

[15] Para um balanço sobre os relatos dos cronistas quanto aos hábitos alimentares da região, ver: FRIEIRO. *Feijão, angu e couve*, 1966.

[16] São também curiosas e profundamente reveladoras as notícias de que, com frequência, reis e nobres portugueses eram presenteados com joias de ouro que reproduziam frutos da terra ou alimentos, expressão simbólica do que, afinal, os colonos poderiam objetivamente considerar como suas maiores riquezas. Um bom cronista, tanto no que se refere ao testemunho das condições de vida no início do século XVIII e fatos citados, quanto no que se refere aos padrões de consumo e estrutura de preços praticados nas Minas, é André João Andreoni. Cf. ANTONIL. *Cultura e opulência no Brasil*, 1992.

[17] FRIEIRO. Op. cit. p. 61-62.

[18] Ibidem, p. 57.

[19] Além do já citado trabalho de Carlos Magno Guimarães, mencionaria os seguintes: ALMEIDA. *Flutuações nas unidades produtivas mineiras: Mariana 1750-1850*, 1994. CHAVES. *Perfeitos negociantes: mercadores nas Minas setecentistas*, 1995.

de artista afamado, Aleijadinho era um homem do povo, que teria sido contemporâneo da movimentação política em torno da Insurreição Mineira sem dela participar. Mesmo não sendo maioria, os revoltosos eram um grupo suficientemente capaz de levar adiante um grande tumulto nas Minas. Não tinham muitas certezas quanto à natureza do próprio levante e quanto à evolução dos acontecimentos que se sucederiam, mas, provavelmente, julgavam ter seu lugar assegurado, se não na História, pelo menos num movimento de grandes proporções que mudaria o destino da capitania. Por outro lado, uma certeza sempre compartilharam com a Rainha de Portugal e seus prepostos na América portuguesa: a decretação da derrama deixaria "os povos" ou "as gentes" em situação de grande alvoroço e descontentamento. Isso os colocaria a seu lado na sedição e, provavelmente, seriam instrumentalizados a serviço de seus propósitos político- econômicos.

De fato, a monarquia portuguesa esteve, por todo o século XVIII, mais agudamente em seu último quartel e, na virada para o século XIX, às voltas com a necessidade de redefinição do formato de seu sistema colonial. Duas concepções básicas pareciam se rivalizar no que tange à definição das linhas gerais da administração colonial, sempre resguardados os interesses da coroa, "legítima" possuidora de todos os territórios de ultramar, bem como as especificidades conjunturais de cada época. Uma delas, não obstante reafirmando incontestavelmente a autoridade da coroa sobre seus domínios, parecia mais sensível à percepção da relativa complementaridade de interesses entre Metrópole e Colônia que, em certas relações, marcham unidas.

Daí a relativa permeabilidade e certa facilidade com a qual as elites luso-brasileiras circulavam entre si e, eventualmente, admitiam certos indivíduos, mesmo os "de cor", desde que talentosos. É o caso de nosso Aleijadinho, que nunca teve em sua origem familiar um obstáculo à livre circulação entre as elites. De fato, era contratado pelas irmandades mais ricas das Minas, como é o caso das irmandades do Carmo e de São Francisco, o que se fazia pelo brilho de sua obra e ignorando, numa sociedade racista, sua tez provavelmente mulata.

Bastante diversa é a outra linha de intervenção nos assuntos administrativos coloniais, da qual o Conde de Assumar, nas primeiras décadas do setecentos, e Martinho de Melo e Castro, nas últimas, seriam os maiores expoentes. Nessa outra perspectiva, os colonos são tidos como, por definição, insubmissos, desleais e perigosos. O uso de todo o peso da autoridade metropolitana e da força são tidos como recursos políticos inerentes e desejáveis, uma vez que por meio deles se anulam e minimizam os efeitos da descontinuidade e interesses, principal característica das relações entre Metrópole e Colônia. Tal disputa de concepções, nas Minas do último quartel do século XVIII, parece ter ganhado coloração própria e, segundo acreditamos, era o referente fundamental de muitos dos principais envolvidos na trama da Inconfidência Mineira. Premidos entre um universo de referência que parecia em processo de dissolução e algumas das transformações que já se prefiguravam, estes agentes procuravam adaptar seu próprio universo discursivo e suas leituras do passado e tradição das Minas aos novos parâmetros de entendimento que os acontecimentos precipitavam sobre eles.

Para entender melhor este contexto, faz-se necessário algum recuo no tempo e mesmo uma pequena discussão historiográfica. No plano da historiografia mais convencional, o contexto socioeconômico mineiro vinha sendo, até praticamente os anos 70 do século XX, descrito quase que exclusivamente sob o signo da mineração, que tudo explicava, desde as revoltas antifiscais do início do século XVIII, até o confronto afinal expresso no projeto supostamente nacionalista dos Inconfidentes de 1788-89. O quadro que se delineia no plano da historiografia recente é bastante diverso e aponta para outras possibilidades de rediscussão do tema.

O empreendimento dos portugueses no Brasil, no sentido mais geral, procurava se assentar na relativa dependência de sua população em relação ao mercado e, no plano interno, na organização de uma estrutura produtiva baseada na grande propriedade e na exploração do trabalho escravo como relação de produção predominante. No contexto da região das Minas, esta estrutura básica começou a apresentar alterações em função das especificidades que a própria atividade e a organização do sistema produtivo impunham.

No que diz respeito à estruturação do sistema produtivo em Minas Gerais, autores como Caio Prado Júnior, Celso Furtado, Virgílio Noya Pinto, Fernando Antônio Novais e Jacob Gorender, entre outros, já haviam insistido, seja em trabalhos de natureza ensaística ou grandes sínteses teóricas, na existência de certo grau de especialização produtiva no cenário das Minas Gerais durante todo o período em que a região esteve em destaque no contexto da economia colonial. Outros, como João Antônio de Paula e Wilson Cano, partiram de estudos de caso monográficos, que tomam por base um menor recorte espaço-temporal e, por isso mesmo, puderam estar superiormente informados por evidências empíricas mais detalhadas. No entanto, acabaram por reafirmar, a seu tempo, a idéia de que, mesmo em crise, girava em torno da mineração o eixo de toda a problemática econômica das Minas em fins do século XVIII, o que não nos parece a melhor definição para o contexto em exame.

Também esse é o caso de Waldemar de Almeida Barbosa que, num estudo pioneiro, já havia apontado importantes tendências de ocupação populacional nas comarcas do Sabará e Rio das Mortes sem, no entanto, atribuir-lhes o devido impacto no conjunto da economia mineira setecentista. Após descrever vários casos de homens, escravos e famílias que se deslocavam, pelo menos desde 1742, em direção a outras zonas da capitania, sempre em busca de terras férteis para cultura, o autor alerta:

> *Não se pense, porém, que a fuga da mineração para a lavoura e a criação tenha sido da massa, do povo; não. A maioria teimava em manter a esperança no ouro. Eram famílias isoladas ou pequenos grupos que iam tentar nova experiência. Mesmo porque, os que o faziam, arcavam com dificuldades de toda espécie, com a má vontade do Governo, com a mentalidade reinante de que constituía uma espécie de traição ao estado retirar escravos da mineração.*

O autor parece acertar parte do diagnóstico no que se refere à identificação de uma tendência de movimento populacional efetivamente existente no sentido de ocupação das áreas de lavoura e pecuária. Erra, no entanto, precisamente na quantificação, ao dizer que era ínfimo, coisa de "famílias isoladas", o volume de deslocamentos, e na interpretação dos dados que encontra, ao identificar apenas esforços individuais. As tendências de que nos ocupamos não tratam, segundo nosso entendimento, de uma "fuga da mineração" que mantenha o núcleo minerador como eixo organizador de toda a vida econômica da capitania. Há um efetivo deslocamento dos eixos de vitalidade e crescimento econômicos. É perceptível ao longo do século XVIII, um movimento demográfico (e financeiro) partindo das regiões de mineração em direção às terras agricultáveis e pastoris.

É conveniente destacar que o fenômeno do deslocamento em direção ao sul e a redefinição da posição central ocupada pelas atividades agropecuárias era persistente, de fato, e foi um dos principais responsáveis pela configuração do espaço político e econômico das Minas, o que se refletiria, ainda no século XIX, na posição de destaque ocupada por seus moradores na política e na economia nacionais. O horizonte de "radicalismo político" dos moradores da Comarca do Rio das Mortes, [atual...], nesse sentido, era diferente dos da Comarca de Vila Rica, hoje a cidade de Ouro Preto, e, mais importante, fortemente calcado na prosperidade advinda de uma nova inserção no cenário econômico regional em relação ao qual a política de Negócios Ultramarinos era especialmente danosa. Por outro lado, não eram interesses urbanos *strictu senso*.

Foi a partir dos anos 1980 que se consolidou toda uma gama de trabalhos que demonstram a existência de forte diversidade na economia mineira do século XVIII. Estes vem progressivamente demonstrando o alto grau de complexidade que adquire essa economia na segunda metade do século XVIII. Alguns destes trabalhos, que se propõem a estudar a região mineradora sob os mais diversos aspectos, apresentam ainda a idéia de que, assim como há diversificação e crescimento, há também limites quanto à natureza do crescimento econômico das Minas, os quais se impõem também aos seus moradores, sobretudo no que diz respeito às possibilidades de ação autônoma e mobilidade social.

Não podemos ignorar que Tiradentes possuía posição não de todo desprezível na sociedade em que se situava. Seu patrimônio total, da ordem de 807$821 réis, não se afasta muito do padrão dos demais homens que ocupavam importantes funções estatais, religiosas ou de ofício no contexto descrito. Além do magistrado Gonzaga, com patrimônio de 845$900 réis, e do tenente-coronel da tropa paga, Freire de Andrada, com patrimônio de 609$600 réis, o cônego Luís Vieira da Silva possuía um patrimônio de 997$318 e o guarda-livros Vicente Vieira da Mota, um patrimônio de 444$154. Para que se tenha uma idéia, em termos comparativos, observe-se que no período um escravo adulto, saudável, com cerca de trinta anos, custaria em torno de 80$000 (oitenta mil réis). Por outro lado, uma casa de morada, assobradada, como as da atual rua direita em Ouro Preto, custaria em torno de 800$000 (oitocentos mil réis). Finalmente, uma pequena fazenda, para o trabalho de cerca de trinta escravos, custava em torno de 2.500$000 (dois contos e quinhentos mil réis).

Observe-se que a relativa modéstia do patrimônio de Gonzaga jamais impediu que ele fosse reconhecido como um dos mais importantes homens das Minas. Bastante diferente seria o caso do Aleijadinho, homem cujo patrimônio em vida pode ter se aproximado do de nosso desembargador, e na sociedade colonial provavelmente era admitido em refinados círculos intelectuais, mas sempre com alguma reserva dada a dupla condição de artesão e mulato. Isso porque os trabalhos manuais de qualquer espécie não eram exatamente uma atribuição dos fidalgos do reino. O reconhecimento de sua obra, já à época, não se associava à *persona* social, como hoje se verifica em relação aos artistas em geral. Uma coisa era a beleza do risco, do traço, da forma; outra era a projeção social de quem o fazia. Em geral, esta projeção ficava circunscrita ao encomendante, àquele indivíduo ou corporação que pagava e contratava o artesão. Eram do contratante os méritos, era dele o prestígio advindo.

Em 1788-89, a ordem liberal apenas se construía; ainda mal se prefigurava nos continentes europeu e americano. Se foram identificadas, entre os inconfidentes, tantas evidências do exemplo norte-americano, no que tange à demonstração da exequibilidade de uma independência das Minas, diríamos, por outro lado, que o referencial político adotado não era predominantemente o que se consagraria entre os americanos do norte.

No que tange à forma de governo, a maior parte dos inconfidentes, em especial Tomás Antônio Gonzaga, parecia comungar muito mais com a concepção da monarquia não-despótica, tal com formulada em Montesquieu ou na segunda escolástica do Padre Vieira, do que com a República representativa dos *americanos ingleses* Adams e Hamilton. Dentre o repertório político disponível em fins do século XVIII, os inconfidentes teriam feito heterodoxa leitura. De Raynal e dos *americanos ingleses*, beberam a ideologia e práticas anticolonialistas. De Montesquieu, beberam seletivamente algumas teses. Se, por um lado, trabalharam no horizonte de uma República de reduzidas dimensões, por outro, pouco avançaram na discussão do tema da participação política ou da tripartição de poderes, elementos fundantes da república representativa.

Empreendendo o estudo e discussão de revoluções anticolonialistas, homens como o Cônego Luís Vieira da Silva, Tomás Antônio Gonzaga, Cláudio Manoel da Costa e Francisco de Paula Freire de Andrade e, talvez, o próprio Visconde de Barbacena preocupavam-se, sobretudo, com os rumos e possível reforma da monarquia portuguesa no final do século XVIII. Premidos entre um universo de referência que parecia em processo de dissolução e algumas das transformações que já se prefiguravam, estes agentes procuravam adaptar seu próprio universo discursivo e suas leituras do passado e tradição das Minas aos novos parâmetros de entendimento que os acontecimentos precipitavam sobre eles. Tudo isto no plano da política.

No que concerne à cultura material e artística, por seu turno, sobretudo a partir da segunda metade do século XVIII, o rápido crescimento e a consolidação dos inúmeros arraiais fundados – alguns já erigidos em vilas – acabaram por demandar mestres-construtores e artistas para atender ao mercado da construção em expansão. As Minas Gerais não eram mais apenas a terra dos aventureiros em busca do pretenso enriquecimento fácil. Não era mais apenas a terra do ouro – cuja exploração já indicava sinais de arrefecimento[27] – mas de oportunidades de trabalho em uma sociedade já bastante diversificada tanto social, como produtiva economicamente, e que atrairia inúmeros artesãos-trabalhadores para a então Capitania de Minas Gerais.

Lúcio Costa[28] destaca ter havido, em Minas Gerais, certo reaportuguesamento[29], com a vinda de mestres-construtores que, no confronto com os artesãos locais e de outras partes da América Portuguesa, inovaram e produziram uma arte e uma arquitetura bastante peculiar, porque miscigenada. Tratava-se de uma arte portuguesa, que, aqui como em Portugal, assumiu feições específicas, diferentes, como também foi a produção artística em outras regiões da Colônia. Cabe destacar que, nesse caso, foi determinante a presença de materiais construtivos e decorativos que acabaram por determinar o próprio sentido da hibridização efetivamente ocorrida.

Tomando como referência as casas de moradia – das mais rústicas aos solenes palacetes e solares percebe-se, por um lado, o conhecimento consolidado do colonizador se adaptando aos materiais que os sítios ofereciam e/ou ainda explorando as práticas dos indígenas. No início da colonização, quando os portugueses apenas "arranhavam a costa como caranguejos", a casa rústica era o padrão dominante, mesmo por que guardava estreitas relações com os padrões autóctones de ocupação. A tendência não é nova. Tanto no Reino como em suas colônias, a atuação dos portugueses na ocupação e produção de espaço, revela um refinado "senso de sítio", característico de um padrão referencial mediterrâneo bastante antigo, que procurou manter o modelo das cidades e construções portuárias portuguesas, inspirando-se, contudo, nos empórios e feitorias típicos da colonização empreendida na Antiguidade por fenícios, gregos, cartagineses e romanos[30].

[27] Cabe ressaltar que a produção das minas de Goiás e Mato Grosso compensava a decadência da mineração em Minas, no que tange à remessa dos quintos.

[28] Entrevista concedida por Lúcio Costa à *Revista Gávea*, em 15 de janeiro de 1986.

[29] Cabe destacar que, em 1755, ocorreu o grande terremoto que destruiu Lisboa, implicando grandes esforços na sua reconstrução, que durou décadas. Em 1774, foi proibida a migração Portugal-Brasil.

[30] CRUZ. Permanência e renovação urbanística medieval portuguesa no Brasil. In: ARAÚJO et al. *Actas do Colóquio Internacional "Universo Urbanístico Português"*, 1415-1822, p. 160-162.

Era a gênese, ainda que muito embrionária, de uma nova atitude diante do espaço, do poder e da política. Se isso viria a ser o delineamento inicial do país depois chamado Brasil, é assunto para outras reflexões. Uma coisa é inegável: mesmo situado neste contexto, pleno de ambiguidades e contradições, artesãos e arquitetos como o nosso Aleijadinho conseguiram transcender sua própria existência, o que se revela e consagra na atual monumentalização de sua obra. A originalidade de sua criação, a leveza do traço, o brilho da arte, a partir da pedra, barro e cal, certamente atravessaram os séculos e, ainda hoje, nos maravilham a todos.

O BARROCO E O ROCOCÓ EM MINAS GERAIS

Beatriz Coelho[31]

Duas palavras serão ouvidas, muitas vezes, pelos visitantes das cidades históricas de Minas Gerais, sejam eles mineiros, brasileiros de outros estados ou estrangeiros: barroco e rococó. Para o leigo, é difícil entender o significado exato dessas palavras. O que elas realmente significam?

Elas se referem a estilos de arte com características próprias e que floresceram em Minas Gerais no início do século XVIII indo até as primeiras décadas do século XIX. O barroco surgiu primeiro na Europa, no final do século XVI, caracterizando-se pela exuberância e excesso de ornamentação e, principalmente, pela quebra das regras clássicas de construção e decoração. O adjetivo "barroco" deriva das pérolas irregulares, não perfeitamente esféricas que eram definidas com este nome. O nome "barroco" acabou sendo usado com sentido depreciativo, quando se considerava uma obra de arte sobrecarregada de ornatos e "deformada" em relação ao gosto clássico. Seus mais importantes representantes na arquitetura e nas artes plásticas na Europa foram os italianos, Michelangelo Merisi da Caravaggio (1571-1610), Pietro da Cortona (1596-1669), Gian Lorenzo Bernini (1598-1680), Francesco Borromini (1599-1667), Andrea Pozzo, (1642-1709); os flamengos, Peter Paul Rubens (1577-1640), Rembrandt Harmenszoon van Rijn (1606-1669) e Johannes Vermeer (1632-1675); na Espanha, Diego Rodríguez de Silva y Velázquez (1599-1660) e Bartolomé Esteban Perez Murillo (1618-1682); na França, Antoine Watteau (1684-1721), François Boucher (1703-1770), Jean-Honoré Fragonard (1732-1806).

O BARROCO EM PORTUGAL E NO BRASIL

Em Portugal, o barroco é contemporâneo da dominação espanhola, que teve início em 1580 com a ascensão ao trono português do rei Felipe II, da Espanha. Restaurada em 1640 por D. João IV, a soberania portuguesa foi consolidada graças à riqueza proveniente do ouro extraído do Brasil durante o reinado de D. João V (1706 a 1750). Segundo Bury[32] são características do barroco: grande escala, formas complexas, efeitos teatrais, cúpulas imponentes, torres altas, contrastes côncavo e convexo, sendo a "assinatura" do barroco as colunas salomônicas. Essas colunas apareceram nos retábulos em Portugal em 1688, em Coimbra, e, no Brasil, em todos os retábulos da Capela Dourada da Ordem

[31] Conservadora-restauradora e Professora Emérita da Escola de Belas Artes da UFMG.

[32] BURY & OLIVEIRA. *Arquitetura e arte no Brasil colonial*, p. 219-220.

Terceira de São Francisco (1694), do Recife. Na cidade de Salvador (Bahia) conservam-se retábulos desse estilo no convento Carmelita de Santa Teresa (atual Museu de Arte Sacra da Universidade Federal da Bahia), no Hospício de Nossa Senhora da Boa Viagem, no antigo Colégio Jesuíta (atual Catedral) e no convento de São Francisco, entre os exemplos mais conhecidos.

EM MINAS GERAIS

Em Minas Gerais, no início do século XVIII, as igrejas apresentam fachadas simples, planta retangular, mas com grande riqueza de ornamentação no seu interior. Segundo Ávila, Gontijo e Machado[33] em Minas Gerais:

> *O novo estilo, caracterizado pela exuberância das formas e pela pompa litúrgico-ornamental, atuaria como instrumento ao mesmo tempo de afirmação gloriosa do poder temporal da Igreja e de impacto persuasório sobre uma mentalidade social, que se debatia entre os valores da tradição católica e a filosofia renascentista, que liberava suas novas verdades.*

O barroco é considerado a arte da contrarreforma, pois foi utilizado pela Igreja Católica como instrumento fundamental na resposta à reforma protestante. Émile Male[34] mostra como os artistas, seguindo orientação e demanda da Igreja Católica depois do Concílio de Trento, respondiam ao combate e às críticas dos protestantes, com representações de Maria, especialmente a Imaculada Conceição, do purgatório, por causa do combate às indulgências e dos sacramentos, utilizando a arte barroca como principal instrumento de afirmação e persuasão da fé cristã.

Costuma-se dividir o barroco em Minas Gerais, muitas vezes também chamado de barroco mineiro, em três fases: a primeira, que vai de 1700 a 1730, chamada de estilo seiscentista ou nacional português; a segunda, de 1730 a 1760, estilo D. João V ou joanino; e a terceira, de 1760 até 1830, que é considerada por alguns autores a terceira fase do barroco e por outros, estilo rococó. Myriam Ribeiro[35], em sua mais recente publicação, defende que não é uma terceira fase do barroco, nem um barroco tardio, e sim, outro estilo, de origem francesa e bem diferente, o rococó. Na verdade, os estilos não tinham data certa para começar e terminar; assim, há obras inteiramente em um estilo (casos raros) e outras que estão em fase de transição e misturam partes de um estilo com formas e características de um novo estilo, que está começando a ser implantado. Muitas vezes, monumentos são modificados, retábulos são substituídos, pinturas são cobertas por outras pinturas (repinturas), em parte ou totalmente, dificultando o entendimento pelo espectador de sua época ou estilo.

As igrejas e capelas da primeira fase, ou nacional português, têm externamente arquitetura simples e despojada, com a construção feita em pau a pique, taipa ou adobe, estrutura em madeira quase sempre aparente e pintada de cores fortes, em vermelho ou azul, e uma ou duas torres sineiras com cobertura de telhas em forma de pirâmide, algumas vezes colocadas posteriormente. Possuem, em geral, na fachada principal, uma grande porta para entrada dos fiéis, duas janelas e frontão triangular. No interior desses monumentos, entretanto, há profusão de ornamentos em madeira entalhada e dourada, complementados por esculturas nos altares, e pinturas, principalmente nos forros e, em alguns casos, nas paredes. Esses elementos artísticos, que já foram chamados de recheio das igrejas, constituem o que são denominados bens integrados, pois foram criados para

[33] ÁVILA et al. *Barroco mineiro glossário de arquitetura e ornamentação*, p. 5.

[34] MÂLE. *Lárt religieux du XVIIe siècle – Italie, France, Espagne, Flandres*, p. 41-114.

[35] OLIVEIRA. *O rococó religioso no Brasil e seus antecedentes europeus*, p. 122.

integrar um determinado espaço de um monumento. Nessa fase, as colunas dos retábulos, chamadas torsas, têm o fuste em espiral com a parte superior formando arcos concêntricos, em estilo designado por Robert Smith de estilo nacional[36] , que surgiu em Portugal quando, *no último quartel do século XVII a talha portuguesa sofreu uma profunda transformação, [...] divorciando-a em grande parte da espanhola e dando-lhe um caráter nacional*. O mesmo autor considera que esses elementos (coluna e arcos concêntricos) combinados, deram ao retábulo português uma nova estrutura, mais escultural do que arquitetônica. No Brasil, foi adotada a expressão nacional português. Essas colunas são decoradas com relevos que têm forma de folhas e cachos de uva, aves, em geral o pássaro Fênix que, segundo a mitologia grega, ressurgiu das cinzas, sendo, por isso, considerado símbolo da imortalidade e da ressurreição de Cristo[37]. Nessa fase, as colunas continuam no coroamento, formando arcos (ou arquivoltas) concêntricos, com algumas peças entalhadas e colocadas em diagonal no sentido dos raios de uma circunferência e, por isso mesmo, chamadas raios, podendo ter, no alto, um escudo simbólico. Os tronos têm a forma de cântaros e as pinturas dos forros, quando existem, são executadas em painéis de madeira, contornados por moldura, recebendo o nome de caixotões.

A segunda fase é conhecida como estilo Dom João V, ou joanino, pois corresponde a uma parte do período em que Dom João V reinou em Portugal, de 1707 a 1750. Nesse período, prosseguiu em Minas o contraste entre o exterior e o interior das igrejas, os retábulos continuaram a ter colunas torsas, agora salomônicas ou berninianas[38] , com o terço inferior em caneluras e o coroamento com novas formas, em especial uma representação de tecido ou cortina, a qual chamamos de dossel, muitas vezes cercado por anjos, e o quartelão, que é uma pilastra com forma rebuscada, ornamentada com volutas, folhas de acanto e cabeças de querubins. O douramento é integral. No centro do altar há, em geral, um grande camarim, onde está, no retábulo-mor, o orago (patrono da capela ou igreja), com nichos menores nas laterais. O sacrário começa a fazer parte do conjunto. Os elementos ornamentais mais usados são a concha, a folha de acanto fazendo curvas e contracurvas, anjos, atlantes, feixe de plumas e o dossel[39]. Nesse período, começam a aparecer pinturas de forro em perspectiva com grande medalhão plano ao centro.

Terceira fase ou rococó[40]. Esse período é, algumas vezes, chamado de terceira fase do barroco em Minas Gerais, mas tem origem e características bem diferentes, não sendo mais estilo barroco e sim, o rococó. O rococó surgiu na França, na corte de Luiz XV e não tinha ligação com a Igreja e sim com as festas galantes de reis, rainhas, duques, duquesas. É um estilo leve, no qual predominam o branco e, algumas vezes, o azul e o vermelho em tons suaves, com pinturas imitando o mármore, conhecido em Minas como marmorizados ou faiscados, sobre os quais há relevos entalhados na madeira, e dourados, porém bem mais simples e leves do que os do barroco, e agora, com predominância da assimetria. Compondo com essas características, nos salões da Europa foram usados muitos espelhos. Na Alemanha, esse estilo passou a ser adotado nas igrejas, especialmente na Bavária, região sudeste da Alemanha. Nas igrejas mineiras, encontramos o que Bury[41] chama de materiais de substituição: madeira, e mesmo pedra, com pintura imitando o mármore, e pinturas sobre madeira, imitando os azulejos, muito

[36] SMITH. *A talha em Portugal*, p. 69-79

[37] CHEVALIER & GHEERBRANT. *Dicionário de símbolos: Mitos, sonhos, costumes, gestos, formas, figuras, cores, números*, p. 422.

[38] CAMPOS. *Introdução ao barroco mineiro: Cultura barroca e manifestações do rococó em Minas Gerais*, p. 42.

[39] Ibidem, p. 39-48.

[40] O termo "rococó" vem da palavra francesa *rocaille*, que significa concha assimétrica, com curvas caprichosas. Também significa elemento de decoração envolvendo composições assimétricas que lembram ou são constituídas por pedras, conchas e vegetações e que igualmente são características do estilo rococó.

[41] BURY & OLIVEIRA. *Arquitetura e arte no Brasil colonial*, p. 219.

usados no litoral, mas muito difícil de chegar a Minas no século XVIII, onde só foram utilizados na Igreja da Ordem Terceira de Nossa Senhora do Carmo, em Ouro Preto.

No rococó, as capelas e igrejas de Minas já não apresentam o contraste citado entre o exterior e o interior, pois o ambiente interno se simplifica, enquanto o externo ganha frontões e portadas esculpidos em pedra. O elemento novo e característico é a rocalha, acompanhada de flores, guirlandas, folhas de acanto, anjos e atlantes. É o período das obras de Antônio Francisco Lisboa, o Aleijadinho, o que fez com que essa fase fosse designada por Bury como estilo Aleijadinho[42], nas quais predomina a ornamentação escultórica, tendo a Santíssima Trindade no coroamento dos retábulos. Outro entalhador importante desse estilo em Minas é o português Francisco Vieira Servas.

Na pintura, o mais destacado artista desse período foi Manoel da Costa Ataíde, embora outros tenham tido importância, como Bernardo Pires da Silva e *João Nepomuceno Correia e Castro, autor da pintura da nave e também de toda a extensa série de painéis que recobrem as paredes da nave e da capela-mor*[43] da Basílica do Bom Jesus de Matosinhos, em Congonhas, uma das mais belas desse estilo.

A seguir, vamos descrever alguns exemplos que ajudarão a conhecer melhor e identificar essas três fases da arquitetura e das obras de arte das capelas e igrejas mineiras, embora algumas vezes a arquitetura tenha recebido modificações ou esteja em fase de transição. Eles foram selecionados por figurarem entre os mais importantes monumentos religiosos de Minas, sendo dos mais visitados, por sua homogeneidade de estilo e por uma escolha pessoal da autora.

CAPELAS E MATRIZES DA PRIMEIRA FASE OU NACIONAL PORTUGUÊS

Uma das primeiras e mais belas capelas da primeira fase do barroco em Minas Gerais é a de Nossa Senhora do Ó, em Sabará. Apesar *das lacunas da documentação escrita*, e de não haver possibilidade de se *compor uma cronologia rigorosa da construção das igrejas e capelas de Sabará*, segundo Afonso Ávila[44], sabe-se que ela começou a ser construída em 1717[45]. Sua arquitetura é simples, com estrutura aparente em madeira pintada em marrom, paredes de taipa caiadas de branco, com torre única e central. No sino consta 1782, que parece indicar a data da fachada chanfrada, que não estava no projeto original[46]. Em 1719, o capitão-mor Lucas Ribeiro de Almeida, perseguido por soldados, teve sua vida salva por intercessão de Nossa Senhora. Por isso, ao entrar na capela, o visitante ou fiel vê uma pintura onde se pode ler, em ortografia da época, que transcrevemos aqui, em português atual:

> *Mercê que fez Nossa Senhora do Ó ao Capitão-Mor Lucas Ribeiro de Almeida, regente desta Vila Real de Nossa Senhora da Conceição, o qual, vindo a fazer a festa da dita Senhora de que era juiz o acometeram, temerariamente quatro soldados da Companhia dos Dragões, e depois, todos os demais da companhia, com o desejo de o matarem, mas nem com as espadas nem com vários tiros que lhe deram não foi possível de conseguirem o seu intento, porque a Mãe de Deus deu forças a seu devoto para que de tudo se defendesse sem receber o menor perigo, nem em si nem em seus escravos que o acompanhavam. Em sinal de agradecimento, mandou fazer esta memória que sucedeu em 20 de dezembro de 1720.*

---

[42] Ibidem, p. 222.

[43] OLIVEIRA. *A pintura de perspectiva em Minas colonial- Ciclo rococó*, p. 171.

[44] ÁVILA. *Igrejas e capelas de Sabará*, p. 21-66.

[45] PASSOS. *Em torno da historia do Sabará: A ordem 3ª do Carmo e a sua Igreja, obras do Aleijadinho no templo*, p. 3-4.

[46] ÁVILA. *Igrejas e capelas de Sabará*, p. 21.

No interior da capela, temos um altar, ou retábulo, em madeira entalhada e dourada, com colunas torsas, arcos ou arquivoltas concêntricas, ornamentados com folhas e cachos de uva e pássaros Fênix. Sobre esses arcos, há raios e um escudo. No meio do altar, está o trono, muito bem entalhado, em forma de cântaro e sobre o qual está o orago que, no caso, é Nossa Senhora do Ó ou da Expectação do Parto.

Nossa Senhora do Ó pode ser representada grávida, mas nessa capela ela se assemelha mais a uma Nossa Senhora da Conceição, com pequenas diferenças: veste túnica e manto, tem as mãos cruzadas sobre o peito e não em posição de oração. Na sua veste, predominam as cores azul, vermelho e dourado, quando na Conceição as cores são o azul e o branco. Também está colocada no altar, abaixo da escultura da Virgem, uma imagem de Santa Bárbara, muito encontrada em Minas, por ser protetora dos mineradores e defensora contra raios e tempestades.

Não há sacrário entalhado e incrustado no retábulo, o que é próprio da primeira fase do barroco em Minas Gerais. Um pequeno e simples sacrário sobre a mesa do altar foi colocado posteriormente. No teto e nas laterais da capela-mor[47], que é também a única, há pinturas emolduradas representando a vida de Maria.

O arco cruzeiro[48] é revestido de madeira com sete painéis decorados com motivos chineses, como pagodes e aves do paraíso em ouro sobre fundo azul. A nave é inteiramente decorada com pinturas sobre madeira e emolduradas[49], representando cenas da vida de Cristo: Jesus diante da profetisa Ana, apresentação de Jesus no templo, a Sagrada Família, são algumas das representações. O escurecimento das cores e a colocação das luminárias em local inadequado dificultam uma apreciação conveniente dessas pinturas. No lado direito de quem entra, pode-se observar uma parte sem pintura. Nesse local, anteriormente, existia uma das cenas pintadas, mas em algum momento ela foi removida para a colocação de uma porta. Durante restauração coordenada pelo professor Edson Motta, na década de 1960, a parte em madeira foi recomposta, mas a pintura havia se perdido definitivamente.

No forro da nave, também em forma de caixotões, há pinturas baseadas na ladainha de Nossa Senhora, que representam: Escada de Jacó, Cedro, Lua, Palmeira, Espelho, Sol, Poço, Rosa Mística, Estrela Matutina, Torre de David.

A Capela de Nossa Senhora do Ó é uma pequena joia da chamada primeira fase do barroco em Minas Gerais, inteiramente em estilo nacional português.

Outro importante exemplo da primeira fase do barroco em Minas Gerais, com o altar-mor e todos os altares laterais em estilo nacional português, é a Igreja Matriz de Nossa Senhora de Nazaré, em Cachoeira do Campo, distrito de Ouro Preto. Ela é pouco conhecida por estar um pouco distante do centro da cidade mais famosa, Ouro Preto, mas merece uma visita para os que se interessam pela arte mineira e pela primeira fase do barroco em Minas Gerais. Ela substituiu uma antiga capela ali erguida por volta de 1700, porém a fachada atual é mais recente e não corresponde ao que se usava nessa primeira fase do barroco em Minas. Nos altares já não estão as imagens originais, que foram substituídas por outras há alguns anos.

Ainda da primeira fase do barroco em Minas é a igreja Matriz de Nossa Senhora da Conceição, de Sabará. Foi construída em alvenaria de adobe[50], com estrutura em madeira pintada de vermelho, fachada simples, grande porta almofadada, duas janelas e

[47] Mor é abreviatura de maior, principal e, embora no caso seja a única, costuma-se falar de capela-mor.

[48] Esse nome deriva da separação entre a nave e as laterais nas igrejas em forma de cruz.

[49] Esse tipo de forro é chamado de caixotão.

[50] SILVA TELLES. *Atlas dos monumentos históricos do Brasil*, p. 221.

Capela de Nossa Senhora do Ó, de Sabará.

Arquitetura simples, com estrutura aparente em madeira pintada em marrom, paredes de taipa caiadas de branco e com torre única e central, apresenta em seu interior altar, ou retábulo, em madeira entalhada e dourada, com colunas torsas, arcos ou arquivoltas concêntricas, ornamentados com folhas e cachos de uva e pássaros Fênix. Sobre esses arcos há raios e um escudo. No meio do altar está o trono, muito bem entalhado, em forma de cântaro e sobre o qual está o orago que, no caso, é Nossa Senhora do Ó ou da Expectação do Parto.

duas torres, com cobertura de telha de forma piramidal e frontão apresentando ligeira ondulação. Ao entrar na matriz, o visitante tem uma surpresa, pois seu interior é muito rico e bem ornamentado. São três naves, separadas por arcadas em madeira entalhada e inteiramente dourada. O forro da nave é bem mais simples, em caixotões, onde estão representados os símbolos da ladainha de Nossa Senhora. Afonso Ávila chama a atenção para a beleza e originalidade dos púlpitos, leves, abertos e com representações profanas de cariátides[51].

Em geral, a irmandade do Santíssimo Sacramento se encarregava da construção da capela-mor e das áreas comuns, mas os altares laterais eram encomendados por outras irmandades, na maioria das vezes em épocas diferentes. Na nave da Matriz de Sabará há seis altares laterais e dois colaterais (aos lados do arco cruzeiro), com ornamentação em madeira entalhada e dourada. O colateral do lado esquerdo de quem entra (lado do Evangelho) é o de São Miguel, com Nossa Senhora da Boa Morte colocada na parte inferior e frontal; no outro lado (da Epístola) está o de São Francisco de Borja, sacerdote jesuíta que é protetor contra terremotos e que, por ordem do rei de Portugal, depois do terremoto e incêndio de Lisboa (1755), foi encomendado por muitas matrizes e capelas.

Na lateral esquerda da nave, estão os retábulos do Senhor dos Passos (escudo na parte superior, com três cravos), de Nossa Senhora do Carmo e de Nossa Senhora do Rosário (escudo com o rosário)[52]. No lado da Epístola, estão os altares de São Manoel, de Nossa Senhora da Conceição e o de Santo Antônio de Pádua, este último tendo, na parte inferior, o brasão de Portugal em relevo, já que se trata de santo nascido em Lisboa. Cada um desses retábulos foi encomendado por uma irmandade que, muitas vezes, depois

[51] ÁVILA. *Igrejas e capelas de Sabará*, p. 21-66.

[52] O símbolo representado nesses escudos indica o santo principal para o qual foi feito aquele altar.

teve sua capela própria, como no caso da Ordem Terceira do Carmo. Nos nichos menores desses altares, há muitas outras imagens, de excelente confecção, esculpidas na madeira e policromadas, como Santa Cecília, São Pedro Mártir e São João batista.

Observando detalhadamente, podemos verificar que dois altares laterais foram executados em estilo nacional português, ou seja, com colunas torsas tendo, em relevo, folhas e cachos de uvas, arcos concêntricos com escudos, além de tetos abobadados entre o altar e os arcos da nave, com relevos entalhados. Outros quatro, entretanto, têm colunas em espiral, mas sem nenhum relevo, e com forros abobadados igualmente simples. Os dois mais completos são o do Senhor dos Passos e o de São Manoel, com as colunas decoradas com ramos e cachos de uvas e pássaros, e o forro com elementos em madeira dourada. Todas as mesas são retas, e o retábulo de São Manoel é o único que tem a mesa com relevos, imitando tecido bordado e franjado, enquanto os demais têm as mesas apenas pintadas.

A capela-mor da igreja matriz, necessariamente maior e mais importante, tem o retábulo profusamente entalhado e dourado, coroamento em forma de dossel (imitação de peça de tecido com franjas) ladeado por anjos. Há dois nichos nas laterais com grandes coberturas em forma de toldos ou coifas redondos. Por esses detalhes pode-se entender que o retábulo-mor foi construído posteriormente aos demais altares, pois já começam a aparecer elementos típicos do estilo joanino. Era comum fazer primeiro os altares laterais, enquanto o altar primitivo era mantido para as celebrações, e deve ter sido este o caso da Matriz da Conceição. Um exemplo desse costume pode ser constatado na igreja inacabada de Nossa Senhora do Rosário, também em Sabará, onde a capela original foi mantida no seu interior, enquanto estavam sendo levantadas as paredes da nova igreja.

Ainda na matriz, pinturas em têmpera sobre madeira revestem as paredes laterais e o forro da capela-mor com cenas da vida de Maria. Na década de 60, do século XX, havia nas paredes pinturas sobre tela do século XIX, também com representações da vida de Maria. Ao coordenar a restauração da matriz, o professor Edson Motta, descobriu, por baixo das pinturas sobre tela, as pinturas originais sobre madeira que podemos ver atualmente.

Podemos dizer que, por suas características, a Capela de Nossa Senhora do Ó é uma capela barroca, com retábulo do estilo nacional português, cujas características principais são, como já foi dito, as colunas torsas, com folhas e cachos de uvas, e os arcos concêntricos (primeira fase do barroco em Minas Gerais) e que na igreja Matriz de Nossa Senhora da Conceição, os da nave são da primeira fase, enquanto o retábulo da capela-mor já começa a apresentar, em seus altares, elementos da segunda fase do barroco em Minas Gerais.

EXEMPLOS DA SEGUNDA FASE, OU JOANINA

Barroco é luz e sombra, contraste, rebuscamento, drama, teatro e tudo isso está presente na Igreja Matriz de Nossa Senhora do Pilar, em Ouro Preto. Sua construção teve o objetivo de substituir o mais antigo templo de Vila Rica dedicado à Virgem do Pilar. O principal arrematante[53] de sua edificação foi João Fernandes de Oliveira. As pinturas da matriz são, conforme Judith Martins, de autoria dos pintores João de Carvalhais (nave, 1768) e Bernardo Pires (capela-mor, 1774)[54]. A construção da Igreja do Pilar é de iniciativa

[53] Arrematante era quem ganhava o que se chama hoje de concorrência, ficando responsável pela execução do trabalho.

[54] MARTINS. *Dicionário de artistas e artífices dos séculos XVIII e XIX em Minas Gerais*, p. 158; 138.

de duas irmandades de brancos ricos e poderosos: a do Santíssimo Sacramento e a de Nossa Senhora do Pilar, que decidiram construir sua Matriz na mesma época em que ocorriam as obras de outra matriz de Ouro Preto, a de Nossa Senhora da Conceição, de Antônio Dias. A matriz do Pilar foi inaugurada solenemente e dentro de toda a pompa barroca, em 1733, com a festa que se chamou de Triunfo Eucarístico, quando o Santíssimo foi trasladado da igreja do Rosário para a nova igreja.

Retábulo da capela-mor da Igreja de Santo Antônio, em Tiradentes.

Com rica talha dourada, constitui exemplo de construção em estilo joanino.

Igreja do Pilar de Ouro Preto.

Com arquitetura típica e retábulo da capela-mor com rica talha dourada, constitui também exemplo de construção em estilo joanino.

Nessa igreja, segundo Myriam Ribeiro[55] se uniram *os talentos excepcionais dos portugueses, Antônio Francisco Pombal, arrematante da nave e Francisco Xavier de Brito, responsável pela talha da capela-mor*. Por fora, a sua localização dificulta a visão e o registro fotográfico, porque o lado direito fica atrás da casa da esquina. Sua fachada, segundo Silva Telles[56] foi modificada no início do século XIX, não acompanhando mais as linhas do período de sua construção. Sua forma externa é retangular, mas internamente tem a forma de um polígono, formado pela disposição dos seis retábulos laterais. Por dentro ela é magnífica. Todo o esplendor do barroco está no seu interior. Suas tribunas, em arcos rebatidos, por onde entra a claridade, completam a sensação de teatro. A capela-mor é ricamente trabalhada dentro da concepção do estilo joanino: muita ornamentação em relevo, com elementos fitomorfos, conchas, curvas e contracurvas, anjos e atlantes, terminando com coroamento em dossel, tudo dourado. Foi projetada e executada pelo entalhador português Francisco Xavier de Brito, que nela trabalhou de 1746 a 1751, quando faleceu. O trono é escalonado e, sobre ele, está a imagem da padroeira, Nossa Senhora do Pilar. Os seis altares laterais são dedicados a São Miguel e Almas, Senhor do Passos, Nossa Senhora da Conceição (originalmente, sendo substituída posteriormente por Nossa Senhora das Dores), Sant'Ana, Nossa Senhora do Terço (usava-se essa designação para diferenciar da dos negros, Nossa Senhora do Rosário) e Santo Antônio. Outras imagens de grande qualidade, e colocadas em nichos menores, completam a ornamentação desses altares. O forro é em caixotões, como na fase anterior, porém com formato diferente, já que estes caixotes acompanham o polígono formado pelos altares. No centro está uma

[55] OLIVEIRA. *O rococó religioso no Brasil e seus antecedentes europeus*, p. 122.

[56] SILVA TELLES. *Atlas dos monumentos históricos do Brasil*, p. 233.

pintura representando o Cordeiro, símbolo de Cristo. Segundo Myriam Ribeiro a pintura desse forro está em discordância com o estilo da Igreja, pois no período joanino a pintura deveria ser em perspectiva ilusionista e não em caixotões[57].

Outras matrizes de Minas Gerais em estilo joanino que merecem ser visitadas e apreciadas são a de Nossa Senhora da Conceição de Antônio Dias, em Ouro Preto (projetada por Manoel Francisco Lisboa, pai do Aleijadinho), com pinturas na capela-mor, nave e paredes, e a Matriz de Santo Antônio, em Tiradentes, com rica talha dourada na capela-mor e nos altares laterais, fachada alterada por Aleijadinho e precioso órgão em estilo rococó.

TERCEIRA FASE: ROCOCÓ

O surgimento do novo estilo, em Minas se dá por volta de 1760[58], e coincide com as construções das capelas das Ordens Terceiras, como São Francisco e Nossa Senhora do Carmo, dos brancos e poderosos; as de Nossa Senhora do Rosário, dos negros escravos, e de Nossa Senhora das Mercês, dos pardos. No litoral, os frades construíam conventos, mosteiros e igrejas, e as Ordens Terceiras construíam, ao lado, suas capelas. Em Minas, os conventos foram proibidos pela coroa portuguesa e assim as ordens terceiras construíram as suas independentemente dos frades e dos conventos, o que deu a Minas templos construídos com mais liberdade, diferentes do que era costume no litoral. Embora, em sentido restrito, sejam capelas de Ordens Terceiras, nesta apresentação vamos chamá-las de igrejas, para que se possa distinguir melhor quando nos referirmos a uma capela, como a de Nossa Senhora do Ó, ou à capela-mor, presente em todas as matrizes ou capelas de Ordens Terceiras.

Várias igrejas de Ordens Terceiras foram edificadas e ornamentadas nesse período, especialmente as dedicadas a Nossa Senhora do Carmo - Sabará (1762-1809), Ouro Preto (1766-1770), São João del-Rei (1774), Mariana (1784) - e a São Francisco de Assis, em Mariana (1762), Ouro Preto (1766) e São João del-Rei, 1774. A Igreja de Nossa Senhora do Carmo de Mariana, cuja construção teve início em 1784, e foi considerada por Germain Bazin[59] "um dos últimos belos monumentos do rococó em Minas", lamentavelmente, foi quase totalmente destruída por um incêndio em 1999. Ainda dentro do estilo rococó, não podemos deixar de citar a Basílica do Bom Jesus de Matosinhos, em Congonhas com seu belo retábulo arrematado por João Antunes de Carvalho, mas que pode ter sido executado por Francisco Vieira Servas, cuja presença em Congonhas foi documentada através de pagamento por quatro anjos grandes, mas que, segundo Rodrigo Melo Franco de Andrade, com quem concordamos inteiramente, *também projetou ou executou com toda a probabilidade o respectivo altar-mor*[60].

As igrejas desse período passam a ter o exterior bem ornamentado, com estrutura aparente em pedra de cantaria, frontões e portadas com elementos escultóricos em pedra-sabão. O interior é mais leve e delicado, com menos douramento. Os ornamentos característicos são a rocalha, as flores em guirlandas horizontais ou verticais, querubins, anjos e atlantes. Os retábulos são mais verticais e podem ter coroamento com figuras escultóricas ou em arbaletas[61] e baldaquinos[62]. As mesas de altar têm formas mais curvas, apresentando relevos em elementos fitomorfos ou antropomórficos.

---

[57] OLIVEIRA. Op. cit., p. 122.

[58] Em Minas, é costume a adoção da data de 1830, que é a da morte de Manoel da Costa Ataíde, para o término do estilo rococó.

[59] BAZIN. Repertório Monumental. *Arquitetura Religiosa Barroca no Brasil*, v. II, p. 63.

[60] ANDRADE. Prefácio. In: PASSOS. *Em torno da história do Sabará: A ordem 3ª do Carmo e sua Igreja, obras do Aleijadinho no templo*, p. X.

[61] Arbaleta é uma forma de coroamento que lembra uma canga, peça de madeira que prende uma junta de bois pelo pescoço.

[62] Baldaquino é uma espécie de dossel que serve de coroamento a um altar.

Selecionamos apenas três dessas igrejas, por suas características e importância, que são: São Francisco de Assis, de Ouro Preto; Nossa Senhora do Carmo, de Sabará; e Nossa Senhora do Rosário, de Mariana.

As igrejas de Nossa Senhora do Carmo, de Sabará, e de Nossa Senhora do Rosário, de Mariana, têm a estrutura em alvenaria de pedra, mas na de Mariana o acabamento no exterior é simples, sem ornamentação. Já na de Sabará há elementos de autoria de Aleijadinho sobre a porta, as janelas e no frontão. No seu interior, predominam os altares em branco com elementos dourados, arco cruzeiro em pedra, sobre a qual foi executada pintura em azul, imitando o mármore. Há pinturas nos forros da nave (Santo Elias no carro de fogo) e da capela-mor, (São Simão Stock recebendo o escapulário das mãos de Maria), na sacristia e no consistório de autoria de Joaquim Gonçalves da Rocha[63]. Figuras de santos da Ordem Terceira do Carmo contornam essas representações.

Há documentos que comprovam a autoria de Francisco Vieira Servas (1720-1811) do retábulo-mor da Igreja de Nossa Senhora do Rosário, em Mariana (1775) do retábulo colateral da Igreja de Nossa Senhora do Carmo, de Sabará, lado do Evangelho, em 1778, e do retábulo-mor da Igreja de Nossa Senhora do Carmo, de Sabará, encomendado em 1806 e entregue em 1809. Certamente ele teria entalhado também o retábulo do lado do evangelho e das laterais da Igreja do Rosário de Mariana, mas não há registro de documentos que o comprovem. Outros retábulos podem ser a ele atribuídos, como o da capela-mor da Basílica do Bom Jesus de Matosinhos, em Congonhas. Como nossa intenção é esclarecer sobre os estilos, vamos nos deter apenas nas duas igrejas: Nossa Senhora do Carmo, de Sabará e Nossa Senhora do Rosário, de Mariana. São seis retábulos do mesmo entalhador, três em cada igreja, sendo o da capela-mor de Sabará bem posterior aos demais, quando Vieira Servas já estava bem idoso e trabalhou com seu sócio José Fernandes Lobo.

Nos altares colaterais, predomina a verticalidade, com arremate em forma de arbaleta, uma espécie de "assinatura" de Servas, com terminação lateral em rocalhas, de onde pendem lambrequins[64]. Em todos eles, o mesmo elemento decorativo. Um pouco mais acima, baldaquinos com cartelas centrais de onde pendem, também, lambrequins. Os retábulos da Igreja de Nossa Senhora do Carmo, de Sabará têm, nas laterais, colunas estriadas, com elemento espelhado que lembra uma coroa, entre a base e o fuste (parte principal), quartelões aos lados dos camarins e trono escalonado, onde estão São Simão Stock (lado esquerdo) e São João da Cruz (lado direito). Há nichos laterais, para pequenas imagens, com coifas (parte superior) que lembram a forma de capacetes ou elmos. Os sacrários têm corações em chamas com símbolos de Cristo (cruz), Maria (espada) e José (lírio) e os de Mariana, ramos de trigo e de uvas entrelaçados. Esses elementos, bem como as coifas sobre os nichos laterais, vão aparecer em muitos outros retábulos atribuíveis a Servas. Todos os sacrários têm a parte superior com duas volutas com rocalhas na parte interna. Nos altares colaterais de Mariana, estão as imagens de São Benedito e de Santa Efigênia, não havendo nichos menores para outras imagens.

No retábulo-mor de Mariana, também predomina a verticalidade, apresentando o coroamento em forma de arbaleta com lambrequins, colunas e quartelões. Querubins complementam a ornamentação. No grande camarim sobre trono escalonado, está uma imagem de Nossa Senhora, provavelmente do mesmo autor. A policromia não é

[63] PASSOS. Op. Cit. p. 59 e 63.

[64] Recortes de madeira para as extremidades de telhados e cortinas.

apenas em branco sobre dourado, aparecendo também as cores rosa e azul, marmorizadas. O retábulo-mor de Sabará tem os mesmos elementos, com arbaleta cercada por rocalhas flamejantes, menos querubins e mais detalhes na cor azul. No camarim central, sobre trono escalonado, está a imagem de Nossa Senhora do Carmo com dois nichos nas laterais onde estão as imagens de Santo Elias e de Santa Teresa, imagens de vestir. As mesas são em curvas, com elementos fitomorfos, bem características do entalhador Vieira Servas.

Externamente, a Capela de São Francisco de Assis de Ouro Preto é muito rica e original, construída em alvenaria de pedra e cantaria, com estrutura aparente, grande relevo também em pedra na portada, com figuras de São Francisco, Nossa Senhora e anjos, de autoria de Antônio Francisco Lisboa, o Aleijadinho. Sobre essa representação e no lugar do óculo (abertura circular para passagem da luz) ele colocou uma representação de São Francisco recebendo os estigmas. No interior da igreja, predomina o branco e o dourado no retábulo-mor, com conjunto escultórico no arremate em madeira policromada, representando o coroamento de Maria pela Santíssima Trindade. No grande camarim, o trono é escalonado, tendo, no alto, uma imagem de São Francisco de Assis, de vestir, de autoria de Padre Félix Lisboa, irmão do Aleijadinho. Há dois nichos laterais, com São Luís, rei de França e de Santa Isabel, rainha de Portugal, imagens de vestir e de roca, respectivamente. Na mesa do altar, há um relevo representando Cristo ressuscitado junto ao túmulo, também de autoria de Antônio Francisco Lisboa. Pela qualidade e originalidade da solução, destaca-se, ainda na capela-mor, sob teto de alvenaria, grande anjo segurando cesto

Igreja de São Francisco, de Ouro Preto

Em Minas, as construções das capelas das Ordens Terceiras coincidiram com a implantação do estilo Rococó, como no caso da de São Francisco de Ouro Preto, com destaque para o retábulo de sua capela-mor [ao lado] e o interior de sua nave [páginas seguintes].

de flores. Os púlpitos, colocados aos lados do arco cruzeiro, foram esculpidos em pedra, outra solução singular do Aleijadinho. Nas laterais, Ataíde pintou cenas bíblicas à maneira de azulejos. No forro da nave dessa igreja, está uma grande pintura ilusionista em perspectiva, com elementos arquitetônicos contornando grande medalhão central, no qual, em pintura plana, está representada Nossa Senhora cercada de anjos instrumentistas e cantores, tendo aos seus pés o rei David tocando harpa. Nas extremidades laterais da área circundante ao medalhão central, estão as pinturas de quatro doutores da igreja: sobre o coro, São Jerônimo e Santo Agostinho e, sobre o arco cruzeiro, São Gregório e Santo Ambrósio. Um pouco abaixo, mas também nos cantos da igreja, estão quatro pinturas sobre tela, representando São Francisco, Santa Clara, São Pedro e Santa Margarida de Cortona. A pintura do forro da nave é a obra-prima do mais importante pintor do período colonial em Minas Gerais, Manoel da Costa Ataíde, que também executou cenas bíblicas, em madeira, imitando azulejos nas laterais da capela-mor.

UM OLHAR SOBRE A PAISAGEM CULTURAL DE MINAS
Ouro, diamante, rochas para construção

Octavio Elísio Alves de Brito[65]

... decifrar a escrita de Ouro Preto, fazendo uma leitura das 'pedras da cidade' que, quando permanecem, 'sustentam a memória'[66]

Na análise da formação e transformação da paisagem cultural das cidades da Minas Colonial, este é um olhar que se concentra na atividade extrativa mineral, no ambiente da civilização urbana da mineração que aqui se criou no Setecentos. Um interesse particular dirigido ao uso de rochas na urbanização e para a construção civil, na passagem do pau a pique e da taipa para a pedra e cal, na arquitetura e na vasta produção de cantarias e estatuárias que adornam nossos monumentos.

O que anima esta viagem no tempo é o entendimento de que, mais do que arraiais e vilas escondidos entre montanhas rochosas, aqui se produziram relações de poder, religiosidade, trabalho, arte, modos de ser e de viver, gerando cultura, forjando identidades.

Depois de quase duzentos anos de colonização portuguesa, com sucessivas frustrações na procura de prata, ouro, esmeraldas, enfim, na última década do Seiscentos, pela insistência dos paulistas, uma impressionante sequência de descobertas auríferas aconteceu, levando à gigantesca corrida na aventura da mineração, esperança do enriquecimento rápido no encontro de uma pepita do precioso metal.

Minas começava a existir.

Primeiro ouro, depois diamante, nos córregos e nas encostas dos morros, onde era fácil encontrá-lo e produzir com pouca tecnologia. Na segunda metade do Setecentos, veio a decadência da produção aurífera, com a economia mineira já diversificada na agricultura e no comércio e o crescimento vertiginoso da construção de igrejas, casas, palácios, chafarizes, pontes e paredões, calçamento de ruas, com o uso de pedra produ-

[65] Professor do Departamento de Geologia do Instituto de Geociências da UFMG.

[66] ANASTASIA et al. *Dos bandeirantes aos modernistas: um estudo histórico sobre Vila Rica*, com citações de Ecléa Bosi. p. 25.

zida na redondeza, buscando adequação da estrutura urbana às condições do território. Período de arrocho fiscal e conspiração contra o poder português. Explosão cultural, com a marca de uma sociedade multicultural.

No Oitocentos, outro ciclo de produção de ouro, com empresas inglesas e liberação da produção do ferro, novos tempos com o Brasil feito sede da Monarquia portuguesa e elevado à condição de Reino. Abertura do território que Portugal guardara fechado por três séculos, com a vinda de expedições científicas européias, para mostrar um Brasil além de índios ferozes e animais selvagens, com natureza exuberante e rica.

A história de Minas Gerais é escrita a partir da história da mineração. A produção do ouro no século XVIII, além da riqueza material e imaterial que aqui deixou, teve grande importância na Europa. Não apenas em Portugal e, daí, na Inglaterra. Charles Boxer concorda em que *o ouro de Minas Gerais representou um papel nada insignificante no palco mundial no século XVIII*. Com algum exagero, o economista alemão Werner Sombart dizia que *sem a descoberta (acidental?) das jazidas de metais preciosos no alto das cordilheiras e nos vales do Brasil não teríamos o homem econômico moderno*.

A CORRIDA DO OURO

Ouro e prata encontrados na América espanhola haviam de se repetir do lado de cá. O desafio dos bandeirantes paulistas era encontrar caminhos que levassem ao Eldorado. As Entradas se sucediam, desde São Paulo do Piratininga, para apresamento de gentio da terra – índio – e, na procura das pedras preciosas, apenas recolhiam mitos e lendas que alimentavam esperanças: a Serra Resplandescente de prata – Sabarabuçu, a Lagoa Dourada – Vapabuçu, a Serra das Esmeraldas.

A respeito dos bandeirantes, Sérgio Buarque de Holanda diz: *sua vocação estaria no caminho, que convida ao movimento, não na grande propriedade rural que forma indivíduos sedentários*, definindo sua maior instabilidade, centrando-se na captura e adestramento dos índios, por não terem outra opção[67].

Em estreita convivência com os índios, adquiriram conhecimento da terra, aprenderam a penetrar o sertão, viajando meses, a pé e descalços, como índios, e a nele sobreviver, atravessar montanhas, vencer rios e matas.

Sucediam-se entradas e retornos. O movimento bandeirista sustentou-se *no estabelecimento de marcos e no traçado da rota que conduziria ao ponto de largada – chaves do regressar e de um novo retornar*[68]. Ao longo dos caminhos abertos, plantavam roças que iam colher ao voltar. Cada serra, cada pico, cada rio ou córrego, mais do que geografia, eram referências, se faziam memória. Tirando proveito de trilhas indígenas, paulistas, em grande parte mamelucos, seguiam penetrando sertão adentro, vencendo dificuldades impostas por serras e matas.

Em 1674, o grande entradista Fernão Dias Paes partiu na abertura do Caminho Geral para o Sertão, com os filhos Garcia Rodrigues e José Dias Paes, o genro Borba Gato e mais de mil índios e mamelucos. Foram sete anos de caminhada, até a morte de Fernão Dias, nas margens do Rio das Velhas, em 1681, depois de encontrar o Reino dos Mapapós, além do Serro Frio, onde recolheu pedras verdes, turmalinas, na confiança de serem esmeraldas. Abriu caminho. Na década seguinte, as informações confirmavam ouro nos rios, ribeirões e encostas de morros.

[67] Citação de S. B. Holanda. In: FROTA, *Tiradentes. Retrato de uma cidade / Portrait of a town*, p. 33. HOLANDA. *Caminhos e Fronteiras*.

[68] RESENDE. *Escrever a História de Minas Gerais*. In: Resende, 2007, p. 11.

das por 138 distritos e 49 freguesias. Dos 14 termos [municípios] em que se dividia a capitania, em apenas dois (...) não se registraram lavras nesse ano, sendo certo (...) que haviam sido mineradores no passado.[74]

O POVOAMENTO PELA MINERAÇÃO

A atividade mineira faz-se em movimento, com as populações se fixando provisoriamente pelos caminhos. Seguindo itinerância típica da busca de recursos minerais, o povoamento seguiria o ritmo incerto dos descobrimentos, que determinavam o abandono de um arraial e o surgimento de outro.

A ocupação ocorreu, nas palavras de Caio C. Boschi, *ao sabor dos locais onde se deram os achados de ouro, ao sabor da mineração, sem que o homem pudesse optar*. Na região promissora para lavra, faz-se acampamento e levantam-se ranchos, expressões da provisoriedade, numa situação de caos e desordem. Pequenos núcleos populacionais vão se estabelecendo ao longo do caminho do ouro, seguindo ribeirões, cercados de roças e de criação de animais. Esta realidade é própria da atividade mineradora garimpeira, que se faz improvisando condições para se desenvolver.

Onde houve condições geológicas favoráveis, aí se formou jazida e fizeram-se lavras. A rigidez locacional da mineração provoca migrações, vai criando infraestrutura de sobrevivência, apesar das condições topográficas adversas, de eventual falta de recursos materiais e das distâncias dos centros de abastecimento. A ocupação, que necessariamente se orientava pelas ocorrências do ouro, se expandiu largamente pelo território, em numerosos povoados que foram se transformando em arraiais, os arraiais em vilas, que se fizeram ricas e monumentais, ou permaneceram singelos arraiais escondidos entre montanhas. O povoamento foi se fazendo acomodado ao sítio onde se davam as lavras, no diálogo com o território de relevo rigorosamente irregular, de montes e vales, onde se assenta materialmente, obrigando à malha urbana geometricamente irregular, estruturada sobre um eixo principal, com sequência de praças e largos.

Se a produção do ouro desencadeou acelerado povoamento das Minas, a escassez de alimentos e as crises de fome dos primeiros anos motivaram logo a diversificação da economia, surgindo núcleos de agricultura, atividade pastoril e trocas comerciais para abastecimento das áreas de mineração, provocando a interligação entre regiões, dentro e fora da capitania, como com a Bahia (Caminho dos Currais do São Francisco) no comércio de gado, sal e mulas, e com São Paulo e Rio de Janeiro. Grande parte deste comércio se fazia pelos comerciantes estabelecidos nas vendas e pelos tropeiros,

As minas e os modos de extração na *Minas Geraes* do século XVIII

Nas duas primeiras aquarelas representação do *Modo como eram tirados os diamantes em 1775*. Com a exaustão dos mesmos nos leitos dos rios e córregos, a exploração deslocava-se para as encostas, chamadas grupiaras. [AHU – Projeto Resgate]; A seguir representação do *Modo como se estrai o ouro no Rio das Velhas e nas mais partes que à Rios*. c. 1780. Para retirar a água da cata, no nível do rio, uma roda d'água acionava um rosário, expondo o cascalho aurífero, que então era apanhado pelos escravos para ser posteriormente lavado [IEB-USP]; Por fim, o *Morro donde se estraem os Topazios, descubertos no anno de 1772, Datta de ElRei*. c. 1775. Os topázios cor de pêssego, também chamados imperiais, ainda hoje ocorrem em uma estreita faixa entre Ouro Branco e Ouro Preto. No século XIX as minas mais famosas eram as do Capão do Lana e da Boa Vista. Situadas às margens da *Estrada Real*, foram visitadas por inúmeros naturalistas do século XIX [IEB-USP].

[74] MARTINS et al. *História da Mineração no Brasil*, p. 15.

mercadores ambulantes, que percorriam os caminhos das minas, levando todo tipo de mercadoria, além de serem portadores de notícias, cartas e recados.

Consolidava-se o núcleo urbano com grande número de estabelecimentos comerciais nos locais de mineração. Multiplicavam-se as vendas, como principal meio de abastecimento da população, onde se vendiam bebidas e comestíveis e se realizavam bailes e batuques, pontos de encontro de negros e mulatos. As negras de tabuleiro, escravas ou forras, levavam às lavras quitutes e aguardente, traziam e levavam recados e informações e, por isto, eram vigiadas pela administração.

Analisando o processo de urbanização de Vila Rica, Anastasia[75] define este primeiro momento como da *ocupação improvisada*, com as características da violência e da desordem, espaço de constantes conflitos, sem uma base familiar que garantisse a estabilidade e o enraizamento da população.

O PODER DA METRÓPOLE

A Coroa demorou a perceber a dimensão da descoberta aurífera, tendo uma presença fraca na região, até o conflito dos Emboabas, que opôs paulistas aos recém-chegados pelo controle das minas. A Metrópole ampliou seu poder sobre a região mineradora, criando a Capitania das Minas e São Paulo, reforçando a ligação com o Rio de Janeiro, por meio da consolidação do *Caminho Novo* ou da *Estrada Real para Vila*

As minas nas ilustrações dos viajantes do século XIX

MONTES AURIFERI AD CATA-BRANCA, IN PROV. MINARUM, de 1840, com a localização de uma mina de ouro na encosta norte do Pico de Itabirito [BN - *Tabulae physiognomicae nº. XLIX da Flora brasileiensis* de von Martius] e *LAVAGE DU MINERAI D'OR près de la montagne Itacolumi* [BN – Atlas de Rugendas: *Malerische Reise in Brasilien*]; Para as lavras de diamantes: *View of Negroes washing for Diamonds at Mandangos on the River Jigitinhonha in Cerro do Frio - Brazil*, retratando a lavagem de diamantes em Mendanha, no Rio Jequitinhonha [In: *John Mawe: Travels in the Interior of Brazil*. 1812] e *Diamantwascherei Curralinho*, com a lavagem do Diamante no Curralinho [BN – Atlas de Spix & Martius: *Reise in Brasilien*, 1834].

[75] ANASTASIA, et al. *Dos bandeirantes aos modernistas: um estudo histórico sobre Vila Rica*, p. 26.

Rica. Em 1711, no governo Antônio de Albuquerque, vários arraiais se transformaram em vilas, cada qual com sua máquina administrativa. A Casa de Câmara e Cadeia e o levantamento do Pelourinho definiam símbolos do Poder Real, da justiça e da autonomia municipal.

Com a fundação das vilas, os modestos núcleos urbanos progrediam, organizava-se a vida coletiva, com a instalação da administração portuguesa, com tribunais, aparato burocrático e militar, e um voraz aparelho fiscal para garantir a parte do Rei.

Foi criada nova Capitania de Minas Gerais em 1720, separando o governo de Minas do de São Paulo. Segundo Iglésias[76]:

> *O que em outras (regiões) custou decênios ou séculos, aqui se fez em menos de trinta anos. A riqueza foi o dínamo modificador. Bem dizia o historiador Diogo Vasconcelos: 'as Minas não tiveram infância', pois em poucos anos passaram da condição de abandono à de entidade política e administrativamente constituída. Sua população já era de 80 mil habitantes.*

No final do período colonial, havia na Capitania das Minas uma complexa rede urbana de inúmeros arraiais, quinze vilas e uma cidade, Mariana, que favoreceu o desenvolvimento de uma sociedade multicultural, diversificada socialmente e do ponto de vista econômico. Havia cinco comarcas, cada qual com seu ouvidor, que era autoridade judiciária de segunda instância, responsável também para dirimir disputas nas lavras.

A mineração do ouro e do diamante definiu marcos geográficos, assumiu territórios, implantou arraiais, vilas e cidade, definindo novas fronteiras da Colônia portuguesa na América. No final do século XVIII, Minas Gerais havia se tornado o maior núcleo populacional da Colônia, autossuficiente na produção de alimentos.

O SURTO DAS CONSTRUÇÕES

Na década de 1730, e até 1770, Vila Rica, mas não somente ela, passou por processo de expansão e ordenação de sua estrutura urbana, que refletia o apogeu da produção do ouro com todo seu esplendor de riquezas. De vila provisória ela se transformou em espaço de poder, conforme definido por Anastasia[77], com *o surgimento de importantes obras públicas e edificações que, pouco a pouco, configuram uma paisagem urbana sólida, marcada pelo signo da permanência*. Nesse momento começa a se firmar a presença de uma política de povoamento estabelecida pela Metrópole.

A vila passava por enormes transformações, ganhava aspecto de núcleo urbano,

> *vencendo os imperativos da paisagem natural e as vicissitudes da vida rude e improvisada dos primeiros tempos. As construções residenciais tornam-se mais apuradas, novas ruas eram abertas e começavam a surgir edificações e obras públicas de destaque*[78].

Ao lado da mineração, da agricultura e do comércio, a Capitania passava por grande surto de construções. A ocupação do núcleo urbano privilegiava o poder religioso e o civil em suas componentes arquitetônicas, que se construíam e reconstruíam, em competição de riqueza e ostentação.

O evento do Triunfo Eucarístico (maio de 1733) pode ser considerado um marco do apogeu da sociedade mineradora. E mais, *constitui o registro excepcional de uma cidade que se tornara um espaço institucionalizador do poder e da cultura*[79].

[76] IGLÉSIAS. In: MOURÃO & IGLÉSIAS. *Minas Gerais no Século XVIII*, p. 50.

[77] ANASTASIA, et al. *Dos bandeirantes aos modernistas: um estudo histórico sobre Vila Rica*, p. 55.

[78] Ibidem, p. 53.

[79] Ibidem, p. 42-43.

No governo do Conde de Bobadela, Gomes Freire de Andrade, que se inicia em 1735, ainda sob o impacto do Triunfo Eucarístico, Vila Rica presenciou notável surto de edificações e de construção de importantes obras públicas, como chafarizes e pontes. Casa e rua passaram por mudanças significativas e novos materiais, aos poucos, vão sendo empregados, como madeira, pedra e telhas, com fachadas mais bem cuidadas, escondendo o interior mais simples e despojado. A partir de 1741, o calçamento foi incrementado na cidade, e muros foram construídos para conter desabamentos.

Finalmente a pedra é amplamente adotada como elemento construtivo e a arquitetura singela, em madeira e barro, renova-se, *visando maior apuro e um senso plástico mais evoluído*. Sylvio de Vasconcellos lembra que *em 1749 se ergue a primeira igreja toda em pedra das Minas, a Matriz de Nossa Senhora do Bom Sucesso de Vila Nova da Rainha (Caeté)*. Para Vasconcellos, sua importância está em que sendo *a última, por assim dizer, eminentemente portuguesa, nas Minas, o estilo* (...) *evoluirá para uma maior liberdade de expressão.*[80]

Já em 1744, estava construído o Palácio do Governador, com arquitetura semelhante à de fortaleza militar, usando largamente a pedra, e a Casa de Câmara e Cadeia, iniciada em 1745, feita com enormes blocos de quartzito, trazidos da Serra do Itacolomi, envolvendo o trabalho forçado de 500 escravos e galés. Assim se formou a praça cívica de Vila Rica, no alto de Santa Quitéria, unindo os dois arraiais, Pilar e Antônio Dias. De uma trilha, transformada em caminho, nasceu a rua Direita (atuais ruas Cláudio Manoel da Costa e Conde de Bobadela). Foi uma profunda renovação urbana, para abrigar o centro do poder da Capitania, na qual também deixou sua marca a Igreja, que, através das irmandades, transformou capelas em templos monumentais, exemplares significativos do barroco e do rococó, na arquitetura, na escultura, na pintura e na ornamentação, com talhas e imaginária de rara beleza. Estes templos se apresentam, com o espaço amplo de seus adros, sempre em destaque na paisagem urbana das vilas do período colonial. Tudo em uso abundante de pedras.

As capelas do Carmo e de São Francisco da Penitência (iniciadas em 1766) foram feitas, ambas, juntas à praça cívica, com trabalhos dos dois maiores mestres do barroco mineiro, Aleijadinho e Ataíde. São ainda desse período, as matrizes do Pilar e de Nossa Senhora da Conceição e as capelas de Santa Efigênia do Alto da Cruz, de São José, das Mercês e dos Perdões e Senhor do Bonfim.

As irmandades e Ordens Terceiras colocavam em praça pública a construção de capelas, obras de arquitetura, talha, escultura e pintura, que eram arrematadas por equipe de mestre, aprendizes, oficiais e escravos. Esta atividade movimentou as vilas e promoveu o surgimento de profissões urbanas livres e autônomas, nos ofícios de canteiro, pedreiro, escultor, carpinteiro, entalhadeiro, ferreiro, pintor, em geral negros e mulatos, que recebiam pagamento pelo serviço. Estas construções eram planejadas e faziam do canteiro de obras lugar de aprendizado. A maior experiência terá sido a realização simultânea de grande conjunto de construções, que permitia a transferência de oficiais entre as obras, e o treinamento dos aprendizes se dava de forma continuada, sem interrupção. Segundo Salcedo[81],

> *na segunda metade do século XVIII, com maior estabilização da vida econômica e urbana [...] os programas arquitetônicos tornaram-se mais complexos, exigindo construções residenciais maiores e com melhores acabamentos, predominando os sobrados, com fachadas de influência barroca.*

[80] VASCONCELLOS. *Arquitetura, Arte e Cidade*, p. 91.

[81] SALCEDO. *A reabilitação da residência nos centros históricos da América Latina*, p. 21.

Ritmo de prosperidade semelhante ao do período do auge da produção do ouro permaneceu na segunda metade do século XVIII, com os comerciantes acumulando riquezas, além do fortalecimento da produção agropastoril em toda a Capitania, com igrejas e grandes edifícios sendo construídos[82]. Às lavras do ouro (em decadência de produção) e do diamante, se juntava a produção de blocos e lajes de quartzito e o uso da pedra-sabão, no aprimoramento urbano e na construção, reconstrução e ornamentação de edifícios civis e religiosos.

Nesse ambiente, Silveira traz o conceito de sociedade aluvional para ilustrar

o movimento constante de um mundo marcado pelo desassossego, em que os escravos, movendo-se em ambiente urbano, desempenhando papéis muito mais variados do que de meros faiscadores, ganhavam larga margem de autonomia, característica, aliás, da Minas setecentista. Autonomia, mas não liberdade[83].

EBULIÇÃO ARTÍSTICO-CULTURAL

No final do século XVIII, a partir de 1770, a fermentação cultural era grande e intensa, em decorrência do processo que se formou na civilização urbana da sociedade mineradora, onde se misturaram três importantes referências culturais – portuguesa, negra e indígena. A presença da Igreja, mensageira da Contrarreforma, se impôs na Colônia, no entender de Anastasia, numa experiência inédita de ideologização dos povos. E conclui:

Compreender a sociedade mineradora requer, portanto, entender o modo de vida gerado a partir de tal modelo cultural. Formas de morar, vestir, rezar, morrer tinham como referência um repertório tipicamente barroco[84].

Vinda da Península Ibérica esta cultura barroca adquiriu nas Minas feições específicas, uma variedade miscigenada, com forte presença de negros e mulatos. Com grande sensibilidade e poder de imitação, as populações africanas, que vieram como escravos, e seus descendentes mulatos se converteram em excelentes oficiais e mestres de ofícios, cujos trabalhos revelavam valores, conceitos e soluções artísticas próprias, que fizeram do "barroco mineiro" a primeira manifestação de uma cultura genuinamente nacional.

Os modernistas paulistas, Mário de Andrade à frente, já em 1924, elegeram Minas Gerais e seu patrimônio histórico e artístico, o "barroco mineiro", como berço de uma civilização brasileira. E a proposta de renovação estética dos modernistas foi substituída por um projeto de cultura nacional, em sentido mais amplo.

Para Affonso Ávila,

um aspecto comum a todas as manifestações do barroco nas Minas do século XVIII, seja na área da criação artística ou na órbita mais ampla do estilo de vida, é a preocupação do visual, a busca deliberada da sugestão ótica, a necessidade programática de suscitar, a partir do absoluto enlevo dos olhos, o embevecimento arrebatador e total dos sentidos[85].

Estava presente na sucessão freqüente das festas cívicas e religiosas, nas ruas, praças e adros de igrejas. Se as festas, uma característica da sociedade mineradora, contribuíram para valorizar o espaço urbano, ruas, praças e adros de igrejas, as vendas se firmaram logo como espaços de reuniões e de convivência no cotidiano da população.

A região mineradora viveu uma verdadeira ebulição artístico-cultural, na arquitetura, nas artes plásticas, na música, na literatura, destacando-se o grupo de escritores

[82] SILVEIRA. *O universo do indistinto – estado e sociedade nas Minas setecentistas (1735 – 1808)*, p. 87.

[83] Prefácio de Laura de Mello e Souza. Ibidem, p. 16.

[84] ANASTASIA, et al. *Dos bandeirantes aos modernistas: um estudo histórico sobre Vila Rica*, p. 79.

[85] ÁVILA. In: *Resíduos Seiscentistas em Minas*.

mineiros, que se reunia por afinidades intelectuais, sociais e políticas, e construiu uma "vida literária" na Minas da segunda metade do século XVIII, no entendimento de Antônio Cândido. Pujança cultural que aconteceu em Vila Rica, mas também em outras vilas e cidades, e que:

> *deve ser creditada ao processo peculiar das Minas de consolidação de uma rede urbana, fazendo emergir um quadro de civilidade favorável à interação entre as pessoas, à circulação de informações e idéias, à produção intelectual e aos desejos de construção de símbolos e representações sociais*[86].

O URBANO COMO OBRA DE ARTE

Vencida a etapa inicial da "ocupação provisória", a perspectiva de sucesso da produção aurífera definiu o povoamento que devia se fazer definitivo. A partir daí, a Coroa portuguesa estabelecia-se na Vila que se implantava sobre o arraial, com o poder administrativo na Casa de Câmara e a sociedade organizada nas associações leigas, irmandades e Ordens Terceiras. A demanda por novas estruturas urbanas, edifícios e arruamentos adequados, provocava a expansão acelerada da construção civil com o uso da pedra e da madeira, arregimentou "mestres-de-ofícios" especializados de além-mar e aprendizes nos "ofícios-mecânicos" de pedreiro, carpinteiro, canteiro, entalhador, escultor.

Na construção civil e religiosa, os portugueses praticamente dominaram a arquitetura e as artes na primeira metade dos Setecentos, e formaram uma mão de obra local, incluindo negros forros e mulatos, "mestres-de-ofícios", que foram valorizados no período seguinte, quando da expansão da construção civil e eclesiástica. Para cá vieram artistas excepcionais, arquitetos, engenheiros militares, entalhadores, escultores, entre os quais, Manoel Francisco Lisboa e Antônio Francisco Pombal, pai e tio de Antônio Francisco Lisboa, o Aleijadinho; Francisco Vieira Servas, José Fernandes Pinto Alpoim, José Pereira dos Santos, José Pereira Arouca, Francisco Xavier de Brito, Domingos Moreira de Oliveira.

Na Capitania das Minas, a cantaria foi implantada a partir de 1740, em construções públicas, religiosas e civis, como parte estrutural e ornamental. Trazida por pedreiros e canteiros das regiões do Minho e do Douro, no norte de Portugal, aqui adquiriu originalidade em formas, cores e texturas, com o uso de rochas locais, principalmente quartzito e a pedra-sabão ou esteatito, e com a sensibilidade e criatividade de artistas e artesãos locais. Nos ofícios mecânicos, o negro forro e o mulato se destacavam.

A extração na pedreira, de blocos regulares de pedras, se fazia por métodos manuais rudimentares, com perfuração na pedra e nela instalando pequena cunha para produzir blocos nos tamanhos desejados. A produção, transporte e manuseio de imensos blocos envolviam grande quantidade de mão de obra escrava.

A implantação da vila se fazia sob a coordenação do governador da capitania, por meio da Câmara. A análise dos "termos de ereção das primeiras vilas" e documentos da época revelam a prática de uma política de implantação e expansão de povoações.

O urbano se faz como "artefato", obra de arte, na simplicidade formal e espacial de uma adaptação pragmática ao território, mas também na arquitetura, num modo delicado de entendimento de espaços e volumes. Apenas dois aspectos desse processo serão analisados: o aprimoramento do traçado urbano e o embelezamento da arquitetura civil e eclesiástica pela cantaria, ambos com demanda de pedra.

[86] ANASTASIA, et al. *Dos bandeirantes aos modernistas: um estudo histórico sobre Vila Rica*, p. 80.

Introdução às Rochas e aos Monumentos

A partir de 1937, com a criação do SPHAN, Serviço do Patrimônio Histórico e Artístico Nacional, atualmente IPHAN, muitas foram as iniciativas no sentido da restauração e da preservação do patrimônio cultural do Brasil. Para o atendimento de inúmeras demandas na direção desta preservação, muito foi pesquisado sobre a utilização de materiais tais como os pigmentos, as tintas, as madeiras e as argamassas, o mesmo não acontecendo com relação às rochas. Atualmente, à medida que cresce entre nós a consciência sobre a importância deste patrimônio e da consequente necessidade de sua preservação, também cresce a necessidade de se conhecerem melhor os materiais pétreos utilizados e suas propriedades.

Apesar das freqüentes abordagens e do volumoso registro iconográfico envolvendo bens que integram o patrimônio cultural do Brasil, e em especial de Minas Gerais, sejam eles móveis ou imóveis, são raras ou mesmo inexistentes aquelas que tratam das rochas ou das "Pedras", com as quais parte destes bens foi produzida. Por conta disso, na presente obra, o foco encontra-se nesses materiais e em respostas para algumas perguntas tais como: Que "Pedras" são essas? De onde vieram? Que características têm?

No entanto, a extensão deste acervo e a impossibilidade de tratá-lo de uma só vez foram determinantes para que fosse enfatizado aquele de Minas, e com atenção especial os bens imóveis, construídos entre o início da ocupação do seu território, em fins do século XVII, e o período de instalação de sua nova capital, Belo Horizonte, entre fins do século XIX e os primeiros anos do XX. Desse conjunto, foram selecionadas edificações que tiveram suas justificativas nas áreas: da administração, do interesse público, da religiosidade e ainda algumas com interesse militar, mas todas com significado cultural relevante para o entendimento da história de Minas. Para os outros bens, os móveis, foram selecionadas esculturas, diversos objetos de uso cotidiano, objetos relacionados com a crença religiosa ou com a popular, assim como aqueles objetos necessários ao desenvolvimento de diversos ofícios.

Posto isso, retorna-se à questão inicial das raras obras ou documentos que tratam de descrever as rochas empregadas na produção ou edificação desses bens no Brasil e de outras mais raras ainda, que trazem informações sobre os locais de onde essas "Pedras" foram extraídas.

Remonta a 1587, aquela que pode ser considerada como uma das primeiras descrições e, dentre as existentes, uma das únicas que fazem referências aos materiais empregados nas primeiras construções do então território da América portuguesa, bem como às suas respectivas áreas de extração e às técnicas construtivas e de beneficiamento aplicadas. Trata-se de uma descrição de Gabriel Soares e que faz parte do *Tratado descritivo do Brasil em 1587*. Na segunda parte do dito Tratado, denominada *Memorial e declaração das grandezas da Bahia*, o autor demonstra a preocupação que se tinha com relação à construção de fortificações capazes de resistirem aos ataques inimigos, como bem convinha *ao serviço de El-rei Nosso Senhor e ao bem da terra*.[1]

[1] SOARES. *Tratado descritivo do Brasil em 1587*, p. 342-344.

No capítulo CLXXXVII Soares comenta que há na Bahia pedra de alvenaria e cantaria em quantidade para se poder fazer *grandes muros, fortalezas e outros edifícios*. Ele descreve a ocorrência de uma *pedra preta* nos arredores da *Cidade da Bahia* ou *do Salvador*, bem como *pedreiras boas de quebrar, com a qual se fazem paredes mui bem liadas*, localizadas tanto *ao longo do mar como pela terra*. Seguindo em sua descrição sobre os materiais e suas áreas de ocorrências, ele relata que:

> (...) *pelos limites desta cidade há muita pedra molar, como a de alvenaria de Lisboa, com que se faz boa obra; e ao longe do mar, meia légua da cidade, e em muitos lugares mais afastados, há muitas lagoas de pedra mole como tufo, de que se fazem cunhais em obra de alvenaria, com as quais se liam os edifícios que se na terra fazem, e se afeiçoam os cunhais destas lajes com pouco trabalho, por estarem cortados pela natureza conforme o para que são necessários.*

Nesse capítulo e no seguinte, Soares descreve outras ocorrências de rochas utilizadas nas edificações da *Cidade da Bahia*, fala sobre a produção de cal, necessária para aumentar a resistência das construções de pedra, e faz seus comentários sobre como estes materiais teriam sido formados:

> *Quando se edificou a cidade do Salvador, se aproveitaram os edificadores e povoadores dela de uma pedra cinzenta boa de lavrar, que iam buscar por mar ao porto de Itapitanga, que está sete léguas da cidade na mesma Bahia, da qual fizeram as colunas da Sé, portais e cunhais e outras obras de meio relêvo, e muitas campas e outras obras proveitosas; mas depois se descobriu outra pedreira melhor, que se arranca dos recifes que se cobrem com a preamar da maré de águas vivas ao longo do mar, a qual pedra é alva e dura, que o tempo nunca gasta, mas trabalhosa de lavrar que gasta as ferramentas muito; de que se fazem obras mui primas e formosas, e campas de sepulturas mui grandes e parece a quem isso tem atentado que esta pedra se faz da areia congelada; porque ao longo dos mesmos arrecifes, bem chegados a êles, é tudo rochedo de pedra preta, e estoutra é muito branca, depois de lavrada; mas não é muito macia, a qual quando a lavram faz sempre uma grã areenta, e acham-se muitas vezes no âmago destas pedras cascas de ostras e de outro marisco, e uns seixinhos de areia, pelo que se tem que esta pedra se formou de areia e que se congelou com a frialdade da água do mar, o que é fácil de crer, porque se acham por estas praias limos*

enfarinhados de areia, que está congelada dura como pedra, e alguns paus de ramos de árvores também cobertos desta massa tão dura como se foram de pedra.

A maior parte da cal que se faz na Bahia é das cascas das ostras (...) é alvíssima, e lisa também, como a de Alcântara (...); e a cal que se faz das ostras é mais fácil de fazer que a de pedras; porque gasta pouca lenha (...) e é tão forte que se quer caldeada, e ao caldear ferve em pulos como a cal de pedra de Lisboa. (...) Quanto mais que, quando não houvera remédio tão fácil para se fazer infinidade de cal como o que está dito, com pouco trabalho se podia fazer muita cal, porque na Bahia, no rio de Jaguaripe, e em outras partes há muita pedra lioz, como a de Alcântara, com muitas veias vermelhas, a qual pedra é muito dura, de que se fará toda obraprima, quanto mais cal, para o que se tem já experimentado e coze muito bem (...) e para as mesmas obras e edifícios que forem necessários, tem a Bahia muito barro de que se faz muita boa telha, e muito tijolo de toda sorte;

Seguindo nesta linha dos registros de descrições das rochas que fazem parte desse patrimônio cultural e de suas respectivas áreas de extração, o documento que traz informações sobre os materiais pétreos, empregados na construção do Convento de Santo Antônio da Paraíba, é singular. Nesse documento, redigido por Frei Antônio de Santa Maria Jaboatão[2] em meados do século XVIII, e que pode ser consultado no próprio convento ou na *Crônica dos Frades Menores da Província do Brasil*, tem-se uma descrição da pedreira, atualmente desativada, e que existia no sítio desse convento. Além desta descrição, fazem parte aquelas sobre os processos de extração e de caracterização do material, segundo a sua destinação na obra de edificação do referido convento:

"Nesta ...pedreira... do Convento se tirou, e tira,
ainda que já com algum trabalho
de desmontar a terra pelos seus altos,
toda a pedra, assim de cantaria,
como a mais, que he necessaria
a qualquer obra ou edifício.
Consta de vários bancos,
Como explicão os mestres da arte.

Do primeyro que se cobria ao princípio,
e pelas baixas de pouca terra,
e em muitas partes descuberto,
se tira a pedra tosca, e ... de alvenaria,

do segundo outra menos aspera mas forte,
de que se faz perfeita e forte cal,

do terceyro cabeços
para fortalecer as paredes

e do quarto a que serve para se lavrarem
portaes, e outras semelhantes peças,
não tão dura, e aspera, como as prymeiras,
mas muito mais alva, solida e liza
da qual se fazem lavragens.

Toda sendo de grande conveniencia
e menos custo
para as obras do convento
que muito depois se levantou de novo,
tirando-se de dentro da sua cerca
todo o material de pedras e cal
e tãobem o saibro, que serve em lugar da areia,
e he huã terra algum tanto vermelha
que depois de tirada alguã, se segue esta
athe se dar com o primeyro banco da pedreira,
e tudo isto se tira dentro do terreno da cerca,
sem a molestia de o pedir, e comprar fora."

Nos *Códices*, que contêm as decisões dos Senados das antigas Casas de Câmaras das Comarcas de Minas, e que fazem parte dos arquivos de instituições como o Arquivo Público Mineiro, assim como nos livros de *Tombo*, *das Despesas e dos Recibos* e de *Escrituras e Aforamentos*, que fazem parte dos arquivos dos conventos, das igrejas e das capelas das Ordens Terceiras, encontram-se inúmeras informações a respeito da utilização das rochas em diversas edificações, cujos riscos e construções estiveram sob suas responsabilidades. Nos livros do Mosteiro de São Bento do Rio de Janeiro, os monges beneditinos deixaram vários registros sobre os riscos e sobre as rochas empregadas na construção da sua igreja. Sobre as origens dessas rochas, informaram se foram extraídas no Rio, ou se foram compradas e trazidas de Portugal ou da Itália. Sobre as pedreiras de onde foram extraídas, no Rio de Janeiro, identificaram como sendo principalmente da Pedreira da Carioca, instalada e aberta por eles no Morro da Viúva. Para os monges construtores da época,

[2] O documento de Frei Jaboatão encontra-se publicado na obra: *Novo Orbe Seraphico Brasílico*, p. 357, Cap. VIII § 304, Livro III, em parte reproduzido na *RSPHAN*, nº. 6, p. 287-288, 1942.

as rochas que afloravam no Morro da Viúva, em Botafogo, ao contrário daquelas que assomavam no próprio Morro de São Bento e no Morro da Conceição, eram as que apresentavam melhores condições de uso para a construção da igreja. Sendo assim, eles trataram de solicitar autorização para a extração dessas rochas, como pode ser constatado pelo conteúdo da *Carta de aforamento das terras para pedreira aforadas aos Frades de São Bento no morro da Viúva*, datada de 29 de dezembro de 1618[3]:

> *Dizem o Padre Abade e mais religiosos do Mosteiro do Patriarca São Bento desta Cidade que eles querem com o favor de Deus começar uma igreja para a qual hão mister muita pedra para arcos, portais, colunas, janelas e frestas, a qual se não acha em nenhuma parte, e em um outeiro que está nas terras do Conselho para a Carioca à mão esquerda da banda do mar, passada a primeira praia há grande cópia dela. Pedem a vossas mercês que, visto ser o bem pelo que querem edificar obra pública e que muito aumenta a nobreza desta Cidade e o que principal é ser necessário para o culto divino e veneração de Deus, Nosso Senhor, lhes dêem vinte braças de pedreira no outeiro.*

Frei Basílio Röwer, com base nos livros de Tombo do Convento de Santo Antônio do Rio de Janeiro, ressalta que, tanto para a primeira construção do convento, quanto para a segunda, a pedra foi sempre muito utilizada e retirada de uma pedreira localizada no próprio morro, nos fundos do terreno destinado à Penitência[4].

Os livros das irmandades e os registros sobre as obras e as rochas

Nos vários livros de registros das irmandades, seja no de *Termos*, seja no das *Dívidas*, como no da Ordem Terceira do Carmo de Sabará, que traz a seguinte justificativa: *SERVE este livro de RAZÃO para nelle selançar as dividas que se deverem a Ven*[el]. *Ordem 3ª. de N. Sª. do Monte do Carmo, (...) nesta Villa Real do Sabará: como taõbem para lançar o que a dita Ven*[el]. *Ordem for devedora. Rubricado e assinado pello D*[mo]. *Ouvidor Geral, e Corregedor da mesma Vila, e Comarca. Anno de 1778*, encontram-se informações sobre as contratações e pagamentos de serviços, assim como sobre a compra de materiais para as construções.

Existem outros documentos, tratando especificamente da construção de determinados monumentos, como aqueles que se encontram publicados em alguns dos números da REVISTA DO SERVIÇO DO PATRIMÔNIO HISTÓRICO E ARTÍSTICO NACIONAL, o antigo SPHAN, entre os quais encontram-se aqueles que trazem informações importantes sobre os materiais pétreos e sobre as construções de algumas das mais importantes capelas de Minas, como a do Carmo de Sabará e de São Francisco de Ouro Preto.

Os documentos cartográficos, embora neste caso não sejam muitos, constituem outras formas de registro, principalmente para a localização das antigas pedreiras. Aqui pode ser citada a *PLANTA DA CIDADE DE OURO PRETO organizada por ordem do Exmo Sr. Dr Luiz Eugenio Horta Barbosa. Presidente da Província. Wilh. Brosenius desenhou. Ouro – Preto. 7.2.88.* O documento traz a localização de antigas caixas de mineração, denominadas mudeis, assim

[3] As informações sobre os materiais empregados foram obtidas a partir dos levantamentos efetuados por D. Mateus Ramalho da Rocha, publicados na obra: O Mosteiro de São Bento do Rio de Janeiro, 1590/1990. A transcrição da Carta de aforamento encontra-se na página 101.

[4] RÖWER. *O Convento de Santo Antônio do Rio de Janeiro* (...). p. 103.

SERVE

Este livro de RAZAÕ. para nelle se lan-
car todas as dividas que se deverem a Ven.el Or-
dem 3.a de N. Sr.a do Monte do Carmo, ere-
ta nesta Villa Real do Sabará: como taõbem para
se lançar o que a dita Ven.el Ordem for devedora. Rubri-
cado, e assinado pello D.mo Ouvidor Geral, e Corre-
dor da mesma Villa, e Comarca. Anno de 1778

José Ant.o Barb.a do Lago

Frei Leandro de São Bento, Frei Tomás da Assunção e Frei Bernardo de São Bento, monges beneditinos, foram os encarregados da construção da igreja e do início do prédio do Mosteiro de São Bento do Rio de Janeiro, entre 1633 e 1693[11]. Nessa obra dos beneditinos, credita-se o risco da igreja a Francisco de Frias da Mesquita, nomeado engenheiro-mor do Brasil, em 1608.

De modo geral, os honorários pagos aos artistas mestres de risco eram quase sempre muito pequenos[12], sendo o trabalho manual mais bem recompensado. Com frequência, esses autores dos riscos não eram sequer identificados, principalmente se fossem membros de algumas das Ordens Religiosas. Os pagamentos eram efetuados em ouro em pó, à razão de 1$200 (mil e duzentos réis) por oitava; a oitava, que consistia em uma subdivisão do marco, era por sua vez, dividida em 32 vinténs. Os pagamentos estão indicados nos registros de receitas e despesas, como, por exemplo, nos Livros das Ordens Religiosas, quer em mil-réis ou em oitavas. A correspondência se estabelecia à razão de $037,5 réis por vintém: 8 vinténs = 1/4 de oitava; 16 vinténs = 1/2 oitava; 24 vinténs = 3/4 de oitava [e 32 vinténs = 1 oitava] [13]. De 555 construções ou conjuntos tombados pelo IPHAN[14] e anteriores ao século XIX, existem indicações de autoria apenas para 87. Destas, 12 são construções públicas civis, 53 são religiosas, 20 militares e 2 são particulares. Do conjunto de projetistas 28 eram engenheiros militares, 14 engenheiros ou arquitetos civis, 21 religiosos e 24 eram *mestres de risco*.

Aos *oficiais-engenheiros* cabiam além das obras de defesa, das demarcações das fronteiras e do ensino, a execução de obras civis e religiosas, estradas, etc. Mas com frequência eram os *mestres-pedreiros*, os responsáveis pelas obras, e estes eram também encarregados de inúmeras outras funções: o *mestre-pedreiro* Antonio Ferreira Lima assinou um contrato com a *Meza da Venerável Ordem Terceira de São Francisco de São João d'El Rey, para trabalhar pello seu of.º de Pedreyro, tanto para tirar pedra na pedreyra como lavrar e tudo o mais que pertence ao dt.º seu of.º* (Contrato de 15 de março de 1773 - *Livro 2º. de Termos*); Francisco de Lima Cerqueira, responsável por várias obras em São João d'El Rey, era o mestre e o administrador das obras da nova capela de São Francisco e responsável para *Lavrar Cantaria debaixo do Telheiro otempo que lhe fosse possível* (...) *não só elle exercera od.º emprego, mas alem disso assistira nas pedreiras, estivera officio deArquitecto tirando novas plantas, enovos dezenhos tratando de seu acordo com a ordem*. Em 11 de setembro de 1785, já sem condições de saúde para *continuar todo o dia empé na sobred.ª Lavrage*, ele solicitou que fosse escrito e assinado um Termo tratando de uma modificação no seu acordo com a mesma *Meza de São Francisco de São João d'El Rey*, segundo o qual ele requeria que a *Meza o livrasse dodº ajuste eligendo outro* (...). para as funções nas pedreiras. Apesar disso, determinou a *Meza* que ele continuasse como ajustado *nadmenistração daobra, tanto adepedra, como ademadr.ª zelando* (...) *seesperava com acondição defazer p.r suas maons toda a Lavrage do seu officio q' fosse mais mimoza, esuperior acapacid.e dos outros officiais*. Em 21 de outubro de 1803, Francisco de Lima Cerqueira declarou que secava o *sellario anual q'athe então havia percebido de Mestre das obras de pedreiro, e que só pedia aesta Ordem q o conhesesse por Irmão e bemfeitor, eq'elle da Sua parte Se não recuzava de fazer omesmo q'athe agora fazia de administrar a obra tanto no terreiro como nas pedreyras*. Apesar de suas súplicas, Lima Cerqueira teve todos os seus bens judicialmente confiscados em nome da *Venerável Ordem Terceira de São Francisco de São João d'El Rey*, por conta de um litígio no ano de 1805, três anos antes da sua morte.

Principalmente no período colonial, muitos estrangeiros foram contratados para suprir a falta de engenheiros luso-brasileiros, pois estes estavam em falta também na Metrópole. Todos, quando contratados pelo governo, recebiam a denominação de engenheiros militares e se eram civis normalmente tinham que ingressar no exército português, recebendo patentes em função dos seus conhecimentos e influências. Como eram as únicas pessoas com algum conhecimento sistemático da arte de construir, acabavam sendo empregados em todos os tipos de obras e outras atividades de engenharia. Outros contratados pela Coroa eram padres, nomeadamente jesuítas. Uma vez que detinham muitos conhecimentos na área da Matemática e da Física, os jesuítas acabaram desempenhando inúmeras destas atividades de engenhei-

[11] ROCHA. *O Mosteiro de São Bento do Rio de Janeiro, 1590/1990*, p. 107.

[12] Pagamentos de riscos: 32 oitavas de ouro a José Pereira dos Santos pelo risco de São Francisco de Mariana, em 1762; 32 oitavas de ouro a Thiago Moreira, pelo risco do Carmo de Sabará, em 1762; 50 oitavas de ouro a Manoel Francisco Lisboa pelo risco do Carmo de Ouro Preto, em 1766; 15 oitavas de ouro a Antônio Francisco Lisboa pelo risco de São José de Ouro Preto; 10 oitavas pelo frontispício do Rosário de Ouro Preto, em 1784; 6$000 (seis mil-réis) a Manuel da Costa Ataíde pelo risco do altar-mor do Carmo de Ouro Preto, em 1813. Pagamento de entalhador: 583 oitavas de ouro a Inácio Pinto para aparelhar a obra de Santa Efigênia de Ouro Preto, entre 1747 e 1748; Pagamento a administrador: 230$000 (duzentos e trinta mil-réis) anuais a Francisco de Lima Cerqueira pela obra de São Francisco de São João del Rey; Pagamento a contratadores de artesãos: 490 oitavas de ouro a Felipe Vieira e Jerônimo Felix Teixeira na obra de Santa Efigênia de Ouro Preto. In: BAZIN. A *Arquitetura Religiosa Barroca no Brasil*, v. I, Livro I, Cap. III, p. 45-46; Segundo Edgard de Cerqueira Falcão, era uso nos distritos mineiros dividir o peso da oitava em 32 vinténs e o vintém representava um peso e não um valor. A oitava de ouro correspondia a oitava parte de uma onça e pesava *3 gr. 586*. In: CERQUEIRA FALCÃO. *A Basílica do Senhor Bom Jesus de Congonhas do Campo*, p. 108.

[13] BAZIN. *A Arquitetura Religiosa Barroca no Brasil*, v. I, Livro I, Cap. III, p. 46.

[14] SILVA TELLES. *História da Engenharia no Brasil*, p. 9.

ros militares. Neste sentido, em muito contribuiu a *Aula da Esfera* do Colégio Jesuíta de Santo Antão, em Lisboa, onde muito foi ensinado em termos da Geometria, da Aritmética e da Álgebra[15]. Como exemplos de religiosos engenheiros ou Padres Matemáticos podem ser mencionados: o Padre Gaspar de Sampères, que projetou o Forte dos Reis Magos no início do século XVII, o Padre Diogo Soares, que produziu plantas e perspectivas das fortalezas do Rio de Janeiro e que, junto com o Padre Domingos Capassi, produziu inúmeros documentos cartográficos para parte considerável da porção sul do antigo Estado do Brasil.

Na América portuguesa, vamos ver esses engenheiros construindo não só fortificações mas também palácios, igrejas, conventos e aquedutos. Dentre os vários mestres responsáveis por riscos, projetos e execuções, destaca-se o Brigadeiro José Fernando Pinto Alpoim. Considerado um dos mais importantes engenheiros portugueses durante o período colonial, foi o responsável por inúmeros projetos e riscos, dentre os quais destacam-se: o da Residência dos Governadores, em Vila Rica e os do Arco do Teles, dos Arcos da Carioca e do Convento das Carmelitas, na cidade do Rio de Janeiro. Nascido em Viana do Castelo, chegou aqui em 1738 como sargento-mor engenheiro e aqui morreu em 1765. Embora não possa ser identificado como um engenheiro, cuidou ainda do risco da tumba do Governador Gomes Freire de Andrade, localizada no Convento das Carmelitas no Rio de Janeiro, e foi também autor de inúmeros documentos cartográficos para a parte sul do Estado do Brasil e para a região da Colônia do Sacramento, incluindo aqui inúmeros documentos relacionados com as partidas de demarcação dos territórios de Portugal e Espanha, na América do Sul[16].

Em especial na *Capitania de Minas Geraes*, outros portugueses, mestres de riscos e pedreiros[17], foram os responsáveis pela execução de inúmeras obras ao longo de boa parte do século XVIII, tais como José Pereira dos Santos, José Pereira Arouca e Domingos Moreira de Oliveira, procedentes da região do Porto; José Fernandes de Oliveira, Francisco de Lima Cerqueira e António Pereira de Souza Calheiros, procedentes da região de Braga.

Do grupo dos mestres de risco, pedreiro ou de ofício e nascidos na Capitania de Minas, destaca-se o mineiro Antônio Francisco Lisboa, o Aleijadinho. Para além dos seus projetos e riscos, o Aleijadinho foi também o grande mestre da escultura monumental em pedra, que no Brasil, e antes de 1760, só era praticada numa região muito limitada e onde se encontravam bons calcários macios, isto é, no território atualmente ocupado pelos estados da Bahia, Sergipe, Pernambuco e Paraíba. Nessas capitanias, e desde o início do século XVIII, os entalhadores de pedra imitaram, nas fachadas das igrejas, as ornamentações que eram feitas de madeira, dando-lhes *um caráter novo de rudeza primitiva*[18]. Em contraposição, e segundo Bazin, o mérito de Aleijadinho terá sido o de dotar o Brasil de uma escultura monumental própria, *cuja qualidade ultrapassará o que havia sido feito até mesmo em Portugal*.

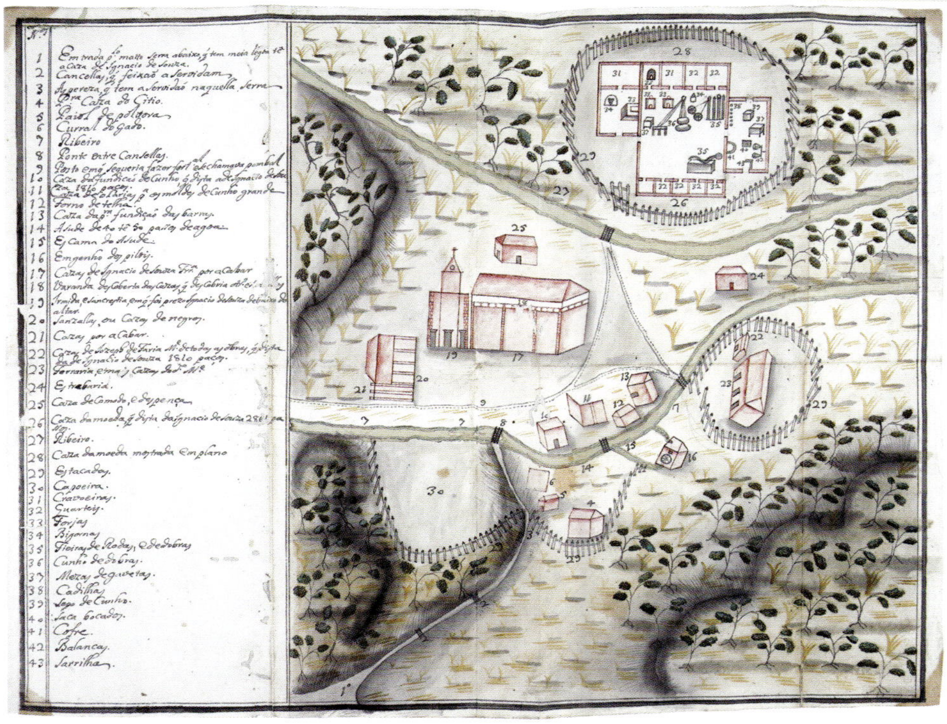

Planta das casas de Fundição do Sítio da Boavista de Paraipeva

Os engenheiros militares, também conhecidos como engenheiros de capitania, além dos riscos e projetos, eram também responsáveis pela produção de mapas, cartas, plantas e outros documentos iconográficos como esta planta [abaixo] que faz parte do *Treslado da delação que fez Fr.co Borgez dCarv.lho de seusócio Ignácio de Souza Ferreira, deter cazas de fundição, e de cunhar moedaz*. c. 1731 [Biblioteca Nacional de Portugal]. À esquerda, única ruína remanescente da antiga fundição da Boa Vista, também conhecida como São Caetano da Moeda Falsa ou Moeda Velha.

[15] LEITÃO et al. *Sphaera Mundi: A Ciência na Aula da Esfera*, p. 19.

[16] COSTA. Dos Roteiros de todos os sinais da Costa até a Carta Geral. In: COSTA (Org.) *Roteiro Prático de Cartografia: da América portuguesa ao Brasil Império*, p. 83-224.

[17] OLIVEIRA. *Arquitetura da Mineração nos Estados de Minas Gerais e Goiás*, p. 134.

[18] BAZIN. *O Aleijadinho e a escultura barroca no Brasil*. Cap. II, p. 31.

As técnicas construtivas

Como descrito por Germain Bazin, o Brasil é um verdadeiro museu da construção através dos tempos. Durante o período colonial, foram importadas formas de construir de Portugal, que em parte mesclaram-se aos métodos construtivos indígenas, o que levou ao surgimento de uma grande variedade de edificações.

No entanto, durante esse período, pode-se afirmar que as técnicas construtivas empregadas mantiveram-se praticamente inalteradas. Paras as construções, *os alicerces são sempre em fundação direta de alvenaria de pedra, em geral rejuntada com barro, ou excepcionalmente de pedra seca ou com argamassa de cal; a espessura tem, em geral, 20 cm a mais do que a parede, e a profundidade cerca de um metro, sendo tanto maior quanto mais antiga. Nas cadeias colocavam-se pedras grandes nos alicerces para dificultar as fugas*[19]. Além desse emprego das rochas, referidas sempre como pedras, as paredes mestras, os pilares, as arcadas e outros elementos eram sempre em alvenaria de pedra. Nessas construções, *a estrutura era caprichosamente composta com pedras de vários tamanhos, sendo as pedras pequenas, e as lascas enfiadas nos intervalos das pedras grandes; o rejuntamento era em geral com argamassa de barro, ou nas construções melhores, com argamassa de cal e areia*[20]. Para as construções onde se utilizava a pedra havia algumas exigências, tais como aquela que proibia o uso de argamassa de barro, exigindo neste caso a utilização da cal. Por outro lado, as argamassas com azeite de baleia, de grande dureza, foram empregadas com alguma frequência, mas apenas nas construções militares de defesa e nas pontes.

Terminadas as paredes, enquadradas ou não pelos embasamentos, varas de cunhais e cimalhas, ou por baldrames, esteios e frechais, estas eram então trabalhadas com a régua, a desempenadeira ou a colher. Era costume que essas paredes *fossem rebocadas com o uso de argamassas compostas por areia, argila e bosta de vaca*. Em 1741, no revestimento das paredes da Casa de Câmara e Cadeia de Sabará[21] foram aplicados três reboques:

> *el primeiro es de tierra, arena y estiercol caballar seco molido que se mezcla con água arcilloza; este revoque no se raja jamais e muchos menos aùn, el segundo que se hace de puro estiercol vacuno fresco sin uma mescla de outro material. El tercero se mescla com arena caliza de puras conchas quemadas y com polvo de ladrillo.*

A cantaria de pedra aparelhada foi empregada como elemento estrutural e ornamental em cunhais, cornijas, vergas, ombreiras e portadas de portas e janelas, e também em arcos e arcadas para vãos de aberturas, porões, pórticos, claustros, etc. Desses, os mais antigos eram todos em arco pleno. No século XVIII, começam a aparecer os arcos abatidos, e os plenos só eram construídos para grandes cargas.

Enquanto em outras cidades da América portuguesa foram edificadas construções suntuosas, religiosas ou civis, nas quais a cantaria e silharia de pedra, muitas vezes finamente trabalhadas, foram usadas como elementos decorativos ou de revestimento parcial ou integral de fachadas, tal como na igreja da Conceição da Praia, em Salvador, em Minas Gerais tais sistemas foram muito raramente aplicados. Embora não fosse difícil encontrar as rochas mais adequadas, calcárias, quartzíticas, xistosas ou graníticas, as construções na *Capitania de Minas Geraes*, concentradas nos Setecentos, foram quase sempre de alvenaria de tijolos de barro cru, também conhecidos como adobes, ou de diferentes tipos de taipa e de pau a pique, rebocadas e caiadas.

Silva Telles em suas considerações sobre as edificações coloniais no território da América portuguesa as descreve como estruturas mistas, apresentando, às vezes, vários sistemas de construção. Não raro apresentando paredes de taipa de pilão, ou de adobes, assentadas sobre pilares ou arcadas de alvenaria de pedra, ou ainda prédios em que o primeiro pavimento é de alvenaria de pedra e os pavimentos superiores são de taipa.

A respeito do emprego destas técnicas Saint-Hilaire, em sua primeira viagem a Minas, em 1816, comentou[22]:

> *O ar de decadência que tem, em geral, no interior da Província de Minas os vilarejos e habitações isoladas, decorre também, em grande parte, deve-se dizê-lo, de que essas construções, sempre feitas de barro, se estragam facilmente, principalmente por fora. As casas dos pobres são tão fáceis de construir, que qualquer um é seu próprio arquiteto; e como se verá, essas casas também se destroem com facilidade extrema. Para se erguer as paredes, fincam-se na terra, a pequena distância uns dos outros, esteios de madeira toscos, da grossura aproximada de um*

[19] SILVA TELLES. *História da Engenharia no Brasil*, p. 22.

[20] Nas argamassas de cal e areia, a cal era de preferência a de pedra virgem, preparada em tanques de madeira e a areia era peneirada e lavada, e livre de pedras, terra e vegetais. Podia ser de granulometria fina ou grossa, dependendo do seu emprego. A água empregada devia ser limpa.

[21] BARRETO. *Casas de Câmara e Cadeia*, p. 103.

[22] SAINT-HILAIRE. *Viagem pelas províncias do Rio de Janeiro e Minas Gerais*, p. 94 e 98; 145 e 222.

braço. Com o auxílio de alguns cipós, amarram-se a estes ripas transversais muito aproximadas, e, quando se completa assim uma espécie de gaiola, enchem-se os intervalos com barro.

A esta época, este ar de decadência é também observado para as construções dos outrora ricos fazendeiros e donos de lavras. No entanto, vez por outra são descritos vestígios de opulência dos Setecentos, como *os portais e as próprias portas pintadas à imitação de mármores* para a Fazenda de Santa Quitéria, nas proximidades de Santa Bárbara, ou ainda outros exemplos da marmorização em casas da Vila do Príncipe.

Seguindo em sua descrição sobre as técnicas construtivas aplicadas em Minas, Saint-Hilaire descreve para a região da Vila do Fanado:

> *Não se constrói em Vila do Fanado como nas partes da província que até então percorrera. Não entram na construção senão poucas peças de madeira principais, destinadas a suster os tetos. As paredes são feitas de paralelepípedos de barro batido com a erva e que se põe a secar ao sol. Esses paralelepípedos, de que tive ocasião de falar, tem o nome de adobes ou adobos; o que medi tinha três palmos e três dedos de comprimento por um palmo de largura; são argamassados com terra úmida. Nem todas as casas de Vila do Fanado, entretanto, são construídas de adobes; algumas são construídas de taipa.*

Entre várias outras descrições de construções para arraiais e vilas do norte de Minas destaca-se a observação para Araçuaí, onde as casas eram construídas com uma terra de cor parda acinzentada.

Nesse período dos Viajantes Naturalistas, já havia ocorrido mudanças por influência da chegada da Família Real portuguesa ao Brasil e por conta da abertura dos portos às nações amigas, destacando-se aquelas relacionadas com a aplicação de um novo estilo, envolvendo renovação da arquitetura pela chegada da Missão Francesa e pela utilização ou a intensificação do uso de novos materiais, com o do ferro e do vidro. Antes muito raros, estes passam a ter um emprego muito frequente. A partir do século XIX, colunas e outros elementos de estruturação nas obras passaram a ser construídos em ferro. Por sua vez, o vidro passou, entre outros usos, a substituir as treliças e rótulas nas janelas.

Dentre outras inovações do século XIX, o cimento, inventado entre fins do século XVIII e o final do primeiro quartel do XIX[23] e já utilizado em alguns países europeus, foi muito raramente empregado nas construções brasileiras dessa época, não se tenco notícia da sua utilização em Minas. Além dos altos custos de importação, o material tinha sua qualidade comprometida, uma vez que vinha acondicionado em barricas[24].

Ainda no século XIX, no período pós independência e durante o Império, ocorreram avanços no processo de extração e de beneficiamento das rochas empregadas em diversas obras civis ou de responsabilidade da administração pública. Nos documentos que integram o conjunto de *Decretos do Poder Executivo – Privilégios Industriais* entre 1847 e 1889, guardados no Arquivo Nacional, encontram-se alguns que tratam especificamente de assuntos relacionados com o beneficiamento das rochas, tais como: o Decreto 1128 de 28/02/1853, que concedia privilégio a Camilho de Goffredo, por período de dez anos, para a utilização de uma máquina destinada a preparar a pedra para o calçamento segundo o sistema *Mac-Adam* (existe referência a um desenho da máquina) e o Decreto 2056, que concedia privilégio para o fabrico e venda, no Império, de mármores artificiais, segundo o processo do Marquês Campana, nos seguintes termos:

> (...) *Attendendo ao que me representou o Doutor César Lanciani, e de conformidade com a Minha immediata resolução de 5 do corrente mez, tomada sobre parecer da Secção dos Negocios do Império do Conselho de Estado, exarado em Consulta de 12 de Novembro ultimo, Hei por bem conceder-lhe privilégio para o fabrico e venda no império de mármores artificiaes, segundo o processo, para que obtem privilégio em Roma o Marquez Campana, e pelo tempo que falta para expiração do mesmo privilegio, o qual será declarado na competente carta, que se lhe há de passar nos termos da Lei de 28 de Agosto de 1830, depois que esta Mercê for approvada pelo Poder Legislativo; ficando o concessionário obrigado a estabelecer as Machinas, e assentar a fabrica dentro do praso de dous annos, que se contarão da data da carta, sob pena de ficar de nenhum effeito o mesmo privilegio. O Marquez de Olinda, Conselheiro de Estado, Presidente do Conselho de Ministros, Ministro e Secretário de Estado dos Negócios do Império, assim o tenha entendido, e faça executar. Palácio do Rio de Janeiro em dezenove de Dezembro de mil oitocentos e cinqüenta e sete, trigésimo sexto da Independência e do Império.*

[23] BRAGA. *Conservação e restauro*, p. 88-94.

[24] SILVA TELLES. *História da Engenharia no Brasil*, p. 101.

Desse conjunto de decretos citam-se ainda: o 3235, que também concedia privilégio para a utilização de uma máquina destinada a quebrar pedras em pequenos pedaços, para o serviço de caminhos de carro e estradas de ferro, pelo sistema *Mac-Adam*. Foi concedido a Eli W. Blake, por dezessete anos, a partir de 21/03/1864. Está assinado pelo Imperador e contém Aprovação da Assembléia Geral Legislativa. Acompanha o processo uma declaração da Sociedade Auxiliadora da Indústria Nacional, incorporada em 03/11/1863. O pedido foi encaminhado em 04/07/1863 e teve parecer em 03/11/1863); o 5943, que trata do privilégio para a utilização de uma máquina inventada pelo beneficiado e destinada a lavrar pedras de qualquer natureza. Foi concedido a Vicente Fronconi, por oito anos, em 11/06/1875. Não traz descrição da máquina, mas acompanha fotografia do decreto assinado pelo Imperador D. Pedro II e pelo Ministro e Secretário dos Negócios da Agricultura, Commercio e Obras Públicas, José Fernandes da Costa Pereira Júnior; o 6060, que concedia privilégio para a introdução de uma máquina *Patent Ingersol* de furar pedra. Foi concedido a Le Gross & Silva, por cinco anos, em 14/12/1875. Acompanha nota explicando o funcionamento da máquina; o 6570, que trata do privilégio para a utilização de máquina de invenção dos beneficiados e destinada a quebra de pedras em grandes pedaços. Foi concedido a Ernesto Merlin e Emílio Gaubert. O decreto foi assinado pela Princesa Imperial Regente, com parecer do Conselheiro Procurador da Coroa, Fazenda e Soberania Nacional, em 09/05/1877. Os decretos 6571, 6572 e 6573, igualmente assinados com estes inventores, concediam privilégios para a utilização de máquinas para furar pedra, quebrar pedras em pequenos pedaços e cortar pedras. Outros decretos, como o 6229, de 1876; o 6339, de 1876; o 6503, de 1877 e ainda o 8700, de 1882, são específicos para a fabricação de mármores artificiais.

De modo geral, e no decorrer do século XIX, as construções continuaram sendo feitas segundo os mesmos padrões e as mesmas técnicas empregadas no período colonial. A arte de construir continuou baseando-se na utilização da rocha como material fundamental, e nas construções desse período as estruturas de alvenaria de pedra, ligadas com argamassa de cal, ou de taipa, nas suas diversas variantes, predominaram. Em termos de projetos desenvolvidos, os do século XIX foram em número muito inferior, quando comparados com os números do XVII e do XVIII. Conforme Fernando de Azevedo, citado por Silva Telles[25], *não houve nenhuma atividade importante* [nessa área] *desde o* [fim do] *período colonial até a República*, (...).

As construções de pau a pique e de taipa: de mão ou de sebe e de pilão

As construções de Pau a pique empregavam uma técnica que consistia em criar um suporte de estacas de madeira, adequado para *reter a terra molhada, amassada e secada*. Segundo descrição apresentada por Germain Bazin[26]:

> *a armação compunha-se de estacas verticais reforçadas na base, cravadas na terra (esteios), e barras horizontais de madeira, das quais a mais baixa chama-se baldrame e a mais alta, que servia de trave, viga; entre estas barras horizontais eram fixadas varetas (pau-a-pique) sobre as quais se apoiava o suporte.*

As construções de Pau a Pique e de Taipa de Mão ou de Sebe e de Pilão

Exemplos e detalhes desta técnica construtiva, muito empregada nas regiões do Serro, Catas Altas e Itatiaia, em Minas Gerais e em Paraty-Mirim, no Rio de Janeiro. Notar detalhes desta técnica, através das tiras de amarração das varas e paus de prumo.

[25] SILVA TELLES. *História da Engenharia no Brasil*, p. 99.

[26] BAZIN. *A Arquitetura Religiosa Barroca no Brasil*, v.I, Livro I, Cap. V, p. 55.

Uma vez construída a estrutura de madeira, *o barro ou argila era em seguida socado a mão sobre esta armação*. Era a chamada taipa de mão, de sopapo ou de sebe. Já a chamada taipa de pilão, mais resistente, era utilizada na construção dos elementos estruturais de uma edificação, tais como as chamadas paredes mestras. Para as paredes secundárias era também empregada a taipa de mão.

A técnica da taipa de pilão consistia em amassar a terra ou, de preferência, a argila, umedecida com água, às vezes água de cal, dentro de formas ou caixas compridas de madeira (taipais). A concretagem tornava-se mais consistente pelo uso de aglutinantes, palhas (fibras vegetais) ou crina animal, de excrementos de animais (gado vacum) ou, às vezes, até de óleo que, sendo de baleia, lhe dava uma resistência extraordinária. A gordura e o sangue de boi também eram utilizados para dar maior aglutinação ao barro.

Em algumas obras, pedaços de madeira foram mergulhados na massa, o que, combinado com o pau a pique, reforçava a armação da construção em taipa. Na construção *os taipais se sucedem verticalmente, uns sobre os outros sendo que cada fiada se prolonga por toda a extensão da parede ou por toda a extensão da periferia da construção que assim sobre* (...)[27]. Ao contrário da taipa de pilão, na de mão, o barro é atirado à mão sobre uma armação de paus verticais e horizontais devidamente amarrados, buscando uma completa vedação das paredes. Em algumas das construções de taipa, pode-se constatar que estas têm, além de uma armação externa de madeira, cunhais e cornijas de cantaria de pedra, que quando aparentes, podem dividir fachadas. Para reforçar, evitar infiltrações e proteger a argila, que era a base da taipa, contra as intempéries, as paredes eram com frequência rebocadas por uma camada de argamassa de areia ou de cal (reboque). A presença da cal tinha ainda por objetivo proteger as edificações contra o calor. Sylvio de Vasconcellos descreve o aproveitamento de espécies fibrosas, como a canela-de-ema, o palmito, as taquaras e as samambaias arborescentes, nas construções de Vila Rica, compondo a armadura das taipas de sebe e de estuques. Para a amarração de varas e paus de prumo foram utilizadas outras fibras, como os cipós e a embira, ou tiras de couro.

Por tradição em construções de barro, aprendida dos mouros ou mesmo dos romanos, os portugueses empregaram esta técnica para a construção de casas, igrejas, torres e fortificações, tanto em Portugal, como nas regiões de Leiria, Aveiro e Ourém, quanto no seu território da América. Sendo assim, as construções na *Capi-*

[27] VASCONCELLOS. *Arquitetura no Brasil: sistemas construtivos*, p. 21.

Registro da utilização do adobe nas construções de Minas

A aplicação desta técnica pode ser observada em construções em diversas partes do Brasil. Em Minas, destaques para construções em Tiradentes, Itinga, Diamantina e Itira.

tania das Minas Geraes em sua quase totalidade são de taipa. Além do uso generalizado das taipas de sebe e de pilão em todos os tipos de construção, principalmente na Minas Gerais do século XVIII, Augusto de Lima Júnior descreve que estas eram especialmente erigidas nas *escarpas violentas ou terrenos frágeis, como se constata nas ruas centrais de Ouro Preto e em quase todas as localidades que nos vieram no século XVIII*[28].

Em Minas, estas atividades constituíam uma profissão e os chamados *mestres-de-taipa* encarregavam-se tanto da taipa de mão, quanto da taipa de pilão. Segundo Renato César José de Sousa[29], a técnica do pau a pique ou a taipa de sopapo teve preferência sobre a taipa de pilão (terra apisoada), que desapareceu por completo das edificações, a partir do século XVIII. Nesta última, muito difundida nos primeiros séculos da colonização, além de exigir a preparação das formas, o material produzido era muito pouco resistente à erosão das chuvas e do vento, e a tendência é o seu desaparecimento por completo, principalmente se as edificações são deixadas sem cuidado.

As construções de adobes e de tijolos

A utilização de tijolos secos ao sol, chamados de adobe, e fabricados a partir da mistura de barro com palha está registrada em construções egípcias que datam de 3.000 a 2.500 a.C. No Brasil, essa técnica de construção foi trazida de Portugal e da África e consistia na utilização desses tijolos de barro com dimensões em torno de 20x20x40 cm.

Ainda hoje encontram-se edificações civis e religiosas nas cidades históricas mineiras construídas com a utilização do adobe, como é o caso da Igreja Matriz de Santa Rita Durão. Foi também muito empregado na construção de muros, como pode ser observado em Diamantina, cujo melhor exemplo vem dos muros da Casa da Glória e em outras edificações em cidades como Tiradentes e Congonhas do Campo.

Em Minas Gerais, somente a partir da segunda metade do século XIX os tijolos de barro cozido começaram a ser empregados com maior frequência nas construções, substituindo o adobe, a taipa ou a taipa de pilão. Em alguns casos, esses tijolos pesavam até 24 kg. A Igre-

[28] LIMA JÚNIOR. *A Capitania das Minas Gerais*, p. 111.

[29] SOUSA. *Problemas de conservação de construções típicas em Minas Gerais*, 1992.

ja de Nossa Senhora da Conceição, em Manga, considerada como a mais antiga de Minas Gerais, foi construída em 1670, tem as paredes integralmente de tijolos cozidos, da base até as cimalhas e espessuras da ordem de 1,5 m. Os tijolos foram também muito empregados nas construções coloniais em arcos de descarga sobre portas e janelas, ou em arcadas e abóbadas.

As construções de alvenaria de pedra, As argamassas e a cantaria

Como já mencionado, a utilização da pedra nas construções no Brasil remonta à primeira metade do século XVI e está registrada no *Regimento* passado a Tomé de Souza em 17 de dezembro de 1548, que continha as seguintes determinações: *fizesse ele uma fortaleza de pedra e cale, se não a pudesse construir com esse material, que a fabricasse de pedra e barro, ou então de taipa, ou ainda de madeira*[30].

Para a Capitania de Minas, as construções edificadas inteiramente em pedra são muito raras. Normalmente, essas construções dispensavam o uso de argamassas, ocorrendo uma justaposição de pedras maiores e menores. Em alguns casos, foram empregados grandes blocos de pedra, mais ou menos do mesmo tamanho e com faces trabalhadas, como no caso da base da antiga Câmara e Cadeia de Vila Rica. Em Minas Gerais, essa técnica de alvenaria denominada de modo geral por pedra seca, mas também conhecida como Cangicado[31], quando ocorre a intercalação de pedras de tamanhos maiores e menores, foi empregada para a construção de habitações, muros e de instalações de defesa e de observação.

Ainda hoje, existem registros dessas construções de casas de pedra, como as da região de São José do Rio das Mortes (Tiradentes) e dos antigos arraiais da região de Vila Rica, edificadas nos primeiros anos dos Setecentos. Nesses arraiais, podem ser mencionadas as construções ou o que restou delas, edificadas com o uso de "minérios de ferro em pedaços soltos", ou canga, no antigo arraial de Pascoal da Silva Guimarães, ou Arraial do Ouro Podre, na região atualmente conhecida como Morro da Piedade, ou na do Taquaral, ambas localizadas na cidade de Ouro Preto. Em 1940, Lima Júnior descreveu a presença de obras de pedra lavrada em construções do antigo Arraial do Pascoal, denominadas *minhota*, ou feitas à moda do Minho e que atualmente não mais existem.

A partir de 1735[32], o uso da pedra, acompanhando o adobe ou as taipas de sebe e pilão, tornou-se mais frequente e inúmeras construções em taipa ou adobe foram em parte ou totalmente reconstruídas em pedra e cal. Destaca-se a Sé de Mariana, refeita a partir de 1798; a matriz do Pilar de Ouro Preto, ao final do primeiro quartel do século XIX e a igreja matriz de Catas Altas, na segunda metade do XIX.[33] Para as construções mineiras do século XVIII são também descritas misturas ou argamassas de barro ou argamassas de cal e areia, envolvendo a utilização desde areia fina até grossa ou mesmo um cascalho grosso e argila crua, esta última utilizada como material aglutinante. Em algumas construções, o cascalho foi substituído por peças de canga ou pedaços de tijolos. Esse tipo de alvenaria à base de cascalho grosso ou a argamassa de cal e areia podem ser observados tanto na construção, quanto no acabamento de alguns detalhes em monumentos mineiros, como nas falsas cimalhas e colunas ou ainda em alguns adornos. Em Ouro Preto, podem ser observadas as suas presenças nas falsas colunas e cimalhas da Capela do Carmo, em detalhes do medalhão da Capela da Ordem Terceira de São Francisco de Assis da Penitência e nos acabamentos do chafariz do Alto da Cruz. Em Tiradentes, a argamassa com areia grossa foi empregada na construção de detalhes laterais superiores da portada da Igreja de Santo Antônio (sobreporta) e nos balaústres de suas janelas frontais.

Nesse período, para a fixação e junção das placas ou blocos de material pétreo, em vez de argamassas foram utilizados os chamados gatos de ferro ou de bronze, ainda conhecidos como grampos ou tarugos de ferro, sempre bem chumbados: (...) *os gatos de ferro seriam mettidos dous dedos de fundo na pedra, para que negros não amarrassem cavallos nelles*.[34] Outras descrições dão conta de que os gatos de ferro eram embebidos em chumbo e então eram fixados na pedra. Este procedimento explica o porquê da frequente presença de trincas e o consequente desprendimento de material pétreo em portais e em outros elementos arquitetônicos, pois a rocha, o ferro e o chumbo apresentam diferentes coeficientes de dilatação, o que acaba por provocar expansão diferenciada e a ruptura. Nas obras construídas em pedra, cal

[30] VASCONCELLOS. *Arquitetura no Brasil: sistemas construtivos*, p. 23.

[31] Ibidem, p. 27-29.

[32] LIMA JÚNIOR. *A Capitania das Minas Gerais*, p. 113.

[33] BAZIN. *A Arquitetura Religiosa Barroca no Brasil*, v.I, Livro I, Cap. V, p. 54.

[34] CARVALHO. *Pontes e Chafarizes de Villa Rica de Ouro Preto*, p. 121 e 134.

As Rochas do Patrimônio Cultural do Brasil e de Minas

O território brasileiro apresenta grande diversidade de tipos de rochas, função de sua geologia igualmente diversa. Por conta disso, de norte a sul e de leste a oeste, vários foram os materiais pétreos utilizados na construção daqueles que atualmente compõem os conjuntos de bens imóveis e móveis desse Patrimônio. Acrescentam-se a estas rochas, aquelas outras, trazidas ou importadas de Portugal e da Itália.

No tempo, constata-se que considerável parte dos bens imóveis e móveis, que integram o patrimônio cultural do Brasil, e em especial o de Minas, foi construída durante o período em que o território brasileiro correspondia ao da América portuguesa. É também de se constatar que nesse tempo e nessas construções, a utilização das rochas foi restrita e nem sempre muito adequada, especialmente quando este uso é comparado com aqueles nas edificações em Portugal e mesmo na Espanha, aqui considerando o período da colonização e nesse, o filipino, durante o qual o Brasil ficou sob a tutela de Madrid. Dessas comparações é também de se notar que as construções desse tempo não mostram a suntuosidade e as dimensões de monumentos, como no caso dos barrocos construídos em cidades da América espanhola pelos Jesuítas, ao longo dos séculos XVI e XVII. Apesar disso, apresentam uma beleza que lhes é muito particular.

De modo geral, essa menor utilização das rochas, quer nas alvenarias, quer nas cantarias das construções no Brasil, até fins do século XIX, pode ser entendida em função da distribuição irregular dos materiais pétreos, pela sua quase total ausência em algumas regiões, ou pela presença de materiais inadequados em outras, bem como também pela falta de pessoal com qualificação, especialmente para o trabalho da cantaria. Assim, com frequência, viram-se os responsáveis por essas construções obrigados a recorrer a outras técnicas e a outros materiais menos resistentes, como a madeira, o barro ou a argila.

Já o volume reduzido de construções, as suas dimensões e mesmo as suas ausências podem ser entendidos pela falta de interesse do governo português em despender gastos desta natureza na Colônia, optando por destinar os recursos disponíveis para a construção de seus palácios na Metrópole, como Mafra e outros tantos. Em meados do século XVIII, praticamente no início da história das *Minas Geraes*, quando então foram colocadas em andamento as suas mais importantes edificações, as dificuldades a serem enfrentadas foram inúmeras. Começaram a faltar recursos aos construtores de Minas, em especial às Ordens Terceiras, pois o ouro e os diamantes já não eram produzidos em grandes quantidades. Para agravar esse quadro, recursos extras foram levantados, por ordens do Marquês de Pombal, mas para a reconstrução de Lisboa, em parte destruída pelo Terremoto de 1755. Além disso, e também por determinação da Metrópole, aqui não chegaram os jesuítas e outras ordens com os projetos para a construção de seus conventos, colégios e igrejas barrocas. Alie-se a tudo isso, a falta de interesse por parte dos próprios colonos que alimentavam sempre a esperança de enriquecimento rápido e de um retorno à terra natal. Mas nem por isso ficou Minas sem os belos monumentos barrocos e rococós dos Setecentos. Ao final, tudo isso acabou por contribuir para o surgimento de uma arte de construir, muito própria e mineira.

As rochas nas construções da América portuguesa e do Brasil Império

Apesar do uso não muito frequente das rochas, a grande diversidade geológica, presente nas capitanias e províncias que compunham o então território da América portuguesa, contribuiu, por sua vez para que muitos fossem os diferentes materiais pétreos utilizados nestas edificações civis, religiosas, administrativas ou militares.

Assim é que diferentes tipos de calcários, arenitos e arenitos de arrecifes tiveram usos muito difundidos nessas construções, tanto no Norte, nas sedes do antigo Estado do Maranhão e Grão Pará, a seu tempo São Luis e Cidade de Belém, quanto em vilas e cidades nas capitanias e províncias do Nordeste[1]. Esses materiais, que, em comparação com granitos, quartzitos e mármores, mostram-se mais adequados para a arte escultórica, sendo o primeiro mais macio e o segundo mais resistente, afloram, como já descrito por Germain Bazin, ao longo de todo o litoral nordestino, desde Natal até o Recôncavo Baiano. Nessa região, *a camada cristalina está recoberta por uma faixa de arenita, que data do Permiano ao Terciário e penetra profundamente no planalto de Sergipe; na mesma região afloram freqüentemente, no fundo dos vales cavados nos tabuleiros, faixas calcárias que remontam ao cretáceo e são especialmente abundantes em Sergipe e na Paraíba. O emprego do calcário é mais frequente na Bahia, Sergipe e Paraíba; o da arenita acabou por vencer o calcário no século XVIII, nas regiões de Recife e de Alagoas, onde podia ser facilmente extraído nos recifes da praia*[2]. Gnaisses, rochas ígneas como granitos e gabros, estes er-

[1] CARVALHO. Algumas notas sobre o uso da Pedra na Arquitetura Religiosa do Nordeste. *Revista do Serviço do Patrimônio Histórico e Artístico Nacional, Nº. 6*, p. 277-294.

[2] BAZIN. Expansão da arquitetura religiosa no século XVIII. In: *A Arquitetura Religiosa Barroca no Brasil*, v.I, Livro III, Cap. II, p. 189.

roneamente designados como granitos pretos e rochas vulcânicas diversas, tiveram usos muito subordinados nas construções desses antigos centros históricos. Segundo Ayrton de Carvalho, em seu trabalho sobre o uso da pedra na arquitetura religiosa do nordeste, da ilha de Santo Aleixo, de origem vulcânica e localizada próxima ao continente, teria sido *retirada muita pedra para os adornos das igrejas de Pernambuco*.

Em João Pessoa, Paraíba, a Igreja de Santo Antônio, assim como o convento e seu belo chafariz, pertencentes à antiga Ordem Terceira de São Francisco, foram construídos a poucos metros da pedreira de onde foram extraídas as rochas calcárias utilizadas tanto nas alvenarias, quanto na produção de vários de seus elementos decorativos, entre os quais inclui-se um belo arranque constituído por volutas, folhas e carranca, e localizado junto ao corrimão da escada de acesso ao pavimento superior do claustro. Ainda na região de João Pessoa, em Lucena, a Igreja de Nossa Senhora da Guia, construída entre 1763 e 1778, em substituição a uma antiga capela de fins do século XVI, apresenta em seu frontispício um belo arranjo de frutas esculpidas em calcário local, igualmente utilizado na construção de seu arco cruzeiro e portais.

No Recife, o arenito, encontrado nos arrecifes e praias do litoral, foi utilizado na alvenaria, na cantaria e nas esculturas de suas inúmeras igrejas, como pode ser visto na Igreja dos Prazeres, na de São Pedro dos Clérigos, na do Rosário dos Pretos, na Matriz de Santo Antônio e na Igreja de Nossa Senhora do Carmo.

Já nas construções mais antigas de Olinda o calcário foi mais utilizado. Em parte trazido da região de João Pessoa, na Paraíba, foi empregado entre outras, na construção de arcos e dos retábulos dos altares laterais da Igreja de Nossa Senhora das Graças, no Seminário de Olinda, edificado entre 1551 e 1592, e na produção de diversos elementos da Capela de Nossa Senhora do Carmo, construída por volta de 1580. Nas obras mais novas, como no caso da Basílica de São Bento, reconstruída em pedra e cal entre 1688 e 1692, foi utilizado o arenito, por oferecer maior resistência em relação ao primeiro. Documentos da Ordem de São Bento[3], do Mosteiro de Olinda, comprovam despesas com a retirada do arenito dos arrecifes, para a construção de cunhais, arcos, ombreiras, cimalhas e cartelas da capela do mosteiro dedicada à Nossa Senhora dos Prazeres dos Montes Guararapes. Em Igarassu, o calcário foi empregado tanto na alvenaria, quanto na cantaria. Em construções de Goiana, outro importante sítio histórico pernambucano, foram usadas rochas calcárias, como é no caso do Convento de Santo Alberto da Sicília, assim denominado em homenagem ao seu fundador, o frei Alberto do Espírito Santo[4]. Em Serinhaém, Ayrton de Carvalho faz referências tanto para a utilização do arenito, na construção de arcos, ombreiras e cimalhas da capela do Convento de Santo Antônio, quanto do granito, este empregado na chamada alvenaria ordinária dessa construção.

Em Santo Amaro das Brotas, assim como em outras cidades localizadas no litoral de Sergipe, o calcário foi empregado para a produção de cunhais, cimalhas, escadas, soleiras e arcos cruzeiros. Na Igreja Matriz de Santo Amaro, onde esculturas em calcário servem de base para as taças dos púlpitos, o calcário foi utilizado para a construção do lavabo e as portas laterais apresentam rendilhados em pedra calcária. Já no interior de Sergipe, em Gerú, as rochas gnáissicas afloram mais frequentes e foram utilizadas pelos padres da Companhia de Jesus, tanto na construção da sua igreja, quanto na de elementos da portada da casa chamada Engenho Retiro.

Em Alagoas, na cidade de Penedo, o arenito aflora às margens do Rio São Francisco, e foi utilizado para a produção de ornatos e cantaria. Na Igreja de São Gonçalo Garcia, além das portadas e cunhais, também encontram-se detalhes rendilhados produzidos em material arenítico, que em nada ficam a dever aos rendilhados em pedra-sabão observados em Minas Gerais, ou aos produzidos em calcário em Santo Amaro. Ainda em Penedo, encontram-se cantarias em arenito no Convento de Santa Maria dos Anjos, dos padres franciscanos.

Em Salvador, apesar do uso mais frequente dos calcários, merece destaque o frontispício da Capela da Ordem Terceira de São Francisco. Construído em parte em calcário, mas também em arenito, apresenta-se coberto da base até a cumeeira, por inúmeras figuras e enfeites, que, segundo Germain Bazin: *lembram o barroco exuberante corrente então, na América espanhola*. Esse estilo arquitetônico de fachadas muito decoradas, associado ao Renascimento espanhol e conhecido como Plateresco, pois lembra obras de ourivesaria, passou a apresentar contribuições de origem indígena nos detalhes da decoração, quando transposto para as construções religiosas da América espanhola. Gabriel Ribeiro pode ter sofrido essas influências, quando em 1701, apresentou os riscos dessa capela.

[3] Ibidem, p. 284-285.

[4] SILVA. *Pernambuco Preservado. Histórico dos Bens Tombados no Estado de Pernambuco*, p. 59.

do mestre Valentim. O governador determinou ainda a remoção do antigo chafariz, construído no tempo de Gomes Freire, o Conde de Bobadela, no local onde hoje se encontra a estátua do General Osório. Ao contrário do antigo, *construído na frágil pedra de lioz*[7], que na remoção mostrou-se bastante deteriorado, o novo foi erguido com a utilização do gnaisse, contendo apenas medalhão, cartela e ornatos produzidos com o calcário lioz esbranquiçado e reaproveitado do anterior. Também com a utilização de blocos de gnaisse, foi construído, no largo do Paço, o primeiro cais da cidade, *todo em cantaria lavrada, com peitoris, assentos e três escadas para o mar, acrescidas de uma rampa*, sob o risco do engenheiro sueco Diogo Jacques Funk[8], que se habilitou para servir à corte portuguesa em 1767, tendo sido contratado com a patente de brigadeiro de infantaria e engenheiro. De fato, o engenheiro foi contratado em atendimento a um pedido de 1763, do governador anterior, o Conde da Cunha, e com o objetivo de propor um projeto de reformas do sistema de defesa da cidade do Rio de Janeiro, que incluía a reforma da Fortaleza de Santa Cruz, edificada com a mesma pedra do pontão gnáissico, onde se encontra.

Nas principais vilas e cidades de Minas Gerais, assentadas sobre outros materiais, tais como: os quartzitos e xistos diversos, a canga e a pedra-sabão, tanto os calcários, quanto os gnaisses e mesmo os granitos, foram muito pouco utilizados.

Apesar dessa diversidade geológica e abundância de ocorrências, relativas à região mineira, à exceção dos calcários, que sempre foram raros e de modo geral ruins para a arte da cantaria, a localização das áreas de extração das rochas, ou as tecnologias para as suas extrações e beneficiamento disponíveis à época, bem como as formas de relevo do território mineiro, exerceram alguma influência na escolha dos materiais e na opção da técnica construtiva, resultando disso o emprego, às vezes reduzido, das "pedras", ou mesmo a sua não utilização.

Por fim, no extremo sul do país, a presença igualmente abundante de basaltos e também a ocorrência de arenitos, determinou que estes fossem os materiais mais utilizados, como, por exemplo, nas construções jesuíticas do território dos Sete Povos das Missões.

Apesar de toda essa variedade de rochas, foram também muito utilizadas nas edificações do Brasil as rochas calcárias[9] trazidas de Portugal e, em menor volume, da Itália. Exemplos dessas aplicações são encontrados em várias vilas e cidades localizadas, principalmente na zona litorânea do Brasil, e com ênfase para aquelas das regiões norte e nordeste.

Calcários, como o Negro de Mem Martins, o Azul de Sintra, este considerado produto do metamorfismo provocado pela intrusão do granito que constitui o Maciço de Sintra e localizado nos arredores de Lisboa, bem como o Lioz, esbranquiçado ou em suas variedades coloridas: como o Amarelo de Negrais e o Encarnadão; e ainda as brechas calcárias da Arrábida, foram transportados para o Brasil, seja como lastro dos navios portugueses, seja como atendimento a diversas encomendas por parte de particulares, ordens religiosas, etc.

Deixadas nos cais dos portos de cidades, como Belém, Recife, Salvador, Rio de Janeiro e outras, essas rochas foram utilizadas nos revestimentos de passeios e na construção ou no embelezamento de diversos dos seus monumentos.

Em Belém do Pará, pisos, principalmente na região do porto, foram revestidos como esses calcários transportados, enquanto material de lastro nas embarcações portuguesas.

No Rio de Janeiro, blocos de calcário Lioz esbranquiçado foram utilizados para a construção de arcos, soleiras, ombreiras e vergas de inúmeras janelas e portas e de alguns dos cunhais do antigo Paço, sede do governo e residência do governador da Capitania do Rio de Janeiro, entre 1743 e 1763 e dos Vice-Reis do Brasil, até 08 de março de 1808. Variedades amareladas, avermelhadas e acinzentadas foram utilizadas para o revestimento do piso do pátio interno do Paço. Nesta edificação, a utilização em maior volume de placas e blocos de gnaisses, às vezes profusamente misturados com os de calcário Lioz, pode ser um indicativo do aproveitamento de blocos de calcários, muito provavelmente trazidos como lastro dos navios e então disponíveis na região do porto do Rio de Janeiro. Em Salvador, principalmente na região

Aplicações de rochas graníticas e de gnaisses

Com composição essencialmente quartzo-feldspática, coloração variando entre tons de cinza e de laranja, às vezes salpicadas por granadas vermelhas, e granulação variada, estas são as rochas que predominam nas construções das cidades do Rio de Janeiro, Paraty, Valença e Florianópolis [à direita e páginas seguintes].

[7] SANTOS. *O Paço da Cidade: biografia de um monumento*, p. 65.

[8] Este engenheiro foi o responsável pelo Plano de Defesa do Porto da cidade do Rio de Janeiro, de 1768 e em parte alterado por Francisco João Roscio e pelo Brigadeiro José Custódio de Sá e Faria. COSTA. Dos Roteiros de Todos os Sinais da Costa (...). In: COSTA (Org.) *Roteiro Prático de Cartografia: da América portuguesa ao Brasil Império*, p. 204.

[9] Os calcários portugueses enviados ao Brasil, quase sempre calcíticos e invariavelmente microcristalinos foram: o Lioz, extraído no Distrito de Lisboa, Conselho de Sintra, foi o mais utilizado; o Lioz branco ou colorido (almiscarado: vermelho com manchas brancas ou amarelas); o encarnadão *Chainette* de tonalidade arroxeada com manchas amareladas (bioclástico a bioconstruído, abundantemente fossilífero, com estiliólitos e muito esparitizado); o encarnado da Pedra Furada, de cor geral encarnada com manchas salmonadas ou amarelo-alaranjadas; o encarnadão de Lameiras rosado com vênulas rosa salmonado e elementos grossos; o amarelo de Negrais, amarelo dourado, calciclástico e bioclástico; o Negro de Mem Martins; e o Azul de Sintra. Características segundo: CASAL MOURA & CARVALHO. *Síntese das características dos mármores e dos calcários portugueses*, p. 329-343; Localização das principais pedreiras nos arredores de Lisboa: regiões de Pêro Pinheiro-Maceira e Lameiras-Covões (lioz, almiscado e encarnadão); Pedreiras localizadas na região de Sintra: Pedreira das Lameiras e Pedreira da Pedra Furada (encarnadão). Localizações segundo: AIRES-BARROS. *As rochas dos monumentos portugueses: tipologias e patologias*, p. 77-107.

TELEGRAPHOS

PI

do Pelourinho, encontram-se também pisos revestidos com esses calcários de origem portuguesa e que muito provavelmente ali chegaram da mesma forma.

Por outro lado, quando encomendados, seja a produtores em Portugal e mais raramente na Itália, esses calcários já chegavam ao seu destino no Brasil, quase sempre devidamente trabalhados. Nos documentos sobre a construção da Igreja do Mosteiro de São Bento do Rio de Janeiro encontram-se registros sobre a utilização das pedras portuguesas, dando conta de que estas foram compradas em Portugal e com frequência já chegavam talhadas. De modo geral, encontram-se referências ao envio de projetos e de especificações para o preparo desses materiais, como a que é destacada por D. Mateus Ramalho Rocha, a partir de informação que consta do *Livro da Mordomia* de 1777-1780, do Arquivo do Mosteiro de São Bento, que assim registra: *Despesa por folha de Flandres em que foi o mapa para Lisboa para o mármore da capela-mor* (...) *$200 réis*.

As compras para o embelezamento da citada igreja foram muitas, ao longo dos quase 250 anos de construções e reformas. Em 1635, o abade Frei Romano dos Santos mandou comprar pedras de mármore Lioz para os púlpitos e tribunas da igreja. As destinadas às tribunas nunca foram utilizadas. Por volta de 1778, foram comprados mármores brancos, vermelhos e pretos, para o pavimento original da capela-mor. Segundo nota de despesa de 15 de maio de 1778, fazia parte do contrato de compra que estes fossem talhados em Portugal. Esse material foi assentado entre 1789 e 1793, mas em 1903 foi substituído por mármores amarelados e de origem desconhecida. Entre 1842 e 1845 ocorreu o ladrilhamento com mármores portugueses, amarelos, pretos, encarnados e azuis, dos pavimentos de todas as capelas e altares, assim como de todo o centro da igreja. Entre 1845 e 1847, foram iniciadas as obras de construção das catacumbas com a utilização de *mármore fino de cores vindo de Portugal*. Atualmente estas catacumbas não mais existem e o mármore foi utilizado em uma outra construção do mosteiro. Por volta de 1854, o pórtico ou átrio, ladrilhado de tijolo entre 1669 e 1672, teve esse pavimento substituído por peças de *mármore fino de diversas cores*, vindas de Portugal[10].

Outra igreja do Rio, onde o calcário português foi utilizado é a de Nossa Senhora da Candelária. Segundo descrição de Silva Telles[11], a cúpula da Candelária, com aproximadamente 17 m de diâmetro, é toda de cantaria de calcário Lioz. Ainda no Rio, o Lioz foi empregado nas portadas da Igreja de Santa Rita e na do Outeiro da Glória.

Maria Elisa Carrazzoni, em seu *Guia dos Bens Tombados Brasil*, reforça a tese da importação de calcários portugueses trabalhados, quando afirma que: *de acordo com os hábitos da época, parte dos trabalhos de escultura e talha vieram de Portugal, como por exemplo, a portada em pedra de lioz, encimada por medalhão de mármore com a imagem de Nossa Senhora do Carmo*, na igreja homônima.

Ainda na cidade do Rio de Janeiro, existem vários outros exemplos da aplicação dos calcários portugueses, adquiridos sob encomenda e aplicados nos revestimentos de pisos, como na Santa Casa de Misericórdia, construída entre 1840 e 1852, na Igreja e Convento de Santo Antônio, datados da primeira metade do século XVII, na Igreja de São Francisco da Penitência, construída entre 1653 e 1773 e no Palácio do Itamaraty, entre outros. No Itamaraty, construído entre 1851 e 1855 a mando do segundo Barão do Itamaraty, além de pisos em Lioz amarelado, arroxeado e vermelho, encontram-se balaústres, colunas, ombreiras e vergas construídas em Lioz esbranquiçado.

Outra exceção à regra do material trazido como lastro constitui o caso da Igreja de Nossa Senhora da Conceição da Praia, em Salvador, pois todo o calcário Lioz para a sua construção e revestimento foi encomendado em Lisboa e de lá saiu já talhado, segundo instruções de seus construtores.

Sobre a construção da Igreja do Colégio da Companhia de Jesus na Bahia, posteriormente transformada em Catedral Basílica de São Salvador da Bahia, Fernando Machado Leal[12] interpreta a informação do Padre Antônio Vieira: *Tivemos nau da Índia, carregada de pedra, que se trocou com setecentas caixas de açúcar*, datada de 1691, como sendo uma evidência do transporte da pedra calcária portuguesa como lastro de embarcações que faziam a rota da Índia, passando pela Bahia. Aqui se pode considerar esta como sendo uma informação que não só atestaria a origem desse calcário, mas que confirmaria ter sido este adquirido e pago pelos jesuítas. Contrariando essa informação, Leal transcreve em seguida trecho da descrição oficial da igreja feita pelo Padre Pro-

[10] ROCHA. *O Mosteiro de São Bento do Rio de Janeiro 1590/1990*, p. 123-124, 130, 206, 210.

[11] SILVA TELLES. *História da Engenharia no Brasil (Séculos XVI a XIX)*, p. 109-110. Iniciada a construção da igreja em 1775, segundo planta do Engenheiro Sargento-mor João Roscio, a cúpula só foi concluída em 1877, mas, segundo projeto do Engenheiro Gustavo Wähneldt, que também foi projetista e construtor de inúmeras outras edificações importantes no Rio de Janeiro, como a residência do Barão de Nova Friburgo, depois transformada em residência oficial com a denominação de Palácio do Catete.

[12] LEAL. *Catedral Basílica de São Salvador da Bahia*, p. 101, 103.

vincial Alexandre de Gusmão, em 1694, segundo a qual o mármore utilizado na construção do templo não seria o Lioz português: *A igreja, grande e formosa, feita há 22 anos, (...). As paredes são revestidas de mármores de Itália. Também são de mármore as duas torres e o alto e nobre frontispício*. Leal também faz referência a uma informação de Carlos Ott, que, sem citar uma fonte, corrobora, ainda que erroneamente, a informação de que as placas de mármore branco utilizadas seriam de origem italiana e teriam sido buscadas na Itália apenas em 1701[13].

Ao longo de todo o período colonial, esses calcários foram também muito utilizados na arte funerária, assim como na produção de medalhões, cartelas, lavatórios, pias, balaústres, esculturas e ornatos diversos, como o lavatório da Igreja Matriz de Santa Rita, localizada no largo de Santa Rita, no centro da cidade do Rio de Janeiro, que apresenta uma combinação de diferentes tipos do Lioz e a pia em Lioz encarnadão da Igreja de Nossa Senhora da Glória do Outeiro, na mesma cidade. Cartelas e brasões dessa época e construídos em Lioz podem ser observados na entrada do Paço Imperial com os dizeres: *Reynando ELREY D. Joao V. N. S. ESENDO G.^{OR} ECAP.^{M} G.^{L} DESTAS CAP.^{AS} EDA DAS M.^{AS} G.^{ES} GOMES FR.^{E} DE ANDR.^{A} DOSEO COM.^{CO} SARG.^{O} MAYORDEB.^{A} DOSEOS EXER.^{TOS} ANO DMDCCXLIII*, ou na Fortaleza de Santa Cruz: *SENDO GOVERNADOR ECAPITAO GENERAL DESTA CAPITANIA DORIO DEÎANR^{O} SAÕ PAVLLO COMOGOVERNO DASMINAS GERAES, GOMES FR^{E}, DEANDR^{E} MANDOV EXZECVTAR ESTA OBRA, NOANNO DE 1738*.

Na Capela de São Francisco da Penitência e em outras dependências do Convento de Santo Antônio, no largo da Carioca, além de portais e do medalhão em Lioz esbranquiçado, pisos e monumentos fúnebres foram construídos com a utilização de calcários portugueses das mais variadas tonalidades. Segundo levantamento de Frei Röwer, o túmulo de dom Pedro Carlos de Bourbon e Bragança, infante da Espanha, sobrinho e cunhado de D. João VI, e que se encontra na Capela da Conceição, pertencente aos Terceiros (lado direito da igreja do Convento de Santo Antônio), foi feito em Lisboa. Sob encomenda de D. João VI, foi produzido na oficina do escultor Joaquim Machado de Castro, segundo risco do arquiteto da corte portuguesa José da Costa e Silva, entre 1814 e 1816. No mesmo convento, encontram-se os túmulos dos príncipes: dom João Carlos Borromeu, filho de dom Pedro I; dom Afonso e dom Pedro Afonso, filhos de dom Pedro II e da princesa Luiza Victoria de Orleans e Bragança, filha da Princesa Isabel. Na construção destes, em Paris, foram utilizados calcários italianos[14].

Ainda no Convento de Santo Antônio, em sua segunda sacristia, ou Sala do Lavabo, segundo definição de Frei Róger Brunorio, encontra-se um belo lavabo de calcário, constituído por uma grande bacia construída com a utilização da brecha calcária da Arrábida, em forma de concha, assentada sobre um pé trabalhado, que envolve partes produzidas em Lioz esbranquiçado e partes em calcário Azul de Sintra, materiais estes também utilizados na construção de uma coluna, existente no centro da citada bacia, que é flanqueada por quatro golfinhos com torneira na boca e encimada por uma imagem.

Em várias das antigas igrejas do Brasil, assim como em Portugal, parece ter sido moda a presença de pias de água-benta construídas em brecha calcária da Arrábida, como podem ser observadas na Igreja da Ordem Primeira de São Francisco de Salvador, na Igreja do Carmo, em Belém do Pará e na Capela do Convento de Nossa Senhora da Penha, em Vila Velha do Espírito Santo.

Os calcários portugueses foram também empregados na produção de colunas, cunhais, cimalhas e bases, na construção de escadas, ombreiras, vergas e soleiras e ainda no revestimento de frontispícios e pisos, como nos

Pias de água-benta construídas em brecha calcária da Arrábida

As pias de água-benta que se encontram na capela do Convento de Nossa Senhora da Penha, em Vila Velha do Espírito Santo [à esquerda, acima], na Igreja do Carmo de Belém do Pará [à esquerda, abaixo] e na Igreja da Ordem Primeira. de São Francisco de Salvador, na Bahia [à direita, abaixo] foram executadas segundo encomendas encaminhadas a Portugal.

[13] A este respeito, e pelas características apresentadas pelo material, é certo que o material empregado é de origem portuguesa. Neste sentido, Zenaide de Carvalho Silva corrobora esta origem ao também afirmar ser português o calcário utilizado na fachada da Catedral. In: SILVA. *O Lioz português de lastro de navio a arte na Bahia*, p. 89.

[14] RÖWER. *O Convento de Santo Antônio do Rio de Janeiro* (...), p. 152 e 279.

Os calcários portugueses e italianos na arte funerária em Minas Gerais e no Rio de Janeiro

Exemplos de aplicações da segunda metade do século XIX, que se encontram no Cemitério da Ordem Terceira. de São Francisco de Assis de São João d'El Rey, Minas Gerais [acima], bem como no Mausoléu da Família Imperial brasileira e na Capela da Conceição, localizadas no Convento de Santo Antônio, no Rio de Janeiro [abaixo, à direita]. Em algumas das lápides de São João d'El Rey, encontram-se registros para as procedências das peças, nestes casos encomendadas em casas especializadas do Porto e de Lisboa [acima e à direita].

casos da Igreja Catedral de Nossa Senhora da Graça e da Igreja de Santo Alexandre, em Belém do Pará, da Capela da Ordem Terceira do Carmo de Salvador e na Igreja da Sé de Salvador. Esta última, além de ornatos compostos por todos esses calcários, apresenta a escada de acesso e o pequeno adro revestidos com uma combinação de Lioz esbranquiçado e Lioz encarnadão, enquanto suas portadas, o frontispício e vários elementos de seu projeto arquitetônico são de Lioz esbranquiçado.

Na construção de monumentos, outras edificações e esculturas em Minas Gerais, entre o início dos Setecentos, em Vila Rica e o início dos Novecentos, em Belo Horizonte, não se encontram registros da utilização de significativos volumes de materiais pétreos portugueses e de outras partes do mundo, muito certamente em função da localização dos seus centros urbanos. Assim, as enormes distâncias em relação à costa e a ausência de vias de acesso adequadas, determinavam uma elevação de custos para o transporte desses materiais, e fizeram com que os construtores mineiros optassem por produtos locais.

Apesar disso, encontram-se exemplos de aplicações, tanto de calcários portugueses, quanto italianos, mas principalmente na produção, sob encomenda, de peças destinadas a comporem mausoléus, como alguns que se encontram no Cemitério da Ordem Terceira de São Francisco de Assis de São João d'El Rey. Em alguns casos, foi efetuada uma combinação entre tipos de calcários Lioz e rochas verdes da região, enquanto em outros foram utilizadas apenas as rochas portuguesas. Na base de dois desses mausoléus, produzidos na segunda metade do século XIX, encontram-se as informações dando conta dos locais onde as respectivas peças foram trabalhadas: M.L. CAETANO FEZ 32 R. DO A. DO LIMOEIRO 32 LISBOA e *Bernardo Marques da S.A Rua da Trindade No. 91 PORTO*.

As "Pedras" portuguesas e suas múltiplas aplicações nas construções da América portuguesa e do Brasil Império

Com o portal da Igreja do Carmo da cidade do Rio de Janeiro, esculpido em Lioz e adquirido pela Confraria do Carmo, em Lisboa, em 1760, abre-se o conjunto de exemplos das diferentes aplicações de calcários portugueses, em diversas edificações localizadas em cidades litorâneas do Brasil, como Belém do Pará, Salvador, Rio de Janeiro e Angra dos Reis [páginas seguintes].

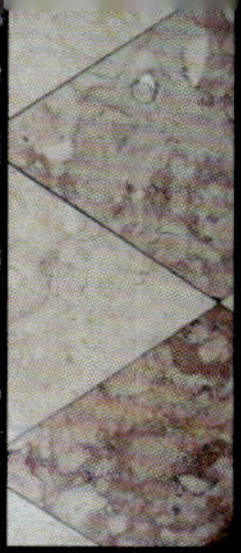

M. L. CAETANO
FEZ
LISBOA.

D. JOÃO CARLOS BARROMEU
D. AFFONSO

HIC IACET
D. D.
PETRVS. CAROLVS. HISPANIARVM. INFANS. GABRIELIS
HISPANIÆ. ET. MARIÆ. ANNÆ. VICTORIÆ. PORTVGALIÆ
INFANTIVM. FILIVS. MARIÆ. TERESIÆ. PRINCIPIS. IOANNIS
PRO-REGENTIS. PORTVGALIÆ. PRINCIPIS. CAROLOTÆQVE
HISPANIARVM. INFANTIS. FILIÆ. CONIVX. NAVALIS
MILITIÆ. IN. LVSITANIA. DVX. SVPREMVS
OBIIT. VII. KAL. IVNII. ANNO. XXV. ÆTATIS SVÆ
A.D. CIↃ IↃCCCXII

BURLE MAX

REYNANDO ELREY D. JOAÕ V NS
ESENDO G. E CAP. G. DESTAS CAP. E DA
DAS MIN. GOMES FR. DE ANDR. DO SEO
CONSARC. MAYOR DE EL DOS SEOS EXER.
ANO D MDCCXLIIII

SENDO GOVERNADOR
E CAPITAÕ GENERAL DESTA
CAPITANIA DORIO DEIANRº SAÕ
PAVLLO COMOGOVERNO DASMIN
AS GERAES, GOMES FRE DEANDRE
MANDOV EXZECVTAR ESTA
OBRA NOANNO DE
1738

F.1619

S.ª DE SEBAS
TIAO GOMES
PR.ª E DE SVA
MOLHER D. M.ª
COVTINHA
E HERD.os

seja em direção à Serra do Itacolomy[23], bem como das Lajes, em Ouro Preto, os xistos acinzentados e os azuis-esverdeados tão utilizados nas construções em Mariana e em Vila Rica, e que em parte contêm enormes quantidades de cianita. No relato dessa viagem, Eschwege faz também frequentes referências às ocorrências de um material ferruginoso, muito utilizado nas construções mineiras, que ele denominou *Tapanhoacanga*[24].

Outras publicações de von Eschwege confirmam ter sido ele também quem descreveu e denominou os quartzitos do tipo Itacolomy. O Itacolomito ou o quartzito Itacolomy, que consistiu em uma das rochas mais utilizadas nas construções setecentistas de Minas, era conhecido ao longo do século XVIII apenas como a pedra do Itacolomy. No início do século XIX, esse mineralogista alemão e engenheiro do exército português, descreveu ainda tipos variados de quartzitos Itacolomy, incluindo os flexíveis, identificados à época como *arenitos flexíveis ou quartzo elástico*, assim como tipos contendo seixos de quartzo e de outros quartzitos, aos quais se refere como sendo *massas de quartzo primitivo*[25]. Contendo sempre cristais de magnetita e de pirita e palhetas de micas, o quartzito Itacolomy foi mantido no grupo dos quartzitos, a despeito de suas variadas concentrações em micas, que levaram outros pesquisadores dessa época, como Pohl, Spix, Martius e Zincken a denominá-lo como micaxisto, clorita xisto ou xisto quartzoso. Apoiado por uma declaração de von Humboldt, que nesse tempo descrevia rochas européias desse tipo como sendo quartzitos ou quartzo-itacolomitos, Eschwege manteve a denominação.

Fechando os relatos de von Eschwege sobre as rochas dos monumentos e construções de Minas, vem a sua descrição acerca do conjunto arquitetônico da Igreja do Bom Jesus de Congonhas do Campo, quando de sua viagem do Rio de Janeiro para Vila Rica[26], ocorrida em 1811. Passando por Congonhas do Campo ele visitou a citada igreja, que é assim descrita: *é simples e bem conservada, tem a escadaria para a entrada principal guarnecida com estatuas de santos de tamanho natural, esculpidas em pedra, cercada por um adro de cantaria.* (...). *As estatuas são todas esculpidas em lardita que desponta em grande camada na vizinhança.* Sobre as esculturas do Bom Jesus e em outro documento[27], Eschwege deixa algumas pistas sobre de onde poderiam ter sido extraídas as rochas para a confecção das estátuas: (...) *em outros lugares aparecem grandes massas de xisto talcoso, de diorita e de pedra-olar. Esta ultima, principalmente na vizinhança de Congonhas do Campo, forma grandes massas e é empregada em obras de escultura para as igrejas.*

Dos relatos de von Spix e von Martius, embora constem inúmeras referências a rochas e minerais, poucas são aquelas envolvendo os materiais e os estilos das construções nas terras mineiras visitadas por esses naturalistas alemães. Destacam-se observações para Vila Rica, segundo as quais: *As casas são construídas de pedra, de dois pavimentos, cobertas de telhas, na maioria caiadas de branco.* Também mencionam em seus relatos a existência de 14 chafarizes e de 4 pontes de pedra[28].

O Padre Manuel Aires de Casal, descrito por Caio Prado Júnior como um incansável *rebuscador de bibliotecas e arquivos*, é o autor da *Corografia Brazilica, ou Relação Histórico-Geografica do Reino do Brazil*, publicada na Impressão Régia em 1817. Embora não faça parte do grupo de viajantes e nem mesmo seja considerado um homem de ciência, reuniu por conta de seu longo e paciente trabalho de pesquisa, importantes informações, incluindo algumas sobre as rochas que eram trabalhadas em Minas. Para a *Mineralogia da Província de Minas Geraes*, Aires de Casal descreve a presença entre outras de:

> *pedra calcaria; granito de que se cortam portados e mós; pedras de amolar, pedra-sabão de côr de perola, alguma veiada de escuro, compacta, pezadissima, facílima de trabalhar, cedendo a unha; fazendo-se della imagens, castiçaes, escrivaninhas; e ainda panelas ao torno; dá excellentes gizes; o seu finíssimo pó he procurado por viandantes*[29].

[23] A Serra do Itacolomy faz parte da Cadeia do Espinhaço e é formada por rochas que pertencem ao Grupo Itacolomy (sericita quartzitos e grits, quartzitos conglomeráticos e conglomerados). Por sua vez, o Grupo Itacolomy é parte do Quadrilátero Ferrífero, que constitui, na porção central de Minas Gerais, uma região de idade pré-cambriana e rica em depósitos de ferro, manganês e ouro. Com relação à estratigrafia, o Quadrilátero Ferrífero é composto por um embasamento, caracterizado por rochas gnáissicas muito antigas, sobreposto pelas rochas do Supergrupo Rio das Velhas (com mais de 2,6 bilhões de anos) e do Supergrupo Minas (aprox. entre 2,5 e 2,1 bilhões de anos), cujas rochas repousam discordantemente sobre as do Rio das Velhas. Na porção superior dessa sequência de rochas pré-cambrianas encontram-se as rochas do Grupo Itacolomy (aprox. entre 2,1 e 2,0 bilhões de anos), separadas das rochas do Minas por uma discordância erosiva e angular. Aqui, as rochas do Supergrupo Minas são as do Grupo Sabará (xistos com granada, cianita e estaurolita, como os que afloram na região de Passagem de Mariana).

[24] *Tapanhoacanga*, que quer dizer cabeça de escravo negro, do tupi-guarani, foi a denominação dada pelos mineiros e mantida por Eschwege à rocha que ele descreveu como composta por seixos facetados, raramente arredondados, de oligisto especular, hematita e magnetita, aglomerados por um cimento vermelho ou amarelo de limonita. Também denominada conglomerado ferruginoso (Eisensteinconglomerat), a rocha teve sua denominação reduzida para canga. ESCHWEGE. *BRASIL, NOVO MUNDO*, p. 210-211; *Quadro Geognóstico do Brasil* (...), p. 93-94.

[25] ESCHWEGE. *Pluto Brasiliensis*, v. 1, p. 163-164.

[26] ESCHWEGE. *Diário de uma viagem do Rio de Janeiro a Villa Rica, na Capitania de Minas Geraes, no anno de 1811*, p. 899.

[27] ESCHWEGE, W.L. von. *Contribuições para a Geognostica do Brasil Com quatro cartas geognosticas e petrographicas e secções de perfil*, Tomo I, Cap. III, p. 267.

[28] SPIX & MARTIUS. *Na Cidade de Vila Rica*, v. 1, Livro Quarto, Cap. I, p. 205.

[29] AIRES DE CASAL. *Corografia Brasílica*, p. 361.

A partir das observações levantadas por Aires de Casal sobre vilas e arraiais mineiros[30], confirma-se a pouca utilização das rochas nos sítios históricos localizados no norte e nordeste do território de Minas, nas antigas Comarcas de Sabará e do Serro Frio. Para a de Sabará, embora não exista nenhuma menção à intensa utilização das rochas nas vilas de Sabará e Caeté, toma-se conta de que a *Vila do Paracatu do Príncipe*, atual Paracatu, apesar de pequena, era famosa, tinha ruas calçadas, *mas as cazas sam térreas, e feitas de madeira*. Já na Comarca do Serro Frio: *Nenhuma caza he de pedra na Vila do Bom Sucesso*, à época também conhecida como *Vila de N. S. do Bom Sucesso das Minas Novas do Araçuaí* ou do *Fanado*. Criada no ano de 1730, é atualmente denominada Minas Novas. Na mesma comarca, para o *grande, famozo, e florecente Arrayal de S. Antonio do Tijuco*, vem a observação: *Os edifícios sam de taipa, e pau a pique pela maior parte; e poucos de pedra*.

Para a região central de Minas[31], na Comarca de Vila Rica, Aires de Casal levantou informações dando conta de que em Vila Rica das 13 capelas, três pertenciam a Ordens Terceiras: *S. Francisco d'Assiz, Carmo e S. Francisco de Paula, que he dos Pardos* e de que quase todas eram de pedra, assim como quatro pontes. Para Mariana o autor descreveu que: *as ruas sam calçadas, as cazas modernas de pedra*. (...) *a Cathedral dedicada a N. Senhora d'Assumpsão, he mais elegante que sólida, por ser de adôbe*. Para a Comarca do Rio das Mortes, são descritos os profetas em pedra-sabão de Congonhas do Campo e as pontes em cantaria da Vila de São João d'El Rey.

Já segundo relatos de João Emanuel Pohl[32], geólogo viajante que integrou a missão científica austríaca ao Brasil, e que viajou por Minas Gerais entre 1817 e 1821, deviam existir nessa época umas seiscentas casas na Vila do Príncipe, atual Serro. A metade delas tinha dois andares, sendo parte de madeira e parte de barro. Em um de seus relatos, ele descreve que as ruas dessa vila eram calçadas com pedra-sabão e, por isso, quase intransitáveis na época das chuvas. Contrariando em parte essa observação de Pohl, constata-se que o calçamento na cidade do Serro foi em boa parte executado com a utilização de xistos verdes e de outras rochas maciças do tipo Cabo Verde ou ainda com uma variedade muito rica em carbonatos e óxidos de ferro, sobre as quais foi assentada a vila. Por sua vez, as ocorrências de pedra-sabão na região concentram-se próximas à Alvorada de Minas e distam cerca de 15 quilômetros do Serro.

Uma descrição do Arraial do Tejuco, contida nas *Memórias Históricas da Província de Minas Geraes*[33], segundo a qual *poucas casas de vivenda se contam aí fabricadas de pedra, porque a construção ordinária de tais edifícios é feita de taipa mais durável ou de pau a pique*, corrobora a descrição de João Emanuel Pohl.

Para a cidade de Mariana, Pohl descreveu uma rua calçada na qual muitas casas eram inteiramente construídas em pedra, de notável extensão e assobradadas. Informou ainda sobre a existência de três pontes de pedra que atravessavam o Ribeirão do Carmo e sobre sete chafarizes, que abasteciam de água a cidade. Ainda em Mariana, lamentou que a catedral tivesse sido construída de tijolo cru e não de pedra, pelo que não resistiria muito tempo à ação das intempéries. A caminho de Vila Rica, descreveu a ponte de Passagem de Mariana, construída em itabirito[34]. Para Vila Rica ele dá conta de que existiriam 1600 edifícios construídos de pedra, descreveu muros de pedras empilhadas e várias pontes e chafarizes de pedra. A caminho do Rio de Janeiro, relatou sobre a existência de uma igreja de pedra em Santo Antônio do Ouro Branco e de muros com chapas de pedra-sabão no Arraial de Varginha. Em Queluz, descreveu casas e edifícios construídos de barro e madeira e uma igreja matriz construída de pedra e dotada de duas torres, a Igreja de N. S. da Conceição. Até o Registro do Paraibuna, descreveu ainda inúmeros ranchos construídos em pedra.

Por fim, do conjunto de descrições efetuadas pelos naturalistas viajantes do século XIX, as de Saint-Hilaire[35], que entre 1816 e 1822 e por três vezes viajou por Minas Gerais, são as que mais menções fazem aos materiais e às técnicas empregadas nas construções dessas povoações mineiras visitadas. Várias dessas vilas e arraiais transformaram-se nos atuais sítios históricos de Minas. Segundo essas descrições, eram as ruas de Sabará calçadas, mas com pedras pequenas e desiguais. A forma das suas casas era a mesma que a de outros lugares, mas elas eram quase quadradas e cobertas por telhas com pouca inclinação. A cidade de Caeté, cujo nome significa montanha coberta por grossas árvores na língua indígena, era mais comprida do que larga, suas ruas eram amplas e calçadas e, se a maioria das casas era de um

[30] Ibidem, p. 389, 396, 401-302.

[31] AIRES DE CASAL. *Corografia Brasílica*, p. 368-369, 371-372.

[32] POHL. *Viagem no Interior do Brasil*, p. 362-450.

[33] Memórias Históricas da Província de Minas Geraes, *Revista do Arquivo Público Mineiro*, Ano XIII, p. 585.

[34] Itabirito é uma rocha listrada, constituída por bandas claras de quartzo e escuras por conta do óxido de ferro: hematita, magnetita ou martita.

[35] SAINT-HILAIRE. *Viagem pelo Distrito dos Diamantes e Litoral do Brasil*, p. 28, 67, 92, 111.

laustradas, nos vasos, etc. Entretanto, essa bela cor branca amarelece ao ar e acaba se tornando ocre sujo, ao passo que os mais duros, os granitos azul-violáceos, ou esverdeados, tornam-se mais escuros e podem ser polidos.

Debret não se limita aos aspectos descritivos, mas também informa sobre custos de produção. A esse respeito, fez as seguintes observações:

Não é de se espantar que a pedra se pague tão caro no Rio de Janeiro, pois isso se deve à lentidão da mão-de-obra, abuso esse que não poderá ser reprimido enquanto esse duro trabalho, que repugna aos brancos, for executado sem abrigo contra raios do sol e unicamente por negros escravos, que não têm nenhum interesse em apressá-lo.

Nessa representação de Debret acerca da rotina de extração da dita pedreira, aparece um barracão que era destinado aos pedreiros e onde os blocos eram trabalhados, enquanto, na encosta do morro, outros operários negros armados de compridas barras de ferro pontiagudas, fazem buracos, ora oblíquos, ora perpendiculares, onde era colocada pólvora para fragmentar o rochedo. Em outra parte da pedreira, ele representa uma explosão. Para o transporte da pedra eram utilizados os carros de boi e para preservar as arestas e evitar a partição dos blocos eram utilizados ramos de árvores. O transporte até o local da construção era feito à noite para se evitar o calor do dia.

Para a identificação e localização das áreas de onde foram extraídos materiais empregados na construção de edificações históricas em Minas Gerais, principalmente no século XVIII, procedeu-se a um levantamento

A extração de rochas no Brasil do século XIX

Segundo ilustrações de Jean Baptiste Debret: *Pedreira, 1826* [MEA 0307 – Aquarela: 16,2 x 22,3 cm]; e de Johann Moritz Rugendas [canto superior direito]: *Vue de la Montagne de Corecovado et du Faubourg de Cadete prise de la Carriere 1re. Div: PL 10* [BN – Viagem Pitoresca através do Brasil 82,5,1; 23,9 x 36,4 cm].

de dados, tanto através da consulta de documentos originais, que se encontram em arquivos diversos, quanto de suas reproduções em obras publicadas na primeira metade do século XX, a maioria já há muito esgotadas. Do conjunto de documentos consultados e que tratam das construções, constata-se que são raros os registros sobre as rochas e suas pedreiras.

Essas consultas foram seguidas por uma pesquisa envolvendo visitas às áreas previamente levantadas, com o objetivo de se localizarem as antigas pedreiras. No campo, foram encontrados apenas raros vestígios das mesmas, em boa parte por conta da expansão dos antigos arraiais e vilas por sobre algumas dessas antigas áreas de extração. Outras, situadas em áreas mais afastadas, mas abandonadas por mais de duzentos anos, foram totalmente tragadas pela vegetação. Como resultado desses levantamentos, também consolidou-se ainda mais a tese de que em parte nunca existiram muitas e grandes pedreiras e que aquelas existentes nunca tiveram o formato das atuais.

Dos documentos consultados, os denominados *Autos de Arrematação* ou os *Livros das Mesas das Ordens*, trazem importantes referências para o resgate das antigas áreas de extração, na medida em que os materiais pétreos empregados têm os seus nomes associados com os seus locais de origem, como nos casos da *Pedra do Funil*, da *Pedra do Brumado*, da *Pedra da Candonga*, da *Pedra do Córrego Seco* e da *Pedra de Itapanhoacanga*. Da *Relação de Pormenores* acerca da construção da Capela da Ordem Terceira de São Francisco de Mariana, consta do *Termo de 01 de junho de 1783* uma alteração no risco de autoria de José Pereira dos Santos e proposta pelo

Antigas pedreiras da região central das minas

Vestígios das áreas de extração de quartzitos e de xistos, nas regiões de Ouro Preto e de Mariana.

mestre de obras José Pereira Arouca, que se faz acompanhar de alguma informação sobre o material que seria utilizado: (...) *foi proposto que o arco do côro, por ser difícil a sua segurança em razão da mesma largura da capela se devia dividir em três, o que ouvido e ponderado se assentou uniformemente que se fizesse os três arcos com suas colunas, tudo de pedra da Passagem*, assim como as pirâmides das suas torres[37]. No documento *Registro das Condiçõens da obra da Cadeia de Mariana*[38], de 1782, são feitas referências sobre a utilização da Pedra da Passagem para a construção dos degraus da escada principal e da *Pedra do Itacolomi* para o revestimento de patamares.

Uma descrição de Diogo de Vasconcelos[39], sobre os locais onde foram instalados os antigos arraiais que deram origem a Ouro Preto, em especial os situados na Serra: *em superfície forrada de canga, estéril e nua*, corrobora a tese de que naqueles idos, nunca houve nenhuma frente de lavra ou pedreira, de onde teriam sido retiradas, tanto a canga, quanto os quartzitos, utilizados nas construções dos arraiais de Ouro Preto, pelo menos no início do século XVIII e tal como se tem nos moldes atuais. Para essas construções, comenta Vasconcelos: *lançaram mão dos blocos avulsos, ou facilmente extraídos; e deles tiraram o material mais accessível e econômico de seus edifícios.*

A abertura de pedreiras na região deve ter ocorrido somente por volta de 1735, e certamente funcionou apenas em decorrência da construção do Palácio dos Governadores, erigido segundo desenho do Engenheiro Sargento-mór José Fernandes Pinto de Alpoim e por ordem do Governador Gomes Freire de Andrade. Sobre a extração de blocos do quartzito Itacolomy para a cantaria dessa obra, Diogo de Vasconcelos faz a seguinte observação: *a cantaria belíssima do Itacolomí só foi introduzida na arquitetura da cidade para as obras do Palácio, entre os anos de 1735 e 1738, sendo preciso o braço forte do governo para o descortino eficaz das jazidas e abertura de carreiras cujas dificuldades só depois de preparadas não se imaginam*[40].

Nas construções que seguiram, todas de iniciativa, ou da igreja, ou de particulares, intensificou-se o uso do quartzito do Itacolomy, mas, muito provavelmente, seus construtores valeram-se da existência dos inúmeros blocos soltos e dispersos ao longo das fraldas da Serra do Itacolomy, não avançando no desenvolvimento de jazidas ou pedreiras, seja por falta de recursos financeiros, seja de mão de obra especializada.

Ainda para as construções de Vila Rica, reproduz-se a seguir algumas informações sobre a localização de antigas áreas de extração e denominações de rochas, constantes da obra produzida por Francisco Antonio Lopes[41]:

> *"Lage do morro." – Toda a pedra utilizada nas construções de alvenaria, em Vila Rica, tal qual como acontece inda hoje* [1942], *procedeu das pedreiras das Lajes, na encosta do Morro de São Sebastião. Com essa pedra é que foi edificada a Igreja do Carmo. A denominação de Lage do morro, como ela própria o indica e pela qual esse material era conhecido dos construtores de antigamente, originou-se do local onde é extraído e da forma em lajes com que sai da pedreira. Atualmente, chamam-no de Pedra das Lajes. Trata-se de um quartzito, modalidade de arenito, apresentando cimento silicoso ou depósito de sílica entre os grãos de areia. Os quartzitos são ao arenitos mais compactos e resistentes que existem e se prestam, quasi sempre , para a construção de muros e paredes, sendo muito empregados na pavimentação de passeios.*
>
> *"Pedra do Itacolomy" – A bela cantaria da Igreja do Carmo – das portas e janelas, das colunas e arcos do coro, do frontispício e arco-cruzeiro – foi trabalhada toda em pedra da Serra do Itacolomí, ao sopé da qual inda existem, atualmente, antigas vêrgas e ombreiras dêsse material, completamente aparelhadas. Da mesma procedência são também as cantarias das outras edificações de Ouro Preto. Essa "Pedra do Itacolomy" dos tempos coloniais, é o itacolomito dos mineralogistas, variedade de quartzito, contendo quartzo recristalizado e palhetas de hidro-micas. Acidentalmente, por fenômenos de mineralização, apresenta outros minerais, como almandita, rutilo e turmalina. Proveniente ainda da Serra do Itacolomi, foi utilizado também em soleiras de portas e outras peças da Igreja do Carmo, belo conglomerado quartzitico, quase sempre com tonalidades róseas.*
>
> *"Pedra de sabão." – Para os trabalhos de talha, de que tantos e tão apreciados ornatos foram deixados em vários templos de Minas, um dos materiais mais empregados pelos antigos mestres entalhadores foi a pedra-sabão, que era chamada "pedra de sabão". Com esse material, facilmente trabalhável e de bastante resistência à ação*

[37] TRINDADE. *Instituições de Igrejas no Bispado de Mariana*, p. 189-190.

[38] Registro das Condiçõens da obra da Cadeia de Mariana, 1782. In: BARRETO. *Casas de Câmara e Cadeia*, p. 121-122.

[39] VASCONCELLOS. *A Arte em Ouro Preto*, p. 18-19.

[40] VASCONCELOS. As Obras de Arte. In: *Bi-centenário de Ouro Preto*. p. 136; VASCONCELLOS. *A Arte em Ouro Preto*, p. 25.

[41] LOPES. *História da Construção da Igreja do Carmo de Ouro Preto*, p. 23-24.

destruidora do tempo, foi feita a maior parte dos ornatos de pedra do interior da igreja do Carmo, assim como os de seu frontispício e a fonte da Sacristia. A pedra-sabão, de que há as variedades denominadas talco-olar e talcochisto, é uma rocha cinzentada, verde ou amarelada, hidro-silicato de magnésia, constituída de talco compacto, que contem, de mistura, clorita, mica e amianto. É abundante, essa rocha, nas redondezas de Ouro Preto, onde há localidades, como o povoado dos Paneleiros[42], em que a empregam na confecção de magníficas panelas de cozinha. Por isso a referida rocha é também conhecida por "pedra de panela".

Para as construções de Tiradentes e São João d'El Rey, foram utilizados tanto xistos, quanto diferentes tipos de quartzitos, às vezes ricos em micas, cianita ou óxidos. Essas rochas foram em grande parte extraídas na região da Candonga, localizada entre Santa Cruz de Minas e Tiradentes, nos arredores de São João d'El Rey, ou na do Mangue, igualmente situada nas proximidades de Tiradentes, mas a caminho de Prados, pelo antigo caminho que atravessa a Serra de São José. Considerando as anotações que constam do *Livro de Termos* da construção da Capela do Carmo de São João d'El Rey, verifica-se que, além dos xistos verdes da Candonga, foram também empregados quartzitos amarelos extraídos de uma região identificada como Córrego Seco.

Em Diamantina, quartzitos e xistos, utilizados nas construções, foram extraídos de antigas pedreiras, à época localizadas próximas ao que foi o núcleo do antigo Arraial do Tejuco. Atualmente, essas antigas áreas de extração estão em grande parte desaparecidas e por sobre algumas dessas foi crescendo a cidade de Diamantina. No entanto, algumas poucas sobreviveram, como a que fornece placas e blocos para a manutenção do calçamento da cidade. Dessa pedreira, conhecida atualmente como Pedreira da Prefeitura, localizada na saída da cidade e próxima ao trevo de Guinda, é extraído um quartzito esbranquiçado, de granulação fina e que pertence à Formação Galho do Miguel.

Se existem dificuldades para obter-se informações sobre as antigas pedreiras de quartzitos e xistos, muito por conta do número reduzido de registros sobre as mesmas, para rochas tais como a pedra-sabão e o granito aparecem dificuldades adicionais.

No caso da pedra-sabão a dificuldade advém dos volumes relativamente reduzidos que apresentam os corpos dessa rocha e a frequência com que podem ocorrer na forma de blocos soltos e dispersos.

Em Congonhas do Campo, ainda são encontrados pequenos corpos de pedra-sabão, aflorando nos arredores da cidade, mas se esses existiram nas cercanias do conjunto arquitetônico do alto do Morro do Maranhão, onde a rocha foi utilizada para a produção das estátuas

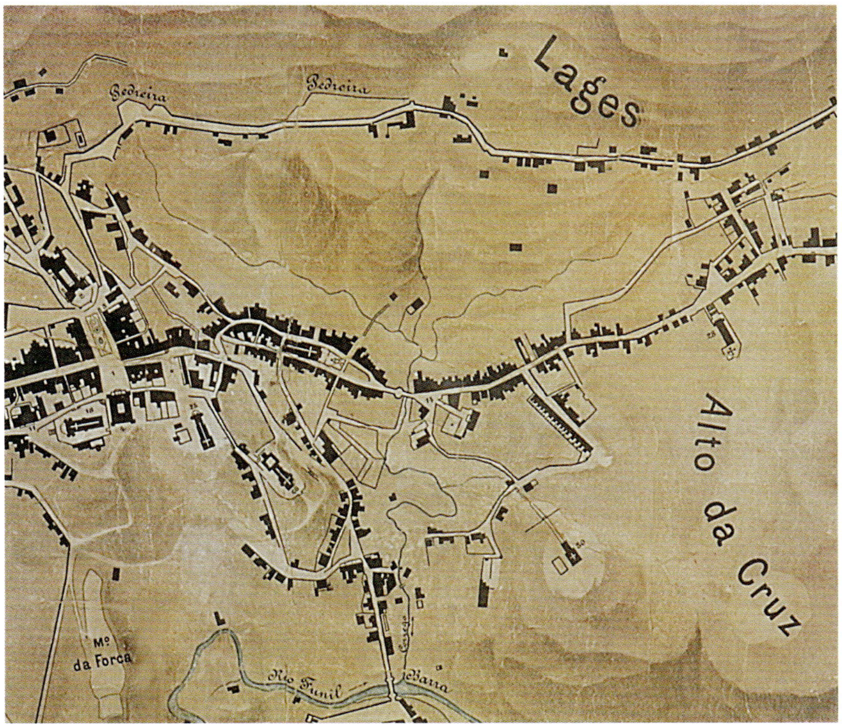

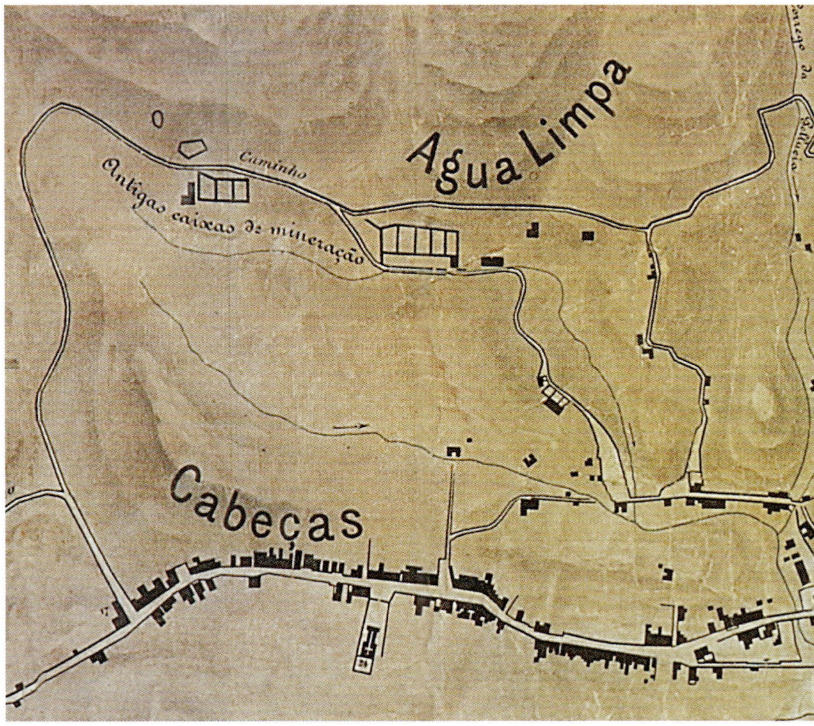

As pedreiras das Lajes

Detalhes da *PLANTA DA CIDADE DE OURO PRETO organizada por ordem do Exmo Sr. Dr Luiz Eugenio Horta Barbosa. Presidente da Província. Wilh. Brosenius desenhou. Ouro – Preto. 7.2.88* trazem as localizações das antigas pedreiras nas *Lages* [abaixo, detalhe da esquerda], localizadas no sopé do Morro de São Sebastião, e de onde saíram lajes de quartzito para as construções de Vila Rica, bem como a localização de antigas caixas para a coleta de lama para mineração do ouro, os *Mundéus* [abaixo, detalhe da direita]. Atualmente, das duas pedreiras representadas, a da esquerda dá lugar ao Destacamento do Corpo de Bombeiros de Ouro Preto. [Col. Particular – Fac-simile pertencente a Dimas Guedes].

[42] Textos que descrevem a produção de peças em pedra-sabão para a região de Santa Rita de Ouro Preto, dão conta da presença dos paneleiros e sugerem que esta pode ter sido uma das antigas denominações desse distrito de Ouro Preto.

dos profetas, já não são mais encontrados, por conta da implantação e crescimento do antigo Arraial das Congonhas do Campo, que à época ocupava apenas a outra margem do rio. Para as artes de Vila Rica, a pedra-sabão foi trazida de pedreiras da região de Santa Rita, que ainda hoje continua fornecendo material. Para as de Mariana, vieram materiais das pedreiras de Cachoeira do Brumado, de Padre Viegas, antigo Sumidouro, de Furquim e Acaiaca. Lima Júnior faz referências a pedreiras de pedra-sabão, incorretamente descritas como sendo de sienita[43], localizadas próximas a Ouro Preto e Mariana e que deram origem aos arraiais de Cachoeira do Brumado e Santa Rita, bem como pedreiras localizadas na região de Congonhas do Campo, e que desde os tempos coloniais forneceram materiais para a produção de diversos utensílios de uso doméstico, tais como panelas, candeeiros, pratos, canecas, castiçais, lamparinas e outros, construídos em pedra-sabão e em substituição aos importados de ferro que tinham custos muito elevados. Em diversos documentos dos séculos XIX e XX, são citadas pedreiras de pedra-sabão para as regiões de São João Del Rei e Tiradentes, bem como para a do Serro, assim como são descritas peças produzidas em pedras de coloração cinza, verde ou azulada. No entanto, não existem ocorrências de pedra-sabão nas regiões de São João Del Rei e Tiradentes e, na região do Serro, as ocorrências de pedra-sabão mais próximas encontram-se nos arredores da cidade de Alvorada de Minas. Nesses casos, por apresentarem colorações semelhantes, xistos foram confundidos e erroneamente designados com pedra-sabão.

No caso dos granitos e gnaisses, os pequenos volumes utilizados sinalizam para o aproveitamento de blocos de pequenas dimensões e para a ausência de pedreiras. Essa seria a situação para as pequenas utilizações em Cachoeira do Campo, Lobo Leite e Prados. Foge a essa regra o caso da construção de Belo Horizonte, onde

Vista da PedreiraPrado Lopes, 1901

Frederico Steckel, pintor e especialista em ornamentação, contratado pela Comissão Construtora da Nova Capital, documentou através de suas pinturas os primeiros momentos da nova capital de Minas Gerais. A vista, à direita, apresenta detalhes sobre a extração de gnaisses e sobre a estrada de ferro implantada com o objetivo de transportar o material extraído na pedreira Prado Lopes até os depósitos centrais [Reprodução a partir de pintura a óleo. Col. Part. Luciano Leste Murta; 50,0 x 45,0 cm]. Estes gnaisses foram extensamente utilizados nas construções da nova capital, como na do Palácio da Liberdade e na da Estação Ferroviária, atualmente também sede do Museu de Artes e Ofícios [página à direita].

[43] LIMA JÚNIOR. *A Capitania das Minas Gerais*, p. 121.

foram utilizados grandes volumes dessas rochas, mas aqui pedreiras, como a Prado Lopes e outras, encontram-se totalmente tragadas pela cidade, que cresceu para além do seu contorno inicialmente previsto.

Na cidade de Prados e em seus distritos, o granito utilizado, seja na cantaria, seja para a produção de peças, como pias, por exemplo, foi extraído a partir de blocos dispersos e aflorantes nos povoados de Elvas, Luzia, Caxambu, Dores de Campo e Livramento. Não foram encontrados registros sobre as áreas de extração de granitos e gnaisses utilizados nas construções em Itabirito, Cachoeira do Campo, Lobo Leite e Catas Altas do Mato Dentro. Já para a região da antiga Vila do Curral d'El Rey, existem registros que dão conta da existência de pequenas pedreiras de gnaisses, granitos e calcários, além de filitos e xistos muito alterados, mesmo antes do início das construções da nova capital. Com o início das obras, e para atender às crescentes demandas das edificações, outras frentes foram abertas, e pedreiras como a do Cardoso, da Carapuça, da Viação, da Lagoinha, da Capela Nova Betim e a Prado Lopes, foram ligadas ao canteiro de obras por via de caminhos de ferro, urbanos ou não, pois o transporte por meio de carroças não conseguia atender às demandas. Na pedreira da Carapuça, de onde saiu boa parte das rochas utilizadas na construção da nova capital, os blocos de pedra granítica apresentavam homogeneidade de cor, e foram transformados em pranchas ou chapas. Arrendada pelo Conde de Santa Marinha, a pedreira localizada no Morro das Pedras, distante 8 km da cidade em construção, produziu granito de ótima qualidade e homogeneidade, *cortável a cunha e que se prestava a cantarias de fino polido*[44].

Por fim, das raras pedreiras que forneceram as rochas para as construções em Minas, nos séculos XVIII e XIX, mais raras ainda são aquelas de onde ainda hoje são extraídos materiais, como as das Lajes, nos arredores de Ouro Preto. Por outro lado e ainda na região de Ouro Preto, algumas das antigas áreas de extração, deixaram de produzir, pois encontram-se dentro de áreas de preservação. Também em outros locais de Minas, como em Diamantina, em São Tomé das Letras e em Tiradentes, de antigas pedreiras continuam sendo extraídas, principalmente, chapas de quartzitos, muito consumidas no mercado interno e algumas exportadas para diversas partes do mundo.

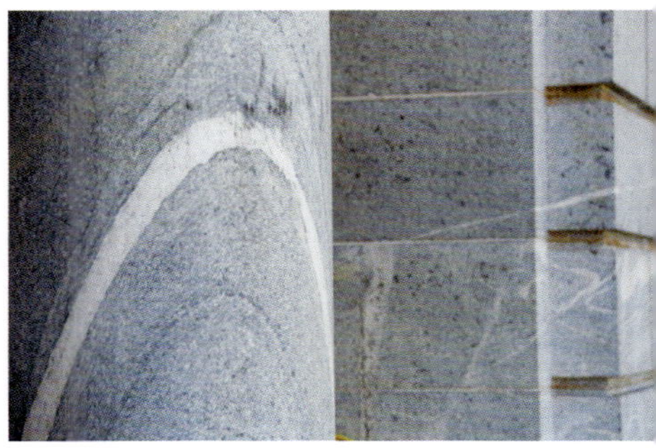

[44] BARRETO. *Belo Horizonte: Memória Histórica e Descritiva*, p. 466-467.

A identificação das rochas

Dentre os materiais pétreos utilizados nas construções mineiras, as rochas locais, em detrimento das importadas e consideradas as dificuldades de extração e de uso, tiveram larga aplicação. Nas construções civis, militares e religiosas erigidas nas vilas e cidades das comarcas mais importantes das *Minas Geraes*, como a de Vila Rica, a do Serro do Frio, a de Sabará ou do Rio das Velhas e a do Rio das Mortes, foram empregados tipos de rochas tais como: quartzitos e xistos diversos, cangas, esteatitos (pedra-sabão), serpentinitos, arenitos, conglomerados e mais raramente os gnaisses e os granitos. Estas últimas, apesar de muito abundantes nas regiões nordeste e sudeste de Minas, tiveram este uso mais restrito, por conta de suas maiores resistências ao beneficiamento. Assim, com dificuldades para serem extraídas, cortadas e trabalhadas, considerando os meios disponíveis naquela época, aparecem apenas em alguns raros monumentos mineiros. Por outro lado, a ocorrência muito reduzida dos macios calcários, em comparação com as ocorrências do nordeste do Brasil e a ausência em Minas daqueles calcários com qualidades semelhantes aos italianos e portugueses, tão utilizados nos monumentos barrocos da Europa, determinaram a utilização do esteatito ou pedra-sabão, dos serpentinitos e dos xistos para a produção da arte estatuária e de inúmeros ornatos. Em algumas regiões, na ausência da pedra-sabão e dos xistos verdes, foram os ornamentos e relevos obtidos a partir do retrabalhamento de peças de quartzitos ou de arenitos e muito raramente de granitos, como é o caso de ornamentações em monumentos de Prados, nas proximidades de São João d'El Rey.

A canga e os quartzitos

Da observação dos vestígios das primeiras e, portanto, das mais antigas construções de Minas, localizadas nos morros de Ouro Preto, constata-se a utilização de blocos de canga[45] e em alguns casos verifica-se que esta foi utilizada em associação com pequenas placas de quartzito, extraídas nas encostas próximas, em parte conhecidas como Lages. Diogo de Vasconcelos[46] descreve que

> *os arraiais maiores de Ouro Preto, Antonio Dias e Padre Faria, situados no fundo do vale, entre seios de floresta virgem, faziam as suas construções de madeira; ao passo que os outros, situados na serra, em superfície formada de canga estéril e nua, lançaram mão de blocos avulsos ou facilmente extraídos: e dele tiraram o material mais acessível e econômico de seus edifícios.*

Já os quartzitos, considerando-se todo o conjunto de materiais empregados nas construções mineiras, foram aqueles que tiveram as mais volumosas aplicações nessas construções dos séculos XVIII e XIX, estando presentes em quase todas as regiões mineiras. Contendo sempre grandes quantidades de quartzo, essas rochas podem ser diferenciadas pela presença da cianita, dos óxidos e das micas, entre outros minerais. Dentre esses, as micas vão influenciar, tanto na técnica de extração, quanto nas de aplicação. Se os seus conteúdos são altos, veem-se exploradas na forma de placas, como nas Lajes de Ouro Preto, em São Tomé das Letras, ou na Serra do Lenheiro em Tiradentes. Se as micas estão em baixa ou mesmo ausentes, as placas dão lugar aos blocos de dimensões muito variadas, como na Serra do Itacolomy, de onde foram extraídos grandes volumes dessa rocha. Ainda por conta da presença das micas e de outros minerais, tais como óxidos e sulfetos, podem mostrar significativa variação de cores, senão, tendem a ser esbranquiçados. Os tons de rosa, vermelho, amarelo e laranja, tão comuns, tanto nos quartzitos das *Lages de Vila Rica*, quanto nos do tipo Itacolomy, devem-se às alterações dos óxidos de ferro e sulfetos presentes nessas rochas. Nos quartzitos com cianita, como aqueles que se encontram nas bases, colunas e revestimentos de monumentos como na Igreja de Santo Antônio em Tiradentes e que fazem parte da Sequência Tejuco[47], os cristais de cianita podem ocorrer tanto dispersos, quanto constituindo finas bandas ou ainda agregados com coloração cinza azulada.

Sobre a utilização de blocos do quartzito Itacolomy[48], que com certeza não foi a primeira, mas sim a que se encontra registrada em documentos de época, Diogo de Vasconcelos[49] faz a seguinte observação: *a cantaria belíssima do Itacolomí só foi introduzida na*

[45] Canga é uma rocha rica em ferro e constituída por fragmentos de itabirito, óxidos de ferro e por outros materiais ricos em ferro e cimentados por limonita. Ocorre próxima à superfície.

[46] VASCONCELOS. As Obras de Arte. In: *Bi-centenário de Ouro Preto*, p. 136.

[47] Na coluna estratigráfica para rochas das regiões de Tiradentes e São João d'El Rey, as quartzíticas fazem parte, da base para o topo, das sequências: Tiradentes, São José, Tejuco e Lenheiro, que integram a Megassequência São João d'El Rey, que por sua vez encontra-se por sobre o embasamento, caracterizado em parte por rochas metabásicas e xistos.

[48] O quartzito Itacolomy pertence ao Grupo Itacolomy.

[49] Ibidem, p. 136.

arquitetura da cidade para as obras do Palácio [dos Governadores], *entre os anos de 1735 e 1738* (...). A partir daí, blocos de quartzito Itacolomy foram amplamente utilizados nas edificações, seja como embasamento, ou para a produção de cimalhas, colunas, cunhais, ombreiras ou vergas de portadas, apesar da alta capacidade de absorção apresentada por alguns subtipos deste quartzito.

Ao contrário do quartzito Itacolomy, que é mais compacto e ocorre no formato de blocos, o quartzito das *Lages*[50] apresenta características indicadas por seu nome e foi em boa quantidade extraído de *pedreiras*, localizadas nesta região de Ouro Preto, qual seja a das Lajes. Existiram ainda áreas de extração localizadas nas encostas do Morro de São Sebastião e ainda aquelas em outras partes da Serra de Ouro Preto. Por conta da presença de micas, tal como a sericita, que conferem uma foliação ou xistosidade, essa rocha desplaca-se com maior facilidade e, por conta disso, suas placas foram amplamente empregadas em revestimentos diversos, incluindo pisos, calçadas e passeios de Ouro Preto e nos distritos ao seu redor.

Ainda sobre a proveniência do quartzito das Lajes, afirma Francisco Antonio Lopes[51], com base em diversos códices do Arquivo Público Mineiro, que, além de toda pedra empregada na construção do Palácio dos Governadores ter procedido dos arredores de Vila Rica, as alvenarias desse palácio foram construídas à base de quartzito das Lajes, *extraído todo ele da Pedreira das Lajes, sita ao sair para o Ribeirão do Carmo*.

Do conjunto de quartzitos utilizados nas construções mineiras existem aqueles de coloração acinzentada e os azul-anil. Nesses casos, os azuis podem ser explicados pela presença do quartzo azul, que toma essa cor por conta de deformações de sua rede cristalina, enquanto os cinza contêm cianita. Como exemplo da aplicação dos azuis, podem ser mencionadas as ombreiras e vergas de portas e janelas da parte posterior da Capela do Carmo de São João d'El Rey, incluindo as da capela e sacristia. Mostrando alternâncias de bandas esbranquiçadas e azuladas, esse quartzito pode ter sido retirado de uma das antigas áreas de extração, que existiram na região da Candonga, ou do Córrego Seco, localizadas entre Santa Cruz de Minas e Tiradentes. Pode também ser proveniente de uma área na própria Serra do Lenheiro, de onde ainda hoje são extraídas rochas muito semelhantes àquelas utilizadas na Capela do Carmo.

Outros tipos de quartzitos, quase sempre micáceos e com diferentes conteúdos em óxidos de ferro, foram amplamente utilizados nas cantarias, nas alvenarias, na pavimentação de ruas e no revestimento de calçadas em Mariana, Catas Altas, Caeté, Sabará, Serro, Conceição do Mato Dentro, São Tomé das Letras, Congonhas do Campo, Tiradentes, São João d'El Rey, Campanha, Baependy e no Caraça.

Uma outra rocha de natureza quartzítica, mas do tipo conglomerática, por conta do seu conteúdo em seixos de quartzo, de outros quartzitos, de filitos e de itabiritos, com algum conteúdo em micas e com coloração variando entre tons esbranquiçados, esverdeados e acinzentados, foi utilizada no passado para a construção de algumas peças, como as que se encontram ao pé da escada da antiga Casa de Câmara e Cadeia de Ouro Preto. Extraída na região de Ouro Preto, entre a estrada de acesso para Lavras Novas e a sede do Distrito de Itatiaia, às margens da antiga *Estrada da Corte* de Ouro Preto para o Rio de Janeiro, foi mais recentemente empregada para a construção, pelo falecido Mestre Juca, das ombreiras e verga de uma porta, assentada em substituição a uma de madeira, quando da reforma da antiga Casa do Noviciado do Carmo, que deu lugar ao Museu do Oratório. Esse tipo de quartzito conglomerático também ocorre em uma outra região da Serra do Itacolomy, conhecida como Bico de Pedra. Na região de Tiradentes e São João d'El Rey, quartzitos conglomeráticos das sequências Lenheiro, Tejuco e Tiradentes foram empregados nas construções de diversos monumentos, como na Igreja de Santo Antônio e no chafariz da cidade.

Os calcários

Os calcários e mármores[52] foram muito pouco utilizados nas construções em Minas Gerais, ao contrário do que se verifica em antigas construções de vilas e cidades da costa do Brasil, de modo geral anteriores às da região mineira.

Apesar das ocorrências de material calcário[53] nos arredores de Ouro Preto, Marina, Catas Altas, Cachoeira do Campo e mesmo do Caraça, este foi pouco usado

[50] O quartzito *das Lages* [Lajes de Ouro Preto] corresponde a um tipo de quartzito rico em micas e que na coluna estratigráfica do Supergrupo Minas pertence à Formação Moeda, do Grupo Caraça.

[51] LOPES. *Os Palácios de Vila Rica. Ouro Prêto no Ciclo do Ouro*, p. 24.

[52] Os calcários podem ser calcíticos ou dolomíticos, microcristalinos até subcristalinos, considerando o tipo de cimento: espatizado ou micrítico. Nas áreas do Cumbi e em outras próximas a Ouro Preto, os calcários são dolomíticos. Acessoriamente podem conter quartzo, argilominerais, óxidos e hidróxidos de ferro. Os mármores são metamórficos e resultam das transformações dos calcários, quando submetidos a aumentos da temperatura no interior da crosta terrestre. Apresentam granulação mais desenvolvida. Podem ser calcíticos (ricos em carbonato de cálcio) até dolomíticos (ricos em carbonato de magnésio). Os materiais extraídos na região de Carrara, Itália, ou na região do Cumbi, em Minas Gerais (denominado Aurola Pérola), ou em Ourolândia, na Bahia (denominado Bege Bahia ou Marta Rocha) são calcários, enquanto os materiais extraídos em Itaoca, Espírito Santo, correspondem a mármores.

[53] ROLFF. *Calcáreos dolomíticos no município de Ouro Preto*, p. 5.

devido, em boa parte à sua má qualidade, quer por suas composições, quer por quase sempre apresentarem-se muito fraturados, o que, diante da ausência de técnicas adequadas para a sua extração, significava sempre um grau muito baixo de aproveitamento para essas rochas. De modo geral, existem apenas aplicações de pequeno volume, normalmente no formato de medalhões, lápides, raras colunas, pequenos monumentos funerários e muito raramente constituindo elementos de portadas.

Dos poucos exemplos de aplicações de calcários ou de mármores dolomíticos com algum significado, em Minas Gerais, um encontra-se na balaustrada no adro da Capela de São Francisco de São João d'El Rey; um outro, no Pórtico do antigo Palácio dos Governadores da Capitania de Minas Gerais, em Ouro Preto e um terceiro está representado por colunas na capela do Caraça. No primeiro, foi utilizado um material de cor levemente rosada, para o qual não se encontrou qualquer referência de procedência. No segundo caso, ocorreu a utilização, segundo descrição de Paulo Rolff[54], de material extraído muito provavelmente da pedreira de mármore branco do Ojô, situada a pouco mais de dois quilômetros do centro de Ouro Preto, em direção leste. Como a construção do portal não faz parte do contrato de execução da residência, o autor citado supõe que a sua construção seja posterior a 1751. Sobre a procedência dos calcários dolomíticos utilizados na produção das colunas da nave e para a construção do altar da Natividade, na Capela do antigo Colégio Caraça, Rolff defende que o material teria sido extraído das pedreiras da Serra do Frazão, no distrito de Antônio Pereira.

Esses calcários, se não tiveram importância para a aplicação ornamental, foram muito utilizados para a produção de cal para as argamassas das alvenarias. Nessa região central de Minas, grande parte do material utilizado para a produção da cal era proveniente de jazidas de calcário no entorno de Vila Rica, incluindo as do Arraial de Antônio Pereira, que também produzia uma cal escura, chamada cal preta[55].

Na construção de Belo Horizonte, parte do calcário utilizado foi extraída da pedreira localizada no recôncavo do Acaba-Mundo, na Serra do Curral. Distante cerca de 6 km da Praça da Liberdade, a esta foi ligada por meio de um ramal férreo. O material ali extraído foi empregado nas alvenarias, na produção de lajes e de peças para meios-fios. Conforme documento datado de 25 de dezembro de 1896 [CC.Da 14/005 MHAB], com solicitação de lajões de calcário da citada pedreira, a ausência de equipamentos de suspensão adequados, limitavam as dimensões desses lajões.

Os xistos

Tão frequentes quanto, e em alguns casos predominando sobre as ocorrências de quartzitos, os xistos, sempre muito ricos em micas e outros minerais de hábitos planares, foram amplamente utilizados nas construções mineiras. Mostrando diferentes composições, estas rochas, que quase sempre ocorrem intercaladas com outros tipos, como os quartzitos, mostram colorações variando entre os tons cinza, verde e azul.

Extraídos, com frequência das mesmas serras dos quartzitos, recebem diferentes denominações por conta dos seus minerais constituintes. Podem ser albita-sericita-clorita-quartzo xistos, com muito ou nenhum carbonato, magnetita, epidoto e turmalina, ou albita-muscovita-quartzo-clorita xistos, com ou sem seixos de quartzitos, às vezes com granada, como os das portadas da Igreja de Nossa Senhora do Bom Sucesso, em Caeté. Podem apresentar finas bandas constituídas por carbonato mais quartzo, por clorita ou ainda por micas e cloritas, como nos das aplicações em construções em Caeté e no Serro; podem ser albita-sericita-carbonato-quartzo xistos, como em Sabará; podem ser verdes, mas com presença de bandas esbranquiçadas ricas em cristais de carbonato e de quartzo, como em Caeté e Sabará; podem ser serpentina xistos e clorita xistos, provenientes de pedreiras no entorno da Serra do Caraça e aplicados, por exemplo, em construções em Brumal e Catas Altas do Mato Dentro; podem ser sericita-quartzo xistos miloníticos, como em Itatiaia ou quartzo-clorita xistos, como os da região de Mata Cavalo, a oeste de Mariana; podem ser cianitagranada mica xistos[56] da Serrinha, próximo à Passagem de Mariana, ou sericita xistos do Morro de Santo Antônio, em Passagem de Mariana. Podem ser quartzo-clorita-muscovita xistos com magnetitas, extraídos nos arredores de Tiradentes e aí aplicados, assim como em edificações de São João d'El Rey. Encontra-se ainda uma grande variedade daqueles que, embora ri-

[54] Idem.

[55] LOPES. *Os Palácios de Vila Rica. Ouro Prêto no Ciclo do Ouro*, p. 24.

[56] Sobre a utilização desses xistos e sobre a presença da cianita e da granada consultar: COSTA et al. *Granada-cianita xistos com aplicação ornamental: exemplos da cidade de Mariana, Minas Gerais* e COSTA et al. *Rochas ornamentais e de revestimento: exemplos de aplicações de esteatitos, quartzitos, clorita- e granada-cianita xistos em monumentos históricos de Minas Gerais*, 2001.

cos em micas, melhor denominados seriam recebendo o nome de quartzitos sericíticos, como alguns dos materiais utilizados em algumas das construções em Mariana, por exemplo.

Nessas construções de Mariana e mais raramente em Ouro Preto, foram também empregados xistos, que frequentemente foram e ainda são confundidos com a pedra-sabão, por apresentarem colorações variando entre o verde, o azul e o cinza. Nas edificações de Mariana, predominam os cianita-granada mica xistos, com coloração variando de verde até verde azulados e que na coluna estratigráfica[57] do Supergrupo Minas, pertencem ao chamado Grupo Sabará. As peças produzidas com essas rochas, como praticamente todos os marcos de portas e janelas da rua Direita dessa cidade, foram obtidas a partir do retrabalhamento de blocos de dimensões variadas, selecionados nas encostas da Serra do Itacolomy, na região da Serrinha, localizada próxima à Passagem de Mariana. Em Ouro Preto, os xistos são verdes ou mostram coloração variando para tons de cinza esverdeado e diferenciam-se dos de Mariana por conta da presença de inúmeros pequenos cristais pretos de magnetita, dispersos ou concentrados em finas bandas. Extraídos na Serra de Ouro Preto, ocorriam intercalados com quartzitos do tipo Lajes.

Na região do Serro, encontram-se vários monumentos em cujas edificações foram utilizados blocos ou chapas de xistos, que apresentam colorações variando entre tons de verde, azul e cinza, e composições que incluem micas, talco, clorita e quartzo. Em diversas construções, esteios de madeira foram assentados sobre peças ou blocos de xistos. Encaixados nos blocos de pedra, não entravam em contato direto com o solo e a umidade, e assim mantinham-se protegidos. Ainda dentre os tipos pétreos, então disponíveis, foliados, mas também às vezes bandados, foi muito utilizada uma outra rocha, que localmente recebeu a denominação de *Pedra Cabo Verde*. Trata-se de uma rocha de coloração verde-escura, levemente foliada e de granulação fina. A respeito da denominação, comenta Nelson de Senna[58]: *as rochas eruptivas constituídas pela diábase negra, a qual em grande extensão recobre o território mineiro, em muitos pontos do Estado dá o nosso povo os nomes vulgares de cabo-verde, pedra de bronze e pedra de judêo*. No Serro, a *Pedra Cabo Verde* foi extraída *in situ*, na pedreira Centenária, localizada atrás da Capela de Nosso Senhor dos Passos, ou foram utilizados blocos que se encontravam nas encostas dos morros ou dispersos nos vales dos rios.

Rochas com alternância de bandas esbranquiçadas com aquelas de coloração cinza azulada, mas sem a foliação típica dos xistos, e onde as bandas esbranquiçadas são constituídas por cristais de carbonato e de quartzo, foram muito utilizadas na região do Serro, para a construção de bancos, revestimento de pisos e, com muito requinte, foram e ainda são empregadas na produção de fogões, bancadas e poltronas, como as peças que se encontram na casa da antiga Chácara do Barão do Serro.

Tanto a *Pedra Cabo Verde*, quanto esse tipo de rocha cinza azulada e rica em carbonato foram e ainda são confundidas com a pedra-sabão, novamente muito por conta das suas cores. Essas rochas são mais resistentes aos cortes e ao desgaste do que a pedra-sabão, exatamente por conta da presença do carbonato e de algum quartzo, este último sempre ausente na pedra-sabão.

Passando-se do Serro para a região de Diamantina, observa-se, nas construções do antigo Arraial do Tejuco, que os xistos foram aqui empregados, mas de forma muito subordinada em relação aos quartzitos. São verdes, normalmente com tons mais claros e quase sempre do tipo quartzo-sericita xistos, alguns contendo quantidades variáveis de cianita, clorita ou até mesmo de cloritóide. Foram muito utilizados como base de esteios de madeira, empregados na sustentação das edificações, como na Casa da Glória.

Os xistos foram ainda largamente empregados nas construções de Tiradentes e São João d'El Rey, tanto para a produção de elementos estruturantes, tais como bases, cunhais, pilastras e embasamentos, quanto daqueles voltados para a ornamentação. Com coloração variando desde o verde-claro até tons de verde mais escuro, por conta de conteúdos variados em minerais tais como a clorita, contêm ainda quartzo e, às vezes altos conteúdos em cristais de magnetita. Essas rochas foram extraídas de antigas pedreiras localizadas na região da Candoga, entre Santa Cruz de Minas e Tira-

[57] As colunas estratigráficas são utilizadas para a representação de sequências de rochas sedimentares, depositadas ao longo do tempo geológico. Para a região central de Minas, onde se localizam os seus principais sítios históricos, e também conhecida como Quadrilátero Ferrífero, assim denominada por conta de suas reservas de minério de ferro, as rochas de origem sedimentar pertencem a diversas formações geológicas que compõem grupos e estes constituem subdivisões dos supergrupos. O Supergrupo Rio das Velhas é constituído por sequências de rochas metavulcânicas e metassedimentares, denominadas *Greenstone belt*, de idade arqueana. Da base para o topo é composto pelo Grupo Nova Lima (rochas vulcânicas ultramáficas basais, sequência vulcano-sedimentar intermediária com caráter félsico até máfico e sequência químico-clástica superior) e pelo Grupo Maquiné (rochas quartzíticas, essencialmente). Por sobre este, e no tempo geológico, vem o Supergrupo Minas, constituído da base para o topo pelos sedimentos clásticos do Grupo Caraça (subdividido em Formação Moeda e Formação Batatal), pelos de origem química e bioquímica do Grupo Itabira (subdividido em Formação Cauê e Formação Gandarela), pelos clásticos do Grupo Piracicaba (subdividido em Formação Cercadinho, Fecho do Funil, Taboões e Barreiro) e pelos sedimentos do Grupo Sabará. Do ponto de vista das idades, pode-se dizer que os sedimentos do Sabará foram depositados há cerca de 2,2 bilhões de anos.

[58] SENNA. *Toponymia Geographica de origem brasílico-indigena em Minas Gerais*, p. 275-276.

dentes, ou ainda de pedreiras na região do Mangue, a caminho de Prados pela Serra de São José, onde com frequência as lajes do xisto ocorrem intercaladas com as do quartzito.

A pedra-sabão

A partir de uma comparação com os monumentos do barroco italiano e português, ou mesmo considerando-se monumentos do nordeste do Brasil, pode-se afirmar que a rocha calcária destes foi substituída em Minas Gerais pela pedra-sabão, identificada através da petrografia como esteatito. Por conta da facilidade com que pode ser trabalhada, foi utilizada essencialmente na arte estatuária e para a confecção de elementos de ornamentação.

Segundo German Bazin[59], a pedra-sabão foi utilizada em Minas Gerais a partir de 1755 para a escultura de monumentos em Vila Rica. A peça em pedra-sabão mais antiga seria o busto que se encontra na parte superior do Chafariz do Alto da Cruz, em Ouro Preto, e considerado um dos primeiros, senão o primeiro trabalho do tipo feito pelo Aleijadinho. No entanto, esse autor, de forma equivocada, descreve rochas de várias dessas construções históricas de Minas, como sendo tipos diferentes de pedra-sabão: *é cinza-azulado em Ouro Preto, mais escura em São João Del Rei, esverdeada em Sabará, o que fez com que lá ela fosse conhecida por "serpentina"*.

De fato, muitas dessas rochas descritas por Bazin são na verdade xistos verdes, contendo às vezes muito quartzo, micas ou só a clorita. Essas rochas, apesar de quase sempre se mostrarem com cores semelhantes às da pedra-sabão, não são tão maleáveis, quanto esta última, pela presença do quartzo. Esta presença inclusive faz com que essas rochas mostrem-se mais ásperas ao tato e sejam mais resistentes que a pedra-sabão.

A pedra-sabão é caracterizada pela presença do talco, que resulta de uma reação que consome a serpentina, em presença de quartzo, e libera água. Outros minerais podem acompanhar o talco e em quantidades muito variáveis. São eles: a própria serpentina, a clorita, o carbonato, anfibólios, óxidos, como a hematita e a magnetita e sulfetos, como a pirita e a calcopirita. As micas encontram-se ausentes em rochas desse tipo. Na comparação com as outras rochas, a presença do talco, da clorita e do carbonato contribuem para uma baixa absorção e porosidade da pedra-sabão.

[59] BAZIN. *A Arquitetura Religiosa Barroca no Brasil*. v. I, Livro I, Cap. V, p. 61.

Nessas rochas, o conteúdo em talco será um fator decisivo para a coloração das mesmas. Quanto maior for, mais claros e macios serão os tipos, que acabam sendo conhecidos como pedra talco. Exemplos da aplicação desse tipo podem ser encontrados nos medalhões da Capela de São Francisco de Mariana e no da Igreja de Santo Antônio de Tiradentes.

Para além desse tipo, ocorrem aqueles com conteúdos mais elevados em clorita, serpentina e carbonatos, com modificações nas propriedades tecnológicas da rocha, como na sua dilatação térmica linear e nas colorações. Nesses casos a rocha pode mostrar diferentes tonalidades de verde, azul e cinza, e as estátuas dos profetas de Congonhas do Campo são os seus melhores exemplos.

Os serpentinitos e clorita xistos

Erroneamente, serpentinitos, serpentina xistos e ainda alguns clorita xistos são tidos na literatura que trata de descrever monumentos de Minas construídos com a utilização da pedra, como sendo tipos de pedra-sabão, a exemplo de descrições para monumentos em Sabará, Caeté, Barão de Cocais, Santa Bárbara e Catas Altas. Em alguns casos, equívocos encontram-se registrados em textos que descrevem áreas de ocorrência dessas rochas, tal como na obra *Bi-Centenário de Ouro Prêto*:

> *toda a zona comprehendida entre serras do Itaverava e Itatiaia, para quem passa por Santa Rita, é constituída de rocha serpentinosa. Esta rocha chamada vulgarmente pedra de sabão, é o ultimo termo da transformação de uma rocha de olivina de ferro chromado, denominada Dunita, rocha matriz da platina, encontrada na chácara do Caraça, na base norte da serra do Caraça, no caminho para Catas-Altas*[60].

Nesta descrição, o processo corresponde ao da formação da serpentina e dos serpentinitos, e que nada tem a ver com a do talco, mineral característico da pedra-sabão. Aqui o equívoco encontra-se na descrição das jazidas, ou locais onde essas rochas estariam aflorando. Na região de Santa Rita as ocorrências são de fato de pedra-sabão, mas na do Caraça é de serpentinito e de clorita xistos.

Aflorando no lado leste da Serra do Caraça, no vale do Rio Quebra Ossos, ou nas proximidades de Brumal, antigo Brumado, ou ainda nos arredores de Caeté, os

[60] Em *Bi-centenário de Ouro Prêto 1711 – 1911: memória histórica*, editado pela Imprensa Official do Estado de Minas Geraes, p. 99.

serpentinitos, os serpentina xistos e clorita xistos foram as únicas rochas totalmente verdes utilizadas nas construções em Catas Altas, Santa Bárbara, Cocais, Barão de Cocais e ainda em Caeté e Sabará.

Alguns clorita xistos utilizados correspondem a produtos das transformações de rochas básicas, que ocorrem na forma de diques, ou como metagabros, semelhantes àqueles que ocorrem em uma faixa que bordeja a escarpa sul da Serra de São José, na região de Tiradentes, fazendo parte do embasamento da Megassequência São João d'El Rey.

Os granitos e gnaisses

Os granitos, apesar de abundantes, foram muito pouco utilizados na arte da escultura ou na produção da cantaria trabalhada nas Minas Gerais dos séculos XVIII e XIX. Tiveram maior aplicação nas alvenarias. A raridade mencionada explica-se por conta da composição dessas rochas, onde resistentes cristais de feldspato e de quartzo tornavam difíceis, à época, tanto cortes, quanto beneficiamentos. Com granulação variando de fina até grossa, às vezes mostrando alguma foliação, essas rochas contêm quase sempre algum mineral escuro, tal como a biotita, o anfibólio, a granada, ou o piroxênio, e ainda diminutos grãos de minerais opacos, como óxidos de ferro. Seja pela presença de feldspatos róseos ou esverdeados, seja pela alteração dos cristais de óxidos de ferro, podem mostrar extensa variação cromática. Nestes casos, a coloração cinza esbranquiçada pode ser modificada e as cores podem variar entre o laranja, o marrom claro, o rosa e o vermelho. São esses tipos amarelados ou esbranquiçados os encontrados em diversos monumentos de Cachoeira do Campo, de Congonhas do Campo e de Prados.

Com composições quase sempre graníticas, e portanto tão resistentes quanto os granitos, os gnaisses[61] apresentam separações de feldspatos e quartzo de um lado e minerais escuros de outro, formando assim bandas esbranquiçadas e pretas, que se alternam. Feldspáticos ou sericíticos, de granulação fina até grossa, foram igualmente pouco utilizados na cantaria e na ornamentação dos antigos sítios históricos de Minas. As colunas da Igreja Matriz de Baependy, detalhes do frontispício da capela do distrito de Lobo Leite, de igrejas e capelas da cidade de Itabirito e no distrito de Cachoeira do Campo, constituem alguns dos raros exemplos dessas aplicações.

Por outro lado, já na passagem do século XIX para o XX, a construção da nova capital da Província de Minas Gerais, em terras da Fazenda do Leitão, no antigo arraial do Curral Del Rei, teve nas abundantes ocorrências de gnaisses aflorantes no arraial, a sua principal fonte de fornecimento de rochas a serem utilizadas, tanto nas cantarias, quanto nos alicerces e alvenarias das edificações de Belo Horizonte. Segundo o padre Francisco Martins Dias[62], Belo Horizonte era em 1897 *um contraste de velharias e novidades: ao pé de uma cafua de barro, coberta de capim ou zinco, elevava-se um edifício elegante e sólido*. Esta solidez foi conferida pela utilização do gnaisse, como atestam: o edifício do Palácio da Liberdade, alguns dos prédios das antigas secretarias da Praça da Liberdade e a antiga entrada da Estação Ferroviária, que hoje abriga a do Museu de Artes e Ofícios.

O Obelisco da Praça Sete de Setembro: extração e beneficiamento da rocha; transporte e instalação do monumento

Na sequência, vista parcial da pedreira localizada em Capela Nova Betim de onde foi extraído o gnaisse, com o qual foi construído o obelisco, popularmente conhecido como Pirulito, e aqui representado por sua parte superior. As peças foram trazidas para Belo Horizonte de trem até a estação da Lagoinha e depois transportadas em prancha puxada por dois bondes até a praça, onde ocorreu a colocação do citado obelisco. Inaugurado em 07/09/1924, em comemoração ao centenário da Independência, encontra-se atualmente em seu local original de instalação, após ter sido transferido para outro local. [COLEÇÃO: HELIO GRAVATÁ – MHAB: HG.FOT.1924-007; 22,8 x 16,3 cm; HG.FOT.1924-013; HG.FOT.1924-003].

[61] Rocha de composição quase sempre granítica, difere-se dos chamados granitos por apresentar estruturas definidas pela presença alternada de bandas claras e escuras, contínuas ou interrompidas. Geologicamente, constituem as rochas dos chamados embasamentos granito-gnáissicos, que em Minas são quase sempre mais velhos que 2,6 bilhões de anos.

[62] Documento citado. In: JULIÃO. Velhos Horizontes. *Um Ensaio sobre a moradia no Curral Del Rei*, p. 35.

xistos verdes

pedra-sabão
quartzito azul
quartzito itacolomy
quartzito lajes

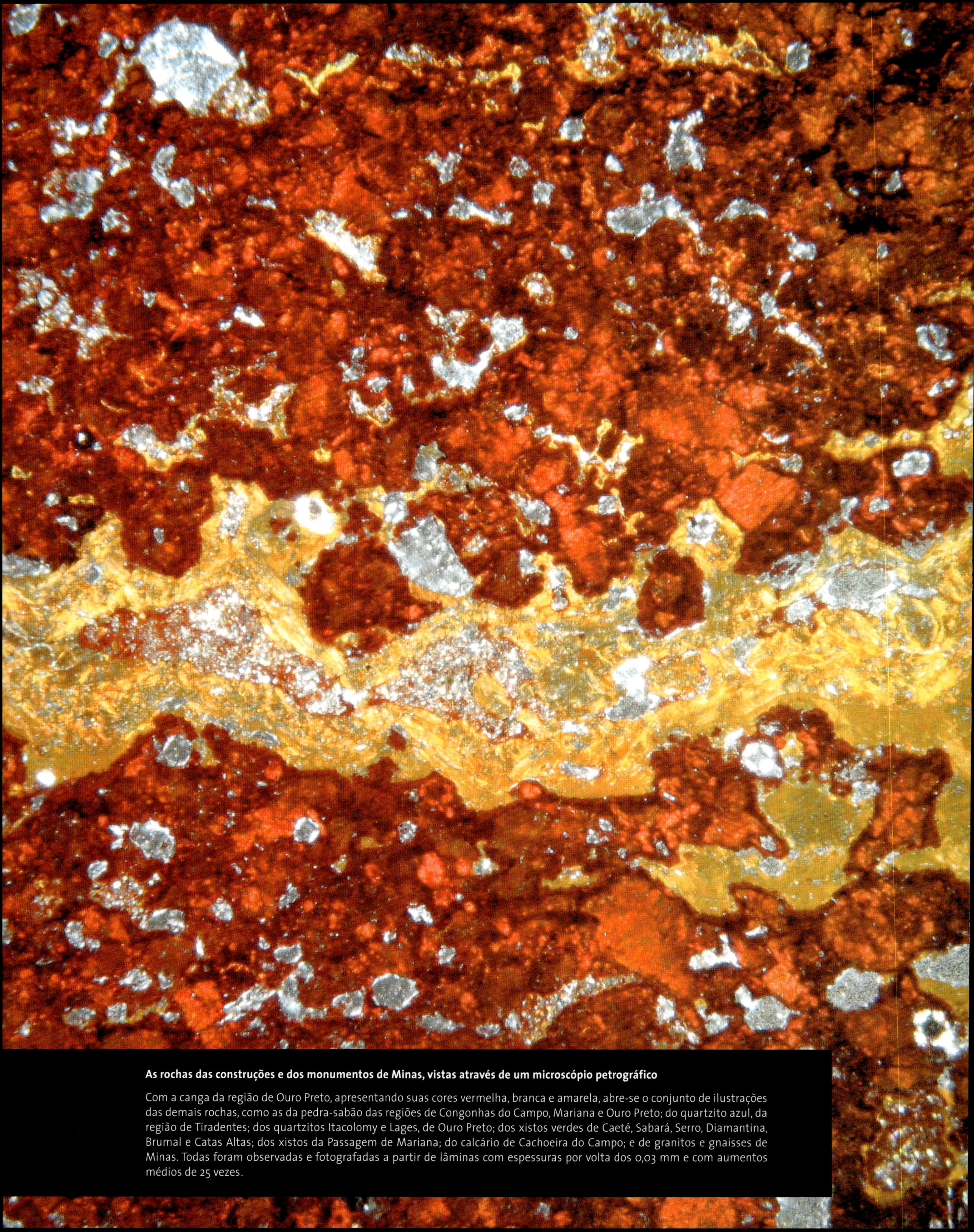

As rochas das construções e dos monumentos de Minas, vistas através de um microscópio petrográfico

Com a canga da região de Ouro Preto, apresentando suas cores vermelha, branca e amarela, abre-se o conjunto de ilustrações das demais rochas, como as da pedra-sabão das regiões de Congonhas do Campo, Mariana e Ouro Preto; do quartzito azul, da região de Tiradentes; dos quartzitos Itacolomy e Lages, de Ouro Preto; dos xistos verdes de Caeté, Sabará, Serro, Diamantina, Brumal e Catas Altas; dos xistos da Passagem de Mariana; do calcário de Cachoeira do Campo; e de granitos e gnaisses de Minas. Todas foram observadas e fotografadas a partir de lâminas com espessuras por volta dos 0,03 mm e com aumentos médios de 25 vezes.

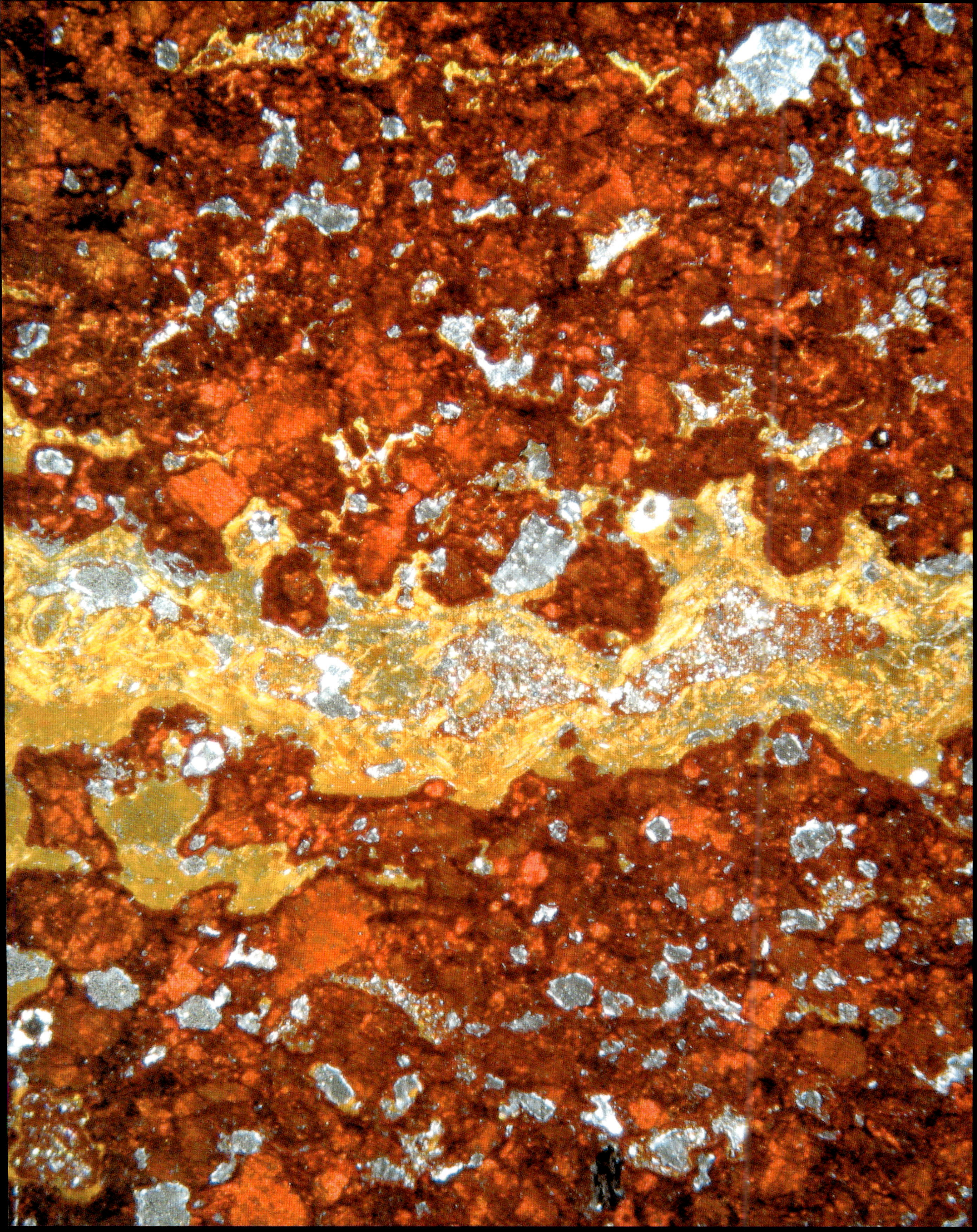

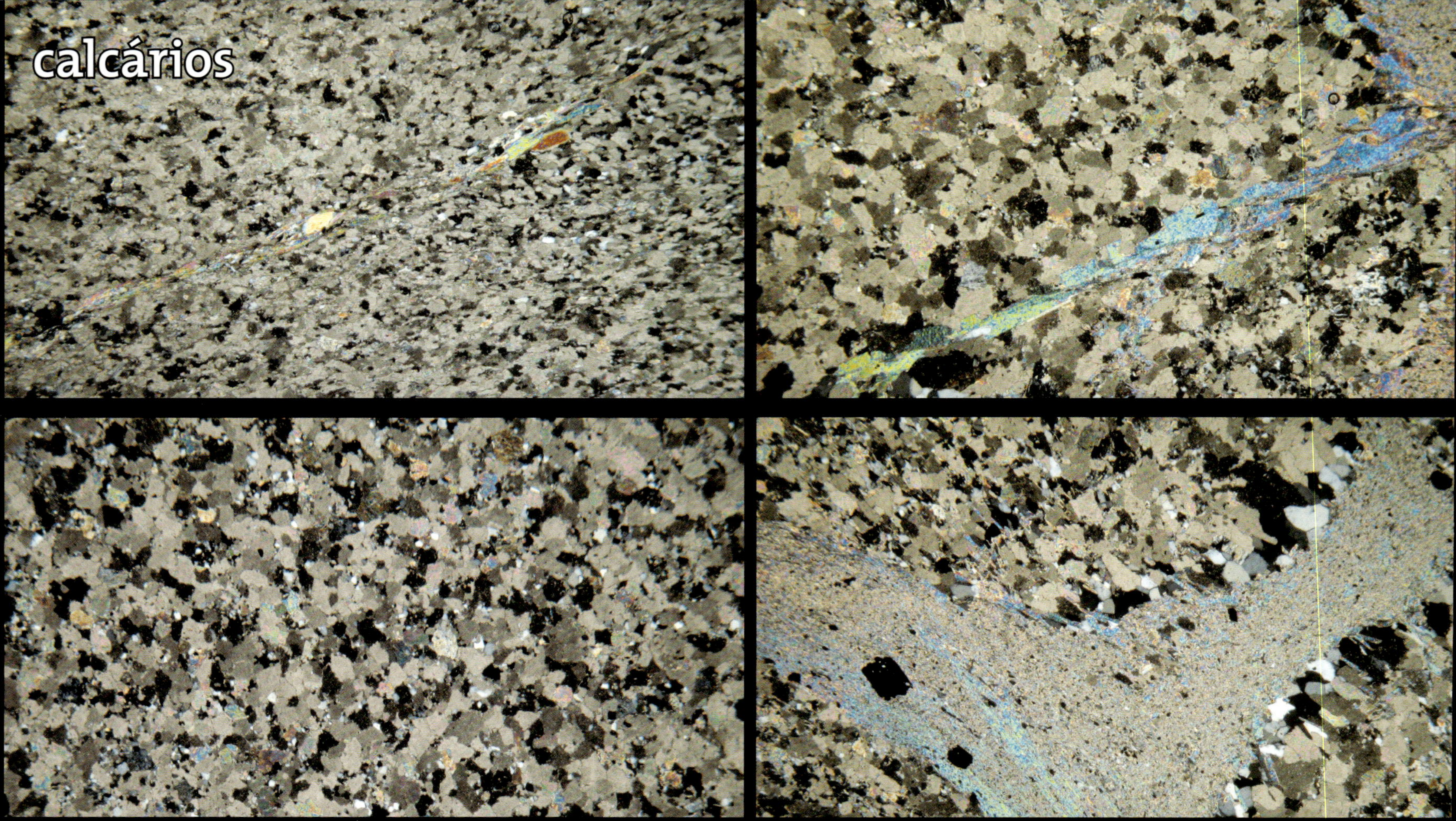
calcários

granitos e gnaisses

xistos da
passagem

Quartzitos ornamentais

Aplicações de quartzitos com diferentes padrões cromáticos e texturais, na produção de ombreiras e vergas de portas e janelas de construções históricas de Minas.

Xistos ornamentais

Aplicações de xistos na produção de pias, ornatos, assim como ombreiras e vergas de portas e janelas de construções históricas de Minas, apresentando diferentes padrões cromáticos.

Granitos e gnaisses ornamentais

Aplicações de tipos na produção de ombreiras e vergas de portas e janelas de construções históricas em cidades de Minas Gerais e do Rio de Janeiro, com padrões cromáticos não muito diferentes, mas com estruturas e granulações muito diversas.

Vilas e cidades mineiras

Para se poder tratar da utilização das rochas nas construções mineiras, há que tratar primeiro do processo de criação da Capitania de Minas Gerais, da implantação de seus arraiais, de suas vilas e de suas cidades, bem como de alguns dos seus mais antigos símbolos de identidade e de demarcação de sua territorialidade. Embora sejam muito raros, vestígios desses símbolos construídos em pedra podem ainda ser observados, aí incluídos os marcos de sesmarias, pelourinhos e suas primeiras capelas, bem como de seus mais antigos caminhos, datando dos primeiros tempos de sua implantação.

Morro São João, no antigo Arraial do Ouro Fino, é tida como a mais antiga. Teria sido construída por volta de 1698 pelos participantes das Bandeiras de Antônio Dias e Padre Faria. A atual edificação resulta de uma reconstrução ocorrida por volta de 1743. Mostra corpo da igreja distinto da capela-mor, sendo que na junção as paredes se curvam. Tem cimalha de cantaria e cunhais de alvenaria de pedra argamassada. No seu entorno apresenta típico mata-burros construído em pedra quartzítica.

Em data anterior a 1740, foi construída a *Capela de Santa Ana*, localizada no Morro de Santana. Encontra-se

O *Mundéu* da Piedade

Como nas primeiras construções de Vila Rica, o *Mundéu* da Piedade foi construído com blocos de canga e tinha por finalidade a produção de ouro a partir da coleta e decantação de águas e lamas auríferas. Instalado na encosta da Serra de Ouro Preto, como os do Veloso, constitui-se no único exemplar que resistiu à desordenada ocupação das encostas desta serra.

também em local do primitivo arraial e sobreviveu ao incêndio ordenado pelo Conde de Assumar. Tem fachada em pedra, reconstruída em 1799 por João de Caldas Bacelar, e campanário axial, que é típico do século XIX[7]. Assim como a de São João também apresenta mata-burros em quartzito e muros de canga.

A *Capela de Nossa Senhora da Piedade*, construída no antigo Arraial do Ouro Podre, ou Arraial de Pascoal da Silva, incendiado[8] em 1720 com a revolta de Felipe dos Santos é das mais novas e traz a data 1720 inscrita em sua cruz. A denominação de Ouro Podre foi dada ao local trabalhado pelo mascate Pascoal da Silva Guimarães, e como consequência da facilidade com o que o ouro se desprendia da rocha. Ainda hoje o morro é também conhecido como o Morro do Pascoal. Esse centro de mineração foi o escolhido pela administração da Metrópole para ser a sede da vila que recebeu o nome de Vila Rica de Nossa Senhora do Pilar de Albuquerque, em 11/07/1711[9] e cujo termo abrangia os arraiais de P^e^. Faria, Antônio Dias, Paulistas, Bom Sucesso, São João, Ouro Podre, Taquaral, Sant'Ana, Piedade, Ouro Preto e Caquende. Na Capela, destacam-se os dois campanários construídos em quartzito Itacolomy. À sua esquerda, encontra-se o que sobrou de um dos inúmeros *mundéus*[10] construídos nas encostas da Serra de Ouro Preto. Tanto o *mundéu*, quanto a capela foram construídos com a utilização de um tipo de rocha muito encontrada naquela área, que é a canga.

A *Capela do Bom Jesus das Flores* foi construída nos arredores de Vila Rica, em local conhecido como Taquaral, situado no caminho para Mariana. Datada de 1748, foi reedificada em pedra, e apresenta belas pinturas no forro da sua nave, o que a diferencia das demais. Apesar disso, mantém externamente o mesmo estilo das demais capelas, incluindo seus dois campanários arqueados e construídos de quartzito Itacolomy. Em seu interior, encontra-se um arco-cruzeiro igualmente construído do mesmo quartzito, mas de coloração esbranquiçada e que mostra em sua base bandamento de coloração cinza. Destaca-se nessa capela o púlpito de madeira que apresenta uma bela base em cantaria de quartzito Itacolomy trabalhado.

Assim como a do Bom Jesus, a *Capela de São Sebastião* também deve ter sido construída ou transferida após 1720. Localizada atualmente em um ponto mais a leste da Serra de Ouro Preto, teria sido construída inicialmente no Arraial do Ouro Podre.

Completando o conjunto de capelas da primeira metade do século XVIII, a Capela de Nossa Senhora do Rosário de Antônio Dias ou do Padre Faria, cuja construção é anterior a 1740, foi edificada em pedra seca e canga. Tem em seu adro uma cruz pontifical em quartzito Itacolomy e em seu interior um lavatório igualmente lavrado neste quartzito. Segundo Diogo de Vasconcellos o cruzeiro, datado de 1756, constitui um monumento erigido em honra ao Papa Pio VI pelas graças especiais e privilégios concedidos à capela.

[7] BAZIN. *A Arquitetura Religiosa Barroca no Brasil*, v. II, p. 65.

[8] CARRAZZINI. *Guia dos Bens Tombados Brasil*, p. 228.

[9] Criada pelo Governador Albuquerque em 08/07/1711. In: LIMA JÚNIOR. *Cláudio Manoel da Costa e seu poema Vila Rica*. 1969, p.123;

[10] Mundeo: estrutura construída nas encostas de morros, como nos da Serra de Ouro Preto, com a função de recolher a lama de onde era posteriormente separado o ouro. Nos morros de Vila Rica, foram construídos com blocos de quartzito e de canga.

As primeiras capelas de Minas

Construídas na primeira metade do século XVIII, constituem testemunhos quase que únicos do início da ocupação da região central das *Minas Geraes*.

Outras construções desse período, edificadas com fins residenciais e ou de demarcação e com o uso da pedra, principalmente da canga, apesar de arruinadas, resistem. Seus vestígios podem ainda ser observados em pontos do Morro da Queimada, denominação dada à região destruída pelo incêndio ordenado pelo Conde Assumar, assim como no alto do Morro de São João.

Em um outro morro de Vila Rica, o de Santa Quitéria, atual Praça Tiradentes de Ouro Preto, foi nesse tempo edificado um posto de controle militar, por determinação do Conde de Assumar, o último *Governador da Capitania de São Paulo e Minas do Ouro*[11]. O ponto era considerado estratégico, pois o morro, até então revestido de *frondoso arvoredo*[12], separava o Arraial de Antônio Dias do Pilar do de Ouro Preto. Dessa construção não sobraram registros, pois, em 1741 e por ordem do Governador Gomes Freire de Andrade[13], o Conde de Bobadela, a mesma foi transformada no que passou a ser chamado de Palácio dos Governadores, que até então residiam na vizinha Vila do Carmo, em casas cedidas ou, ainda, no antigo Palácio de Campo de Cachoeira do Campo[14]. Essa nova edificação é considerada como sendo uma das primeiras edificações em alvenaria na região das minas e o risco é do sargento-mor José Fernandes Pinto de Alpoim.

A partir de então, segundo descreve Cerqueira Falcão:

> (...) *modificou-se a estrutura dos prédios que se foram erguendo. A lage do morro, o itacolumito e a pêra-sabão, três ótimos materiais fáceis de obter nas redondezas, sobrepujaram o barro primitivo, permitindo a edificação e ornamentação indestrutíveis de soberbos monumentos, dignos de admiração ainda hoje. O casario cresceu e expulsou o mato intermediário, ligando sem solução de continuidade os primeiros arraiais.*

O Palácio dos Governadores da Capitania de *Minas Geraes*

Ocupando posição estratégica no Morro de Santa Quitéria [parte superior da ilustração], esta construção pode ser considerada como uma das primeiras edificações em alvenaria na região das minas [IEB/USP].

[11] Até 1709, a região das minas integrava a Capitania do Rio de Janeiro e destaca-se a administração do Governador Artur de Sá e Menezes. Por conta da Guerra dos Emboabas, foi criada a *Capitania de São Paulo e Minas do Ouro*. Seu primeiro governador foi Antônio de Albuquerque Coelho de Carvalho e o último foi D. Pedro de Almeida e Portugal, o Conde Assumar (1717 a 1721). Em 1720, foi desmembrada da de São Paulo e passou a ser denominada *Capitania das Minas Geraes*.

[12] Sylvio de Vasconcellos contesta a existência dessa frondosa floresta, que, no entanto é defendida por Augusto de Lima Júnior. Antônio Pires da Silva Pontes Leme, nas *Memórias sôbre a utilidade pública*, descreve a região entre Vila Rica e o Serro como constituída por vales cobertos por florestas. In: *Revista do Arquivo Público Mineiro*, Ano I, p. 420.

[13] Gomes Freire assumiu o governo da Capitania de Minas em 1735.

[14] Em *Bi-centenário de Ouro Prêto 1711 – 1911: memória histórica*, editado pela Imprensa Official do Estado de Minas Geraes, encontra-se uma fotografia do local onde fora construído o Palácio do Visconde de Barbacena, em Cachoeira do Campo, também conhecido como casa do recreio dos Capitães Generaes.

Em outras vilas e arraiais de Minas, como a Vila Rica de Nossa Senhora da Conceição do Sabará, de 1711, a Vila de São João Del Rey, de 1713, a Vila Nova da Rainha (Caeté), de 1714, a Vila do Príncipe (Serro), de 1714 e a Vila de São José do Rio das Mortes, de 1718, foram edificadas *agradáveis vivendas e suntuosas igrejas, custeadas pelos rendosos lucros da mineração*[15].

As rochas nos caminhos e nos calçamentos das Vilas e Cidades das Minas

Competia às Câmaras acolher e analisar pedidos ou tomar a decisão da construção e da conservação de calçadas e de caminhos, incluindo suas pontes, muros e abrigos. Uma vez que os pedidos e projetos fossem aprovados pelos respectivos Senados e recebessem, quando necessária, a sanção real, eram essas instâncias que deveriam arcar com todas as despesas envolvidas. Em algumas situações, cabia a particulares arcar com as ditas despesas. Das condições[16] com que foram arrematadas a pintura do Pelourinho de Vila Rica e a construção de sua calçada, levadas a praça pública em 20/04/1748, constava a seguinte: 2ª. *Será obrigado o Rematante a calçar todo o novo Pelourinho em roda cuja calçada será de dose palmos da sapata para fora cuja calçada será feita de Seycho do Corgo do Calháo e será na ultima perfeição e segurança que requer a mesma obra.*

Entre fins do século XVII e o final do primeiro quartel do XVIII, foram construídos os primeiros e mais importantes caminhos na região das minas ou para as minas. Dentre esses, os caminhos *Velho* e *Novo*, também conhecidos como as *Estradas Reais para as minas* a partir

As rochas nas benfeitorias e nas pavimentações remanescentes dos antigos caminhos para as minas

Destaques para remanescentes de calçamentos em trechos dos caminhos *Velho* e *Novo* na *Serra do Deus-Te-Livre* [Ouro Branco], trechos de outros caminhos em Tiradentes e Diamantina e de benfeitorias como a do antigo Registro do Paraibuna, mandado construir na divisa entre as capitanias de Minas Gerais e Rio de Janeiro.

[15] CERQUEIRA FALCÃO. *Relíquias da Terra do Ouro*, p. 30.

[16] Livro da Câmara de Ouro Preto. In: *Revista do Arquivo Público Mineiro*. Anno VI. Bello Horizonte: Imprensa Official de Minas Geraes, Fascículo II, abril a junho de 1901. Documentos Históricos IV. p. 597.

de São Paulo e do Rio de Janeiro, mereceram toda a atenção, pois constituíam as principais vias de escoamento do ouro e dos diamantes. Na construção do *Caminho Novo*, as obras ficaram a cargo de particulares e foram assinados contratos, como o de 22/10/1698, entre Garcia Rodrigues Paes e a Coroa portuguesa. Em contrapartida aos gastos pessoais, eram concedidas autorizações para cobranças diversas e direitos de comercialização ao longo dos trajetos, e o construtor podia ainda ficar na lembrança real. Sobre os caminhos, a maior parte não passava de picadas e os calçamentos só eram feitos nas subidas e descidas das serras, às vezes acompanhados de muros de proteção em curvas muito perigosas, como era no caso da do trecho do *Caminho Novo* na encosta da *Serra do Deus-Te-Livre* ou de Ouro Branco. Aqui, tanto o calçamento, quanto o muro, foram construídos em quartzito retirado da própria serra[17].

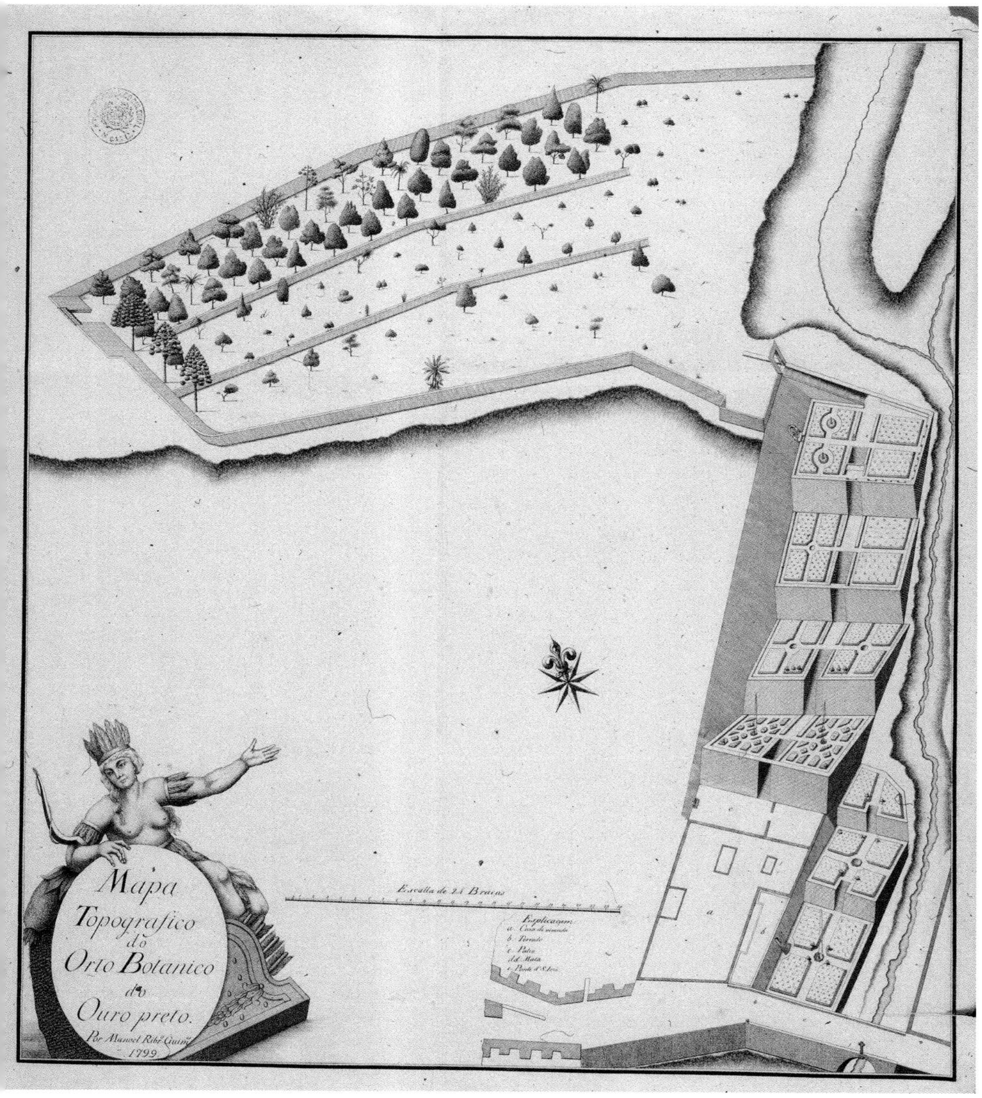

A Ponte de São José, em Ouro Preto

Representação na parte inferior direita do *Mapa Topográfico do Orto Botanico do Ouro Preto. Por Manoel Ribr.º Guim.*[es] *1799* [AHU - Projeto Resgate].

Nos pontos em que as *Estradas Reais* cruzavam as fronteiras entre capitanias foram construídos *Registros* para as necessárias cobranças de impostos e outras benfeitorias para maior comodidade de oficiais e soldados, como aquelas descritas em uma Ordem Régia de 06/11/1717, para a região de Paraibuna, na divisa de Minas com o Rio de Janeiro:

> (...) *a pouco custo se poder fazer hum Recinto em que possão recolher se os Soldados e bastará q' este se fabrique de terra,* (...) *de que o pais ter abundante enão menos de pedra quando seja necessário fabricar se della que as* (...) *que produzirá este jenero de fortificação serão* (...) *os soldados e officiaes com maior respeito, não só com os que fizerem passagem por aquella passagem por aquella parte conduzino cargas, e negros* (...).

As pontes

Para a construção das pontes, seja ao longo dos caminhos, mas também no interior das vilas e cidades, seguia-se o mesmo ritual de arrematação das demais obras. Do conjunto de condições impostas a quem obtivesse os respectivos direitos de construção sempre faziam parte as descrições dos materiais que deveriam ser utilizados, tais como: quartzito das lajes para os assentos, cascalho de córrego para os enchimentos, lajes de pedra Itacolomy para capeamento, pedra do Itacolomy lavrada para capeamento, moirões de pedra do Itacolomy, pedra de cantaria rija do Itacolomy. No caso da construção da ponte sobre o Córrego do Caquende ou do Rosário, em Vila Rica, obrigava-se o arrematante a fazer a calçada da dita ponte de *pedra dura de seixos e lages ao tição e por nenhum caso lhe metera Tapinuacanga por que não serve para semelhante obra*. Já no caso da Ponte de Antônio Dias (Cód. 51-C.M., fl 253/APM), também conhecida como Ponte de Marília, era o arrematante obrigado a fazer entre outros: *dois Arcos que mostra a planta de Pedras de cantaria do Tacolumy rija e esta será lavrada de Picão miúdo e a Crux de pedra de Itacolomy lavrada, com sua base da mesma pedra*. Essa obra foi arrematada por Manoel Francisco Lisboa e as condições para sua construção foram tornadas públicas em agosto de 1755.

A mais antiga das pontes de Ouro Preto, a ponte de São José, que após 1802 ficou também conhecida como a Ponte dos Contos, foi construída durante o segundo governo de Gomes Freire de Andrada, à frente da Ca-

[17] COSTA. Os Caminhos do Ouro e a Estrada Real. In: COSTA (Org.) *Roteiro Prático de Cartografia: da América portuguesa ao Brasil Império*, p. 85-91.

pitania de Minas Gerais. Arrematada por Antonio Leite Esquerdo, em 8/04/1744, sua construção levou oito meses e iniciou-se pelo levantamento de dois grandes paredões de pedra grossa com alicerces profundos. Segundo descrição de Feu de Carvalho, após a construção dos alicerces,

> *foi posta uma fiada de cantaria, em rigoroso nível, para, em cima da mesma, firmar a volta do arco, o qual tem de largura trinta palmos, como indicava o risco, sendo as aduelas do arco de cantaria com grossura determinada, assente com cal e areia. Assim feitos até o nível da rua, levou pela parte de fora, pelas beiradas, outra fiada de lages de cantaria, servindo de soleira do parapeito. Esse parapeito tinha de grossura três palmos, com assentos na fórma indicada pelo risco, levando s significativa e indispensável cruz no meio da ponte. Terminada a obra, a ponte foi toda calçada com pedra grossa e dura.*

Normalmente, nas calçadas das pontes, o assentamento das pedras era feito em barro, o que facilitava o escoamento das águas pluviais, que assim iam ter a *boeiros embutidos na fiada do lageado que se achava localizada por baixo dos parapeitos.*

Entre 1839 e 1860, com a construção da *Estrada da Corte*, nova ligação entre Ouro Preto e a cidade do Rio de Janeiro, mas que em muitos trechos valeu-se do antigo traçado do *Caminho Novo*, também designado de *Estrada Real do Rio de Janeiro para Vila Rica*, foram executadas inúmeras novas obras com extenso uso da pedra, tais como pontes e estações, enquanto algumas outras, como a antiga Ponte do Paraibuna, na divisa com a Província do Rio de Janeiro, foram reconstruídas em pedra.

No trecho dessa *Estrada da Corte*[18], compreendido entre Ouro Preto e Ouro Branco, tanto o antigo traçado da *Estrada Real*, que passava por Tripuí, Capão do Lana e Lavrinha, antes da descida da *Serra do Deus-Te-Livre*

A ponte de madeira do Paraibuna, na divisa de Minas com o Rio de Janeiro

Após incêndio provocado por revoltosos durante a Revolução Liberal de 1842, essa ponte de madeira foi substituída por uma de pedra [BN - Ilustração de Rugendas. In: Malerische Reise in Brasilien, 1ª Div. PL 17].

[18] COSTA. Os Caminhos do Ouro e a Estrada Real para as Minas, In: COSTA (Org.) *Roteiro Prático de Cartografia: da América portuguesa ao Brasil Império*, p. 144.

As serras e pontes da antiga *Estrada da Corte*,no trecho entre Ouro Preto e Ouro Branco

Dentre as pontes construídas em meados do século XIX, no novo traçado para a *Estrada da Corte*, posteriormente abandonado e que em nada tinha a ver com o traçado da antiga *Estrada Real*, destacam-se a Ponte da Lavrinha, já quase no alto da *Serra de Deus-Te-Livre* e as pontes da Caveira [terceira ilustração de cima para baixo] e do Calixto. Construídas em momentos distintos da implantação da nova ligação entre Ouro Preto e a cidade do Rio de Janeiro, estas pontes apresentam técnicas de alvenaria semelhantes, com a utilização de argamassa, mas mostram estilos diversos, sendo a do Calixto a única a não mostrar a utilização do arco pleno em sua edificação [ilustração na parte inferior, à esquerda]. Para comparação vê-se o arco por sob o Aqueduto de Catas Altas [ilustração na parte inferior, à direita], que dava passagem à *Estrada Real*, no trecho que ligava Ouro Preto a Diamantina. Neste último caso a técnica empregada foi a da alvenaria de pedra seca, onde os blocos foram assentadas e justapostos sem a utilização de argamassas.

[Ouro Branco], quanto um novo proposto pelo engenheiro Roberto Francisco Bernhauss, passando por Itatiaia e alcançando Queluz sem passar por Ouro Branco, foram abandonados. O engenheiro Halfeld optou por um novo traçado e por transpor as serras, mas em condições mais favoráveis. Já na saída de Ouro Preto, o traçado da antiga *Estrada Real* foi abandonado e, após passar pelo Rio Funil, tomava a direção do Sítio de Manoel Alves, também conhecido como Rancharia. Em seguida, a estrada transpunha o Ribeirão do Falcão e prosseguia por Caveira, Bico de Pedra e Fundão. Alcançando a *Serra do Deus-Te-Livre*, passava por Lavrinha, Alto do Morro e, após a descida da serra, por Mata Cavalos, passava por Pé da Serra, antes de alcançar o Arraial de Ouro Branco. Para evitar gastos com uma ponte no Funil, a opção foi alterar o traçado original e a estrada passou a ter Saramenha como ponto de partida. Construídas as pontes do Falcão, da Caveira e a da Lavrinha, o trecho foi abandonado e a estrada tomou um novo rumo pelos campos da Alegria, pela Garganta da Serra do Itatiaia, alcançando Ouro Branco, após passar pela fazenda Pé do Morro. Neste novo percurso foram construídas as Pontes do Calixto, e de Tabões, entre outras menos importantes.

Na construção dessas pontes, foram utilizadas placas e blocos de dimensões variadas de quartzitos, amarelos, esbranquiçados e avermelhados, assim como placas e blocos de xistos mais ou menos quartzosos e de coloração variando entre tons de verde, cinza e azul, todos aflorantes ao longo do trajeto da estrada. A técnica de alvenaria empregada foi a mesma em todas elas, envolvendo sempre a utilização da pedra e de argamassas de cal com areia, assim como a intercalação de pedras de dimensões maiores e menores. Mas existem diferenças entre elas. Da comparação entre as pontes da Caveira e do Calixto, a primeira mostra mais argamassa que a segunda, que por sua vez mostra uma maior homogeneidade em termos de tamanhos para os blocos de rocha empregados. Ao contrário das outras pon-

Tipos e técnicas de calçamentos nas vilas e cidades

Jean-Baptiste Debret, pintor francês que chegou ao Brasil juntamente com a Missão Francesa em 1816, foi quem melhor representou as técnicas de aplicação das placas de rochas nos calçamentos da cidade do Rio de Janeiro, através de sua pintura intitulada: *Paveurs* ou *Calceteiros de vias públicas*, de 1824 [MEA 0234 – Aquarela: 17,1 x 21,1 cm]. Além das chapas ou lajes de rochas, fragmentos irregulares e os seixos, de quartzo e de quartzitos diversos, foram muito utilizados, como nos calçamentos de Ouro Preto, Sabará, Caeté e Diamantina, em Minas Gerais.

tes, que apresentam arcos plenos, na do Calixto os dois vãos existentes resultam do assentamento de grandes chapas de quartzito sobre pilastras construídas com a utilização de blocos aparelhados e regulares do mesmo quartzito, às vezes calçados por pequenos pedaços da mesma rocha, sempre em meio a alguma argamassa.

Os calçamentos

Já no interior dos arraiais, das vilas e das cidades, as primeiras calçadas foram construídas com a utilização de lajes de quartzitos, como no antigo Arraial do Tejuco ou em Vila Rica. Também muitas foram aquelas construídas com a utilização de seixos rolados, encontrados nos leitos de córregos e rios, ou associados com sedimentos em suas margens. Algumas dessas calçadas apresentam faixas ou passeio centrais construídos com lajes, que por conta disso são conhecidas como capistranas.

Posteriormente, essas lajes e os seixos foram substituídos na pavimentação por pequenos blocos com alguma regularidade, que eram mais resistentes às passagens dos carros de bois e de animais com ferraduras e também por apresentarem alguma comodidade para os pedestres. Havia ainda uma grande preocupação com a qualidade da pedra, pois era sempre grande o risco de as calçadas serem arruinadas pela ação das águas pluviais e outras.

Em Ouro Preto, esses blocos ou paralelepípedos, utilizados na substituição das placas e seixos, foram produzidos a partir do beneficiamento de material gnáissico, de composição granítica, em boa parte aflorantes na região da antiga Queluz de Minas, hoje Conselheiro Lafaiete.

Lajes de quartzitos e de xistos, bem como seixos dessas rochas ou de quartzo, foram também muito utilizadas na pavimentação de pátios e corredores de fazendas e de residências. Constituem referências desse tipo de calçamento o do pátio localizado no interior da Casa dos Contos de Ouro Preto, o da área situada aos fundos do casarão que abriga o Museu Regional de Caeté, o do pátio do Museu do Ouro em Sabará, dentre vários outros exemplos.

As rochas de marcos e símbolos das Minas

Os marcos de sesmarias

Nas justificativas para a fundação de Vila Rica, de 11/07/1711[19], existe a determinação para que esta tenha

[19] VASCONCELLOS. *VILLA RICA Formação e Desenvolvimento - Residências*, p. 32. Ainda em 1714 foi solicitada a elevação de Vila Rica à categoria de cidade. O pedido foi encaminhado a D. João V, mas desaconselhado pelo Governador Gomes Freire. A perda de seus direitos de propriedade sobre a terra, o que aconteceria com uma eventual emancipação, levou o rei a não aceitar o pedido. Esta regra era igualmente válida em Portugal e, em princípio, só eram concedidas emancipações ou tornadas livres as terras onde fossem instaladas sedes de bispados. Apenas em 1825, Vila Rica foi elevada à condição de Imperial Cidade de Ouro Preto.

Os Marcos de Sesmaria de Vila Rica

Remanescentes do conjunto de marcos da Sesmaria de Vila Rica foram construídos em quartzito Itacolomy, segundo condições descritas no documento: CMOP – cx 21/doc 03/fl. 4v – APM. Trazem a identificação: *Sesmaria de V R* e encontram-se expostos no Museu da Inconfidência, em Ouro Preto [Inventário 319, 4074].

os arraiais de Nossa Senhora do Pilar e de Antônio Dias, constituindo o seu núcleo principal. Após a criação, tornou-se necessária a ampliação dos terrenos pertencentes à mesma, pois esta (...) *se achava sem ter recreio nem terra alguma, assim para a criação dos gados como para venda e aforar aos moradores* (...). Assim, foi encaminhado um pedido ao rei para a concessão de terras por sesmaria, contendo *todos os campos, seus cantos e recantos* e compreendidas entre a *passagem do ribeirão até terreno da dita vila e da serra do itacolomi até a de Antônio Pereira, correndo até entestar com o Cap. Manuel de Matos*[20]. Dos marcos dessa sesmaria, um encontra-se exposto no Museu da Inconfidência em Ouro Preto. Construídos inicialmente em madeira e assentados, um no caminho das Lavras Novas, outro no Tripuí e outro em São Bartolomeu, estes foram substituídos por marcos *de pedra de itacollumy*, em 1747. Do mesmo documento que trata das condições para a arrematação da obra do pelourinho de Vila Rica, consta uma obrigação, segundo a qual ficava obrigado o arrematante a *por três marcos de pedra deitacollumy nagrossura ealtura sufeciente pondo-lhe as letras que digaõ Sismaria de Villa Rica, e asasentará a saber nos lugares aonde seachão os marcos de Madeira hum no caminho dasLavras Novas; outro no tripuhy; outro em São Barthollameu*[21].

Outros marcos, como os padrões utilizados para a delimitação das terras diamantinas: na barra do Rio Inhaí, no *córrego das Lages*; no penhasco da Serra do Ô; no morro das Bandeirinhas, em uma pedreira da Tromba da Anta e na cabeceira do Rio Preto, são mencionados na literatura[22], mas desses não foram encontrados vestígios.

Os pelourinhos

Constituindo um dos símbolos do poder da Metrópole, os pelourinhos eram emblemas da jurisdição municipal e considerados necessários para a manutenção da disciplina, principalmente, da população negra. Normalmente eram constituídos por uma coluna de pedra ou um esteio de madeira e encontravam-se sempre defronte às casas da Câmara. Com a abolição da escravatura quase todos foram destruídos.

Das antigas vilas e cidades mineiras só restaram os de Mariana, Caeté e São João d'El Rey. O de Mariana, construído em pedra-sabão e xisto em 1750 e demolido em 1871, foi construído e reinstalado em seu local original, defronte da antiga Cadeia e Câmara, em 1970. Para a construção do de Caeté, foi utilizado um quartzito micáceo. Datado de 1722, o conjunto é constituído por uma base que se sobressai do piso, por quatro pequenas colunas localizadas em seus vértices e por uma coluna cen-

Pelourinhos da região central das minas

Constituindo um dos símbolos do poder da Metrópole, os pelourinhos eram emblemas da jurisdição municipal e considerados necessários para a manutenção da disciplina. Ainda hoje, podem ser vistos os pelourinhos de Mariana [à esquerda] e de Caeté [abaixo], no coração da antiga e principal região produtora de ouro. Lamentavelmente, tanto um quanto o outro não mais correspondem aos originais. O pelourinho de Mariana, construído em 1750 por José Moreira Matos, foi demolido em1871 e reconstruído em 1970. O de Caeté não se encontra no local onde foi instalado originalmente.

[20] VASCONCELLOS. *VILLA RICA Formação e Desenvolvimento - Residências*, p. 33-34.

[21] Códice CMOP, cx. 21, Doc. 3, fl. 09, do Arquivo Público Mineiro.

[22] LIMA JÚNIOR. *A Capitania das Minas Gerais*, p. 65.

tral. Atualmente, encontra-se instalado defronte à Igreja de Nossa Senhora do Bom Sucesso, mas originalmente esteve próximo ao prédio da cadeia. O pelourinho de São João, mandado instalar por D. Brás Baltzar da Silveira, em 1713, era de madeira e ficava no Morro da Forca. No século XIX, foi substituído por um construído em xisto e quartzito, por Aniceto de Souza Lopes. Encontra-se atualmente defronte da antiga casa do Barão de Itambé.

Vila Rica, capital da capitania, também dispunha do seu pelourinho. Construído inicialmente em madeira, quando da criação da vila, este foi substituído por um de pedra, em 1748, e demolido anos mais tarde. Sendo assim, sobre o mesmo só restaram referências contidas em documentos que se encontram sob a guarda do Arquivo Público Mineiro. No Doc. 03/CMOP–cx 21, que trata da aprovação pelo Senado da Câmara da construção do pelourinho, a folha 02 traz apenas o título: *Condissoens comazquaiz Sehão dearrematar o Pellourinho desta V.ª Rica*. Já na seguinte, tem início a descrição dessas condições e dos materiais a serem empregados na sua construção, sob o título: *Condissoenz com q. sehão dearrematar opelourinho feito easentado naprassa desta villa feito depedra dita Collumy*. Na folha de nº. 4v e em meio às referidas condições, aparece uma que nada tem a ver

A Coluna Saldanha

Com pedra quartzítica, provavelmente reaproveitada do antigo pelourinho de Vila Rica, ou somente com pedra nova do Itacolomy, a coluna foi construída em memória dos inconfidentes mineiros e ficou conhecida pelo nome do presidente da Província de Minas, Saldanha Marinho. Originalmente foi instalada no local onde atualmente encontra-se o monumento a Tiradentes, em Ouro Preto. Reinstalada na praça Amadeu Barbosa [à direita], encontra-se atualmente na praça Cesário Alvim [à baixo].

com o pelourinho, mas que obrigava o arrematante a construir e colocar os marcos de delimitação da sesmaria de Vila Rica. Além da aprovação das condições pelo Senado da Câmara, em 20/05/1747, constam ainda do documento uma ilustração do pelourinho e sua respectiva planta. Sua construção foi arrematada em agosto de 1747, por Domingos Roiz Tôrres, que o construiu por quatrocentos mil réis[23].

Como de rotina, após ter sido arrematada a obra, procedeu-se ao registro das condições impostas pela Câmara de Vila Rica para a sua construção. Nesse registro, o qual corresponde às fls 63v-66 do Códice CMOP-53, do Arquivo Público Mineiro, intitulado: *Rezito das condiçoins comque serematou aobra do Pellourinho daprassa desta villa*, encontra-se detalhada descrição do projeto e das rochas que seriam empregadas. Consta que o novo pelourinho seria de pedra do Itacolomy e deveria ser assentado na praça da Vila. Ele *deveria ter os alisserces de pedra de lagedo, asentada em cal e area, devendo o pedestal da colluna ser de hua pedra inteirissa e a própria colluna de huma pedra inteirissa com todos os seus ornatos como mostra o risco levando dous escudos ou armas reais hum fazendo frente p.a a cadea, e outro pera o palacio*.

Transferido em 1797 para o largo de São Francisco, o pelourinho ficou entre a casa do Ouvidor e a Igreja de São Francisco de Assis. Após muitas discussões e resoluções, incluindo um pedido de retirada encaminhado pelo Comandante do Corpo Policial, sob a alegação de que o pelourinho impedia a formatura do corpo no dito largo, foi o mesmo finalmente demolido entre 1857 e 1867. Por recomendação da Câmara, essa demolição deveria darse com cautela, *a fim de não estragar as cantarias, offerecendo-se os materiaes ao Governo afim de os empregar em qualquer obra publica*.

Não existem informações precisas, mas sua cantaria pode ter sido utilizada para a construção de uma coluna em memória dos Inconfidentes, e que ficou conhecida como Coluna Saldanha Marinho, que a essa época era o Presidente da Província. Quanto a isso, Francisco Antonio Lopes reproduz informações conflitantes e divulgadas no *Diário de Minas* de maio de 1867[24]. Uma dá conta de que a coluna teria sido construída com a pedra do antigo pelourinho e a outra, envolvendo a própria comissão encarregada de erigir a coluna, que declara ter sido utilizada somente pedra nova do Itacolomy. Essa

[23] Códice CMOP-53, folhas 62-62v, do Arquivo Público Mineiro.

[24] LOPES. *Os Palácios de Vila Rica*, p. 119-123.

coluna, instalada na principal praça da cidade de Ouro Preto, em 1867, foi retirada por conta da reforma de 1894 para a implantação do monumento a Tiradentes. Transferida para o pátio da Central do Brasil, foi reinstalada na praça Amadeu Barbosa, em 1980. Atualmente, encontra-se instalada na praça Cesário Alvim.

Os cruzeiros e as cruzes

Os cruzeiros e as cruzes, que constituem símbolos ou marcos da religiosidade e da fé, ainda encontram-se espalhados por antigas cidades de Minas. Construídos de pedra, ou de madeira, sinalizavam ao mesmo tempo os poderes da igreja, àquela época católica e romana, e em alguns casos lembravam a benevolência do Papa.

A cruz pontifícia do adro da Capela do Padre Faria com mais de oito metros de altura, foi construída em quartzito Itacolomy e em homenagem ao Papa Pio VI por suas bulas de privilégios e graças especiais concedidas à capela. Data de 1756.

Várias outras cruzes e cruzeiros foram construídos em quartzito Itacolomy, das Lajes, em granito, ou em xistos com coloração variando do verde ao cinza azulado e instalados em praças, capelas e igrejas da antiga Vila Rica, São João d'El Rey, Tiradentes, Congonhas do Campo e outras.

Para o cruzeiro localizado defronte à Igreja de Cachoeira do Campo, foi utilizado o granito. No caso de Santo Antônio do Leite, o cruzeiro foi construído com a utilização de um xisto verde, rico em anfibólios.

Com o tempo, muitos desses antigos símbolos desapareceram, seja pela falta de cuidados ou porque foram sendo retirados das praças de Minas, transformadas por conta da implantação de novos projetos arquitetônicos em nada comprometidos com a memória e com a cultura locais.

Os cruzeiros e as cruzes de Minas

Considerados como sendo um dos símbolos de Minas, estes marcos foram construídos em madeira ou pedra. Poucos são aqueles que resistiram.

As Rochas nas Edificações, nas Artes e no Cotidiano das Minas

Nas rochas quartzíticas do entorno de Diamantina e nas calcárias do Parque do Peruaçu, a presença de antigas pinturas, ao mesmo tempo que atestam a presença de povos primitivos habitando antigas cavernas nessas regiões, nos primórdios da história do território mineiro, se constituem, até meados do século XVII, nas mais antigas e quase únicas manifestações de arte e de "construções" com a utilização das rochas, em terras mineiras. Com a conquista dos desertões, que viriam a transformar-se no território das minas, e sob a influência de portugueses e mamelucos, edificações, objetos de arte e de uso no cotidiano, foram sendo produzidos com a utilização de rochas, evidenciando até o início do século XX avanços tecnológicos e outras influências, tal como a francesa e suas *rocailles*.

Entende-se aqui por edificações das Minas aqueles bens imóveis construídos a partir do início do século XVIII, e que hoje fazem parte do patrimônio cultural de Minas Gerais, independentemente se à época das suas construções, estivessem destinados ao atendimento de funções, fossem elas de ordem administrativa, religiosa ou civil. Tendo por referência este conceito, as edificações selecionadas foram tratadas e distribuídas em três grandes grupos: no primeiro cuidou-se das rochas das instalações administrativas e das residências, urbanas e rurais. No segundo, foram descritas as das igrejas e capelas e, no último, foram tratadas as das construções tidas como de utilidade pública. Inúmeras esculturas e outras peças de uso cotidiano, esculpidas em pedra, e que integram o conjunto de bens móveis desse patrimônio cultural foram, na presente obra, entendidas como das artes e do cotidiano das Minas.

As rochas nas instalações administrativas e nas residenciais

Nas cidades históricas de Minas Gerais, encontram-se edificações que se destacam por seus riscos e pelos materiais empregados em suas construções, nomeadamente as rochas. Por sua vez, e nesta obra, foram essas edificações subdivididas em dois segmentos, conforme as suas destinações administrativa ou residencial.

Nas instalações administrativas

Nas antigas vilas e cidades mineiras, assim como de resto nas demais vilas e cidades da América portuguesa, capitais de capitanias, ou sedes de comarcas, a implantação de edificações tais como a sede do Governo, as casas de fundição e de cobrança de impostos e uma Casa de Câmara e Cadeia eram preocupações das mais importantes para o rei, para administração local e para o povo de modo geral. Com elas atendiam-se às necessidades administrativas, legislativas, judiciais e penitenciárias das capitanias e, por conseguinte, das comarcas. De modo geral era costume organizarem-se prospectos e apontamentos sobre essas obras[1]. Já nos contratos ficavam estabelecidas as condições de desenvolvimento das mesmas e, por exemplo, as competências para o fornecimento dos materiais, como é o caso do *Auto de arrematação para a obra da cadeia (...) da Vila do Sabará*, cuja construção foi arrematada pelo mestre de Campo André Gomes Ferreira, em 07/04/1731. Se para a grande maioria dessas edificações não se tem notícia de seus riscos e da documentação referente às suas construções, este não é o caso para as de Vila Rica e Mariana.

Em Ouro Preto, o antigo Palácio dos Governadores de Vila Rica, cuja construção foi ordenada pelo Governador Gomes Freire de Andrade, constituía ao mesmo tempo sede do Governo e residência do governador da Capitania. Edificado segundo projeto do Engenheiro José Fernandes Alpoim, as suas alvenarias foram feitas com quartzito extraído da *Pedreira das Lajes*, situada na saída para a Cidade de Mariana. A cal para a argamassa foi trazida de uma jazida de calcário do antigo arraial de Antônio Pereira. Para a produção de seus cunhais externos e internos, portas, janelas, escadas, fonte de água, pisos, cimalhas e outros elementos, foi utilizado o quartzito da Serra do Itacolomy. Seu portal principal, diferenciando-se da demais cantarias, foi construído em calcário dolomítico extraído na Pedreira do Ojô, situada entre Gambá e Passagem de Mariana[2]. A obra principal iniciou-se em 1741 sob a responsabilidade de Manoel Francisco Lisboa. As cantarias e o pórtico foram arrematadas por Manoel Poças e Caetano Ruivo e entregues no prazo. Em 1748, apresentava condições de habitabilidade e Gomes Freire foi seu primeiro ocupante[3].

Da extensa documentação sobre a Casa de Câmara e Cadeia de Vila Rica, sabe-se que esta foi inicialmente construída em pau a pique e que em 1730 foi ordenada a construção de uma nova cadeia de pedra e cal. Após uma frustrada tentativa de construção, em 1732, o assunto só veio a ser retomado, em 1745 e, por último, em 1784. Assim, a sua edificação, onde atualmente funciona o Museu da Inconfidência, não foi a primeira, e não foram definitivos, nem o risco de autoria do Sargento-mor Fernando Alpoim, nem a construção por Manuel Francisco Lisboa, arrematante da obra na tentativa de 1745. No caso desse projeto não executado, recomendava-se que: *as pedras quando colocadas, deveriam atravessar as paredes, ficando as cabeças ou topos um para dentro da cadeia, outra para a rua, e daí para cima viriam as paredes de alvenaria ordinária, mas sempre bem grossas*[4].

[1] BARRETO. *Casas de Câmara e Cadeia*, p. 62.

[2] Segundo mapa dos principais afloramentos de calcário no Município de Ouro Preto. In: ROLFF. *Calcáreos dolomíticos no município de Ouro Preto*, p. 5.

[3] LOPES. *Os Palácios de Vila Rica*, p. 24, 35-36.

[4] *Apontamentos 1745, Vila Rica*, doc. cit. In: Barreto. *Casas de Câmara e Cadeia*, p. 98-99.

A construção definitiva, projetada pelo Governador D. Luiz da Cunha Menezes, e executada a partir de 1784, constitui exemplo de construção no estilo neoclássico anterior à chegada da Missão Francesa ao Brasil. A edificação tem uma coluna na linha de centro da sua fachada e, com exceção de pequenas modificações na torre, na varanda e em sua escadaria de acesso, mantém-se fiel ao projeto de Cunha Menezes. O edifício, cuja construção iniciou-se de fato em fins do século XVIII, apresenta colunas, arcos, embasamento, cimalhas, medalhão, bem como ombreiras e vergas de janelas e portas feitas todas de quartzito Itacolomy. Apresenta embasamento de cantaria ou de ensilharia, no qual os espaços entre os alicerces e o nascimento das paredes encontram-se preenchidos por blocos de quartzito Itacolomy. Por conta disso, seu pavimento térreo está elevado em relação ao solo.

Com relação à construção do edifício da nova Cadeia de Vila Rica, Tomás Antonio Gonzaga, autor da obra intitulada: *Cartas Chilenas*, trata do assunto na *CARTA 3ª*. Entre outras, o autor, adotando o pseudônimo de Critilo, faz menção aos balaústres de alvas pedras e às antigas armas do Reino, posteriormente substituídas pelas do Império. A presença de uma grade de ferro substituindo esses balaustres de pedra, uma das modificações no projeto original, indica que suas considerações foram feitas com base em observações sobre os riscos de Cunha Menezes, traçados por Manuel Ribeiro Guimarães, e a partir de observações da construção propriamente dita, cuja edificação encontrava-se em andamento. Sobre a construção, Critilo assim a descreveu:

Pertende, Dorotheo, o nosso Chefe
Erguer uma Cadêa magestosa,
Que possa escurecer a velha fama
Da Torre de Babel, e mais dos grandes
Custosos edifícios, que fizerão,
Para sepulchros seus os Reis do Egypto.
Talvez, presado Amigo, que imagine,
Que neste monumento se conserve
Eterna a sua glória; bem que os povos
Ingratos não consagrem rios bustos,
Nem montadas estatuas ao seu nome.
Desiste, louco Chefe, dessa empreza;
Um soberbo edifício levantado
Sobre ossos de innocentes, construído
Com lagrimas dos pobres, nunca serve
De [g]loria ao seu auctor, mas sim de opprobrio.
Desenha o nosso Chefe sobre a banca
Desta forte Cadêa o grande risco
À proporção do gênio, e não das forças
Da terra decadente, aonde habita.
Hora pois, doce Amigo, vou pintar-te
Ao menos o formoso frontispicio:
Verás, se pede machina tamanha
Humilde povoado, aonde os Grandes
Morão em casas de madeira a pique.

Em sima de espaçosa escadaria
Se fórma do edifício a nobre entrada
Por dous soberbos arcos dividida:
Por fóra destes arcos se levantão
Trez Jonicas columnas, que se firmão
Sobre quadradas bases, e se adornão
De lindos capitéis aonde assenta
Uma formosa, regular varanda;
Seos balaustres são das alvas pedras,
Que brandos ferros cortão sem trabalho.
Debaixo da cornija, ou projectura,
Estão as Armas deste Reino abertas
No liso centro de vistosa tarja
Do meio desta frente sobe a torre,
E pegão desta frente para os lados
Vistosas galerias de janellas,
A quem enfeitão as douradas grades.

Frontão com as armas do Império: um detalhe da fachada da Casa de Câmara e Cadeia de Vila Rica.

Construído em quartzito Itacolomy e segundo projeto original do Governador Cunha Menezes, sofreu algumas modificações, entre as quais a substituição dos balaústres de pedra por uma grade de ferro. Nesta encontra-se o escudo de armas do Governador Bernardo José de Lorena, 5º. Conde de Sarzedas, que governou a Capitania de Minas entre 1797 e 1803. Traz a seguinte inscrição: *ERHONOSNOMENQUESUUM LAUDESQUEMANEBUM*. Outras modificações ocorreram com o advento do Império.

Em dezembro de 1840 e em março de 1841, José Bento Soares, um dos últimos arrematantes da obra da Casa de Câmara e Cadeia, encaminhou, quase 50 anos depois de iniciada a construção, pedidos[5] de autorização para assentar as quatro figuras que se encontram distribuídas pelos ângulos da platibanda em balaustrada deste edifício e para a realização de obras visando a garantir a segurança das estátuas e da própria construção.

Nesse grupo das instalações administrativas, a Casa de Câmara e Cadeia de Mariana, construída em 1782, tem dimensões bem mais reduzidas em relação à de Ouro Preto. Em contrapartida, apresenta uma maior diversidade de materiais pétreos empregados em sua construção, que ocorreu sob a responsabilidade do arrematante Alferes José Pereira Arouca. Na obra foram empregadas diferentes técnicas construtivas, tais como a de pau a pique com taipa de pilão e a de alvenaria de pedra.

No documento que trata das condições para a construção dessa Casa de Câmara e Cadeia, intitulado: *Registro das Condições para Mariana*, de 1782 e citado por Paulo Thedim Barreto[6], são descritas as condições da obra, em parte aqui transcritas. Nessa construção, os alicerces das paredes externas deveriam ter: *doze palmos de profundidade, medidos do insoleiramento e os alicerces seriam de pedra grande e bem maciçada a cal, com a espessura de oito palmos para fazer por fora um palmo de corte e, outro palmo de corte pela parte de dentro.* O projeto previa que junto aos cunhais da cadeia, haveria *portas com portais de pedra Itacolomi.* As portas teriam *de largo seis palmos e de alto doze e seriam cobertas com Lages de pedra.* Os cunhais seriam de *cantaria do Itacolomi, e da mesma pedra as suas cimalhas, e as cimalhas de todas as quatro faces (...) fingidas e feitas de cal na forma do risco.*

De fato, na antiga Casa de Câmara e Cadeia de Mariana, as cimalhas externas são em parte fingidas e pintadas, mas nas quinas, em continuidade com os cunhais, as cimalhas são aparentes e foram construídas com xistos verde-azulados da Passagem, em vez do citado quartzito. Aliás, todos os cunhais, as vergas e ombreiras de portas e janelas, bem como degraus, corrimãos e arranques foram construídos com o mesmo quartzo-

Riscos e plantas da antiga Casa de Câmara e Cadeia de Ouro Preto

Construída segundo projeto do Governador D. Luiz da Cunha Menezes, de 1784 [AHU - Projeto Resgate], abriga atualmente o Museu da Inconfidência.

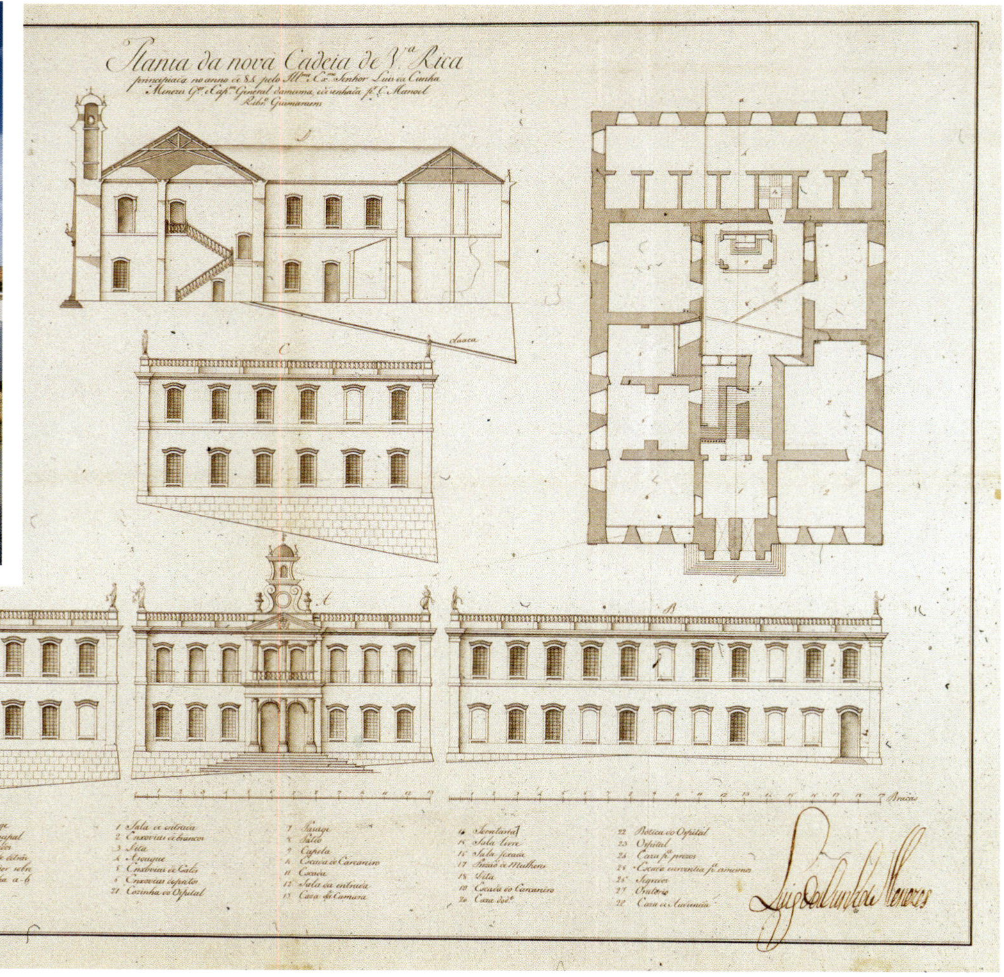

[5] Códice 344 – C.M., folhas 65v e 103v, do Arquivo Público Mineiro.

[6] BARRETO. *Casas de Câmara e Cadeia*, p. 98-99.

cianita xisto, extraído na região de Passagem de Mariana. O quartzito, rico em micas, foi utilizado para o revestimento de pisos, na forma de largas lajes, em alguns portais e soleiras internas e na construção das lareiras e fogões das *enxovias* ou celas.

Como elemento de embelezamento e de sinalização da edificação, encontra-se uma cartela com brasão do Império construída em pedra-sabão acima da sua portada principal, sendo também esta a rocha utilizada para a produção dos ornatos que arrematam os arranques localizados nos cinco lances de sua escadaria externa.

Indevidamente mencionada como Aljube ou Prisão dos Padres, a Casa Capitular de Mariana, aqui considerada como uma edificação com função administrativa, mas ligada à Igreja, foi construída em estilo rococó e também teve como arrematante José Pereira Arouca. Edificada para sediar as assembléias capitulares dos cônegos, obteve autorização para sua construção com recursos próprios por meio de concessão real datada de 24/04/1769. Com início das obras em 1771, passou a fazer parte do patrimônio episcopal por doação do capítulo, em 1926, sendo ali instalada a Cúria Metropolitana. Hoje abriga o Museu Arquidiocesano de Arte Sacra. Tanto portas, portas-sacada, quanto janelas apresentam ombreiras encimadas por vergas trabalhadas, curvas e recurvas. Todo o conjunto é de cantaria de quartzo-cianita-granada xisto da Passagem, com coloração variando entre os tons de cinza, azul e verde. As portas e as portas-sacada apresentam cimalhinhas e respectivos adornos em pedra-sabão. Nas sacadas isoladas, apoiadas sobre cachorros de quartzito, encontram-se peças de pedra do mesmo xisto, que, saindo das paredes, servem de apoio aos guarda-corpos. Os cunhais, construídos com a utilização de blocos de quartzito Itacolomy, apresentam capitéis de ordem compósita em pedra-sabão e cornijas, e frisos intermediários em quartzo-cianita granada xisto. Encimando a porta-sacada central, encontra-se uma tarja com um belo escudo construídos em pedra-sabão. Diante das duas portas de acesso, encontram-se patamares e degraus do mesmo xisto, desgastados pelas intempéries e pelo uso.

A Casa Capitular de Mariana

Edificada em estilo rococó, sediava as assembléias capitulares dos cônegos. Apresenta cunhais, bases, cimalhas e portadas em xisto da Passagem e quartzito. As cimalhinhas das portas superiores e o escudo com cartela são de pedra-sabão.

Nas residenciais

Nas Minas Gerais dos séculos XVIII e XIX, são raros os exemplos de edificações residenciais que tiveram aplicações significativas da cantaria em suas construções. Levantadas com maior frequência nas mais importantes vilas, arraiais e cidades da época, tais como Vila Rica, Serro, Mariana, Tejuco, Paracatu, Tiradentes, Caeté e Sabará, mas também construídas como sedes de fazendas, algumas destacam-se por seus riscos e suntuosidades, que em nada ficavam a dever a construções de mesmo porte, seja nas antigas capitais da Colônia, Salvador ou Rio de Janeiro, esta última depois capital do Império brasileiro, ou mesmo na do Império português, Lisboa.

Essa constatada raridade deve-se tanto ao fato da utilização mais frequente das técnicas do pau a pique e da taipa, quanto ao fato de que no período colonial, normalmente as construções residenciais eram de grande simplicidade e sem riquezas, mas não necessariamente por falta de recursos, mas por decisão do colono português que apresentava quase sempre hábitos muito simples ou privava-se de luxos na expectativa de um retorno à terra natal.

A Casa dos Contos de Vila Rica, erigida no terceiro quartel do século XVIII, representa um desses importantes e raros exemplares. Neste caso, essa edificação foi mandada construir por João Rodrigues de Macedo, contratador da cobrança dos Dízimos e Direitos das Entradas, na Capitania de Minas Gerais, e era inicialmente conhecida como Casa do Real Contrato das Entradas ou Casa do Contrato. Posteriormente, em 1802, recebeu a denominação de Casa dos Contos e foi a sede da Junta da Fazenda. Nela ficavam guardados os cofres com o ouro recolhido para o rei. A casa destaca-se pela volumosa aplicação do quartzito, tanto em seus elementos estruturantes, quanto ornamentais. Externamente, a casa apresenta parte das cimalhas, os cunhais, as bases, as soleiras, as portadas, assim como todas as ombreiras, vergas e cimalhinhas de alvenaria de pedra Itacolomy. Internamente, tem seu vestíbulo revestido com placas de quartzitos das Lajes e apresenta bela escadaria com degraus, corrimão, arranque e outros elementos em quartzito do mesmo tipo ou seja, extraído na Serra do Itacolomy. Seu pátio mostra piso de seixos rolados.

Em Mariana, a casa conhecido como do Barão de Pontal é um sobrado construído na segunda metade do século XVIII, que serviu de residência, entre outros, para Manuel Inácio de Melo e Sousa, barão e governador da Província de Minas Gerais no período da Regência. Atualmente pertence à Cúria Metropolitana e ali se hospedam as freiras da Ordem da Beneficência Popular do Brasil. Na casa, para além das portas e janelas com marcos de quartzo-cianita xisto, de coloração verde e encimadas por cimalhinhas curvas da mesma rocha, destacam-se raríssimos guarda-corpos rendados, construídos em pedra-sabão de coloração cinza-esverdeada, que normalmente são confundidos e tidos como feitos de ferro. A primeira rocha era extraída de antigas pedreiras localizadas nas encostas da Serra do Itacolomy, nas proximidades de Passagem de Mariana, daí ser também conhecida como Pedra da Passagem e a segunda provinha das pedreiras de Cachoeira do Brumado e de outras, situadas nos arredores da antiga Vila do Carmo.

O Solar do Padre Correia, atual sede da Prefeitura de Sabará, construído por volta de 1773 e considerado um dos mais imponentes sobrados de Sabará, é também um exemplar desse conjunto de edificações residenciais do século XVIII. Tem sua portada, incluindo ombreiras, verga e sobreverga, bem como escadaria, marcos das janelas e respectivas cimalhinhas, todas construídas em cantaria. A rocha utilizada foi um xisto que apresenta coloração verde, ora mais intensa, ora mais suave. O tipo mais suave contém finas faixas esbranquiçadas, que contêm quartzo ou carbonatos e foi extraído na região de Sabará e em pontos localizados entre esta localidade e a de Caeté. A de coloração mais intensa é rica em clorita e pode corresponder àquela utilizada para a construção de elementos do frontão da Capela do Carmo e descrita como Pedra Verde do Brumado. É também semelhante a uma outra pedra verde utilizada em outros monumentos do Serro, por exemplo, e chamada *Pedra Cabo Verde*. Esse material corresponde a um produto da alteração de rochas básicas ou diabásios, que normalmente ocorrem na forma de diques, cortando outras rochas.

Quatro edificações, sendo as três primeiras do antigo Arraial do Tejuco e a quarta da antiga Vila do Príncipe, atualmente Diamantina e Serro, fecham esse conjunto de edificações. Em Diamantina, o casarão denominado *Casa da Glória*, construído por volta de 1776, e o antigo casarão do Coronel Souza Reis, construído em 1850, e a partir de 1875 ligados por um passadiço, apesar de constituírem belos exemplares das construções de pau a pique e de adobe, tão comuns no Vale do Rio Jequitinhonha, destacam-se pela utilização do xisto verde na construção do sistema de escoamento de águas pluviais. As casas têm ainda seus alicerces, parte dos pisos e degraus, bem como pias e tanques, todos construídos com a utilização do mesmo sericita-clorita-quartzo xisto com magnetita. Ainda em Diamantina, a edificação que atualmente abriga o Fórum, apresenta embasamento e baldrames construídos com blocos e placas de xisto verde. A edificação teve destinação original como residência particular, mas depois abrigou a Casa de Câmara e Cadeia.

No Serro, a casa da Chácara do Barão do Serro, construída na segunda metade do século XIX para residência de José Joaquim Ferreira Rabelo, constitui exemplo ímpar pela utilização da rocha na construção de seu sistema de abastecimento de água e de diversos objetos, tais como fogão e pia. A técnica construtiva empregada foi a de taipa de sebe e madeira, mas todos os cunhais de madeira encontram-se assentados em bases de pedra de xisto verde. Além disso, encontra-se na varanda principal da casa um conjunto de poltronas que é único, pois foi construído em pedra, assim como as duas escadas de seu acesso, incluindo patamares, pilastras e arranques. Tudo foi construído com a utilização de uma rocha rica em carbonatos, maciça, ora bandada e de coloração cinza esbranquiçada predominante, mas também com tons esverdeados. Essa rocha ainda hoje aflora em uma pedreira chamada Centenária, localizada detrás da Igreja do Senhor Bom Jesus de Matozinhos do Serro.

As residências de Minas

Do conjunto de edificações residenciais mineiras, com belos trabalhos de cantaria, a Casa do Barão de Pontal, em Mariana, a Casa da Glória, em Diamantina, a Casa dos Contos de Vila Rica, o Solar do Padre Correia, em Sabará, um casarão de Itabirito, a casa da Chácara do Barão do Serro e a Casa de Padre Toledo, em Tiradentes constituem exemplos da opulência para a região das minas, entre meados dos séculos XVIII e XIX.

Com destinação civil ou administrativa, algumas das construções mineiras do século XVIII merecem destaque por conta de componentes de suas fachadas, construídos em pedra e não necessariamente muito trabalhados, mas que impressionam pelo conjunto, como é o caso da Casa do Padre Toledo, em Tiradentes, onde todos esses elementos foram construídos em xisto verde. Aqui, ombreiras e vergas mostram-se pouco trabalhadas, com presença apenas de vergas em arco de círculo e de pequenos adornos laterais. Ainda em Tiradentes, chama a atenção o conjunto de janelas da Casa do IPHAN, com vergas e ombreiras retas e de quartzito.

Em xisto foram construídas as vergas e ombreiras do conjunto de janelas e portas do Solar de Sabará, e em Cachoeira do Campo e Itabirito foram identificadas antigas residências com ombreiras e vergas de várias portas e janelas, todas construídas em granito e granito gnaisse.

Existem também exemplos que impressionam tanto pela idéia do conjunto, quanto pelo belo trabalhado de cantaria, como nos casos dos conjuntos de portas e janelas da Casa dos Contos de Ouro Preto, construídas em quartzito e o conjunto da antiga Casa de Câmara e Cadeia de Ouro Preto, igualmente edificado com a utilização do mesmo quartzito Itacolomy.

Segundo Augusto de Lima Júnior[7], as habitações rurais em Minas evoluíram sempre paralelamente às urbanas, e o emprego da pedra na construção, seja das *casas solarengas das vilas e cidades*, seja nas *fazendas* foi

[7] LIMA JÚNIOR. *A Capitania das Minas Gerais*, p. 111-122.

As rochas nas fachadas de construções mineiras

Ombreiras, vergas e soleiras de quartzito encontram-se na antiga Casa de Câmara e Cadeia de Vila Rica, na antiga Cadeia e na atual sede do IPHAN, em Tiradentes. Peças em xisto verde podem ser observadas na Casa do Padre Toledo, em Tiradentes e em xistos da Passagem, nos marcos de portas e janelas das construções da Rua Direita de Mariana. Na casa de Cachoeira do Campo os marcos foram produzidos em gnaisse.

constante, principalmente na segunda metade do século XVIII. Esse autor, no entanto, assinala que seria mesmo muito difícil precisar a época dessas edificações pela natureza do material empregado, destacando que muitas foram fabricadas de pedra, já nos primeiros decênios do século XVIII e que contemporaneamente se generalizou o uso do abobe e das taipas de sebe e pilão.

Com relação às edificações nas fazendas, tanto o modo de construir, quanto o material empregado eram os mesmos que os das casas urbanas. De modo geral, como já ressaltado por Lima Júnior, *eram assentadas a meia encosta, junto de um curso d'água, erguiam-se sobre altas sapatas de pedra, e em sua estrutura, quando se verifica o emprego do pau-a-pique, entram em grande proporção as ripas do coqueiro macaúba* (...) *ou caranaíba* (...).

Para as fazendas mais importantes, as sedes construídas eram sempre de dois pavimentos, tendo na frente larga varanda de balaustrada ou de muro, a qual se atingia por escadaria posta ao centro, como na Fazenda Boa Esperança, na região de Belo Vale, às vezes na lateral, como na dos Martins, na região de Moeda. Apresentam longas fachadas sobre o comprido, e à esquerda, em regra no final da varanda, encontra-se a ermida, em comunicação com o interior da casa por uma janela gradeada e porta livre para o alpendre. A da Fazenda Boa Esperança constitui um desses casos.

Nesta fazenda, em frente à casa ainda existe um espaçoso recinto, com piso em parte revestido por placas de rocha, murado em pedra seca (muro minhoto) e com largo portão encimado por telhadinho curvo em duas águas. Os muros em pedra seca também cercam espaços laterais. Na edificação principal, todo o embasamento da fachada foi construído com a utilização de blocos de rocha de diferentes dimensões, mas aparelhados. A edificação identificada como Paiol e Casa de Engenho, erguida em 1820 em um pátio à esquerda da principal, foi construída com a utilização de blocos irregulares e de diferentes dimensões, em parte soldados por argamassa de barro.

Identificam-se também elementos de sustentação construídos em pedra e denominados *burro de pedra*[8], assim como ombreiras e vergas dos portões e os degraus das escadas.

Para a construção de todos esses elementos foram utilizadas rochas extraídas na região. Nos elementos trabalhados da sede, principalmente em sua fachada, predomina uma rocha de coloração amarelo esbranquiçada, muito rica em quartzo, às vezes concentrado em nódulos, mas também com altos conteúdos em micas, a sericita e com alguma clorita. A rocha pode ser denominada como um clorita-sericita-quartzo xisto, às vezes milonítico. Nos do paiol, assim como nos embasamentos não trabalhados, predominam blocos de diferentes dimensões de granitos, gnaisses e migmatitos, muito comuns nessa região de Belo Vale.

A pedra-sabão foi utilizada para a construção de outros elementos encontrados, tais como uma banheira com dimensões de 1,60 de comprimento, 0,50 de largura e 0,30 de profundidade, bem como alguns alcatruzes, que faziam parte do antigo sistema de abastecimento de água da fazenda.

Fazenda Boa Esperança

Do Barão de Paraopeba, Romualdo José Monteiro de Barros e seus descendentes, em meados do século XIX, até o IEPHA-MG, em 1975, um longo e tortuoso caminho na preservação deste patrimônio cultural de Minas e do Brasil, em cuja construção foram utilizadas rochas tais como xistos, gnaisses e granitos.

[8] MARTINS. *Fazenda Boa Esperança*, p. 34.

Nesse período de grande efervescência arquitetônica, movida pela fartura do ouro e dos diamantes, o território mineiro mostrava-se dividido nas comarcas de Vila Rica, Sabará ou Rio das Velhas, Rio das Mortes e Serro Frio, e não por acaso, observa-se que as construções concentraram-se nos termos de Vila Rica e Mariana, na Comarca de Vila Rica, nos termos de Vila Real de Sabará e Vila Nova da Rainha, na Comarca de Sabará, na Vila do Príncipe e no Julgado do Tejuco, na Comarca do Serro do Frio e na Vila de São João d'El-Rey e na Vila de São José d'El-Rey, na Comarca do Rio das Mortes.

Das construções mencionadas anteriormente, foram selecionadas igrejas e capelas dos antigos termos e julgados, para a descrição que segue, considerando-se o material pétreo empregado em suas edificações, os seus riscos, mas também porque estas representam os mais importantes templos mineiros edificados em arraiais e vilas da antiga Capitania. Assim, inicia-se por aquelas edificações das comarcas de Vila Rica e Sabará, principais zonas produtoras de ouro das *Geraes* dos Setecentos e que tinham Vila Rica, Mariana, Sabará e Caeté como referências. A seguir, serão descritas capelas e igrejas construídas na região dos diamantes, na antiga Comarca do Serro do Frio e que tinha a Vila do Príncipe e o Arraial do Tejuco como seus principais centros. Por fim, serão tratadas aquelas das regiões de Tiradentes e São João Del Rei, que faziam parte da Comarca do Rio das Mortes.

Nas igrejas e capelas da Comarca de Vila Rica

No início, era a Irmandade do Santíssimo Sacramento, constituída por homens brancos e senhores, a ordem responsável pela construção de uma Igreja, que com o tempo tinha seus altares laterais edificados por novas irmandades que se iam formando. A primeira destas outras irmandades foi a dos negros escravos e forros, que tinha Nossa Senhora do Rosário como padroeira. Em seguida formou-se a dos Homens Pardos e Mulatos, devotos de Nossa Senhora das Mercês e as ordens integradas principalmente por comerciantes e denominadas do Carmo e de São Francisco. No entanto, por conta de conflitos surgidos, essas irmandades ou Ordens Terceiras abandonaram as igrejas e passaram a construir suas próprias capelas. Com a decadência do ouro, ocorreu o declínio dessas Ordens Terceiras e de suas capelas, e com o tempo verifica-se um retorno da população às antigas matrizes[9]. A rigor, o tempo durante o qual foi construída a maior parte e as mais ricas das capelas das Ordens Terceiras de Minas Gerais, já correspondia a um período em que a extração do ouro encontrava-se em declínio, iniciado por volta de 1750.

Em Vila Rica, duas diferentes Ordens do Santíssimo encarregaram-se da construção de suas duas matrizes: a matriz de Nossa Senhora da Conceição, no bairro de Antônio Dias e a do Pilar, no antigo bairro de Ouro Preto.

A de Nossa Senhora da Conceição é considerada mais antiga e substituiu uma capela datada de 1699. Teve a sua construção iniciada em 1727 e estendeu-se até 1765. Foi edificada segundo projetos de Manuel Francisco Lisboa, que foi o seu *mestre-das-obras*. Inicialmente foi construída de pau a pique e folhas de palmito, para em seguida ser de telhas, pedra e barro e finalmente de alvenaria ordinária, isto é pedra e betão[10].

O embasamento, os óculos, os cunhais, os marcos de portas, de janelas e de sacadas, bem como o escudo e a coroa compõem a portada, foram todos construídos em cantaria de quartzito Itacolomy. As cimalhas e pilastras externas são falsas, de areia e cal pintadas. De modo geral, o quartzito contém, além dos cristais de quartzo, finas palhetas de micas e cristais de magnetita, que podem ocorrer isolados, em linhas ou constituindo finas bandas. Por conta de seus minerais e de suas alterações, mostra coloração variando do esbranquiçado ao cinza-azulado, com presença de bandas ou áreas amareladas e vermelho-alaranjadas.

A Igreja de Nossa Senhora do Pilar, edificada no antigo arraial e depois bairro Ouro Preto, teve a sua edificação iniciada por volta de 1731, e muito provavelmente em substituição a outro templo existente naquele local e construído por volta de 1711. Construída em pau a pique e taipa, passou por diversas reformas ao longo de sua edificação, com trocas das torres, consertos de escadas, substituição de telhados e de paredes de taipa por pedra e cal. A contratação dos serviços para a construção do seu frontispício, em estilo rococó, só ocorreu em 1847 e o mesmo só foi concluído em 1848. Até 1852, existem registros indicando a realização de obras. O embasamento da igreja, pilastras, cunhais, cimalhas externas e marcos da portada são de quartzito Itacolomy.

Apresenta nave poligonal, cuja cimalha, assim como a da sacristia, é em madeira marmorizada. Os ar-

[9] SALLES. *Vila Rica do Pilar (Um roteiro de Ouro Prêto)*, p. 41-48.

[10] VASCONCELLOS. *A Arte em Ouro Preto*, p. 75.

cos laterais e os das tribunas também são de madeira marmorizada. Foi adornada internamente por Antônio Francisco Pombal. A condição de número 14, do conjunto de *Condições para a arrematação da reedificação da Igreja*, de 16/01/1826[11], do *Livro de atas da Comissão construtora*, estabelece que:

> *Os pedestais, portadas, sineiras, oculos, zimbórios, quartelas, soleiras e o mais que for necessario para a segurança, formuzura, e perfeição da obra será tudo de cantaria forrada, digo lavrada, e o mais tudo de alvenaria, com toda a perfeição e fingimento que pareça pedra de cantaria, assim como se observa na Igreja dos Terceiros de Nossa Senhora do Carmo desta Imperial Cidade.*

Passando para o conjunto das capelas e para além das de São João, São Sebastião, Santa Ana, Piedade e Bom Jesus, edificadas nos antigos arraiais que deram origem a Ouro Preto, existem outras mais novas ou que substituíram capelas mais antigas, e a Capela de Santa Efigênia do Alto da Cruz da Confraria dos Negros da Paróquia de Antônio Dias é uma dessas. Das mais antigas desse grupo, era inicialmente devotada a *Nossa Senhora do Rosário dos Pretos da Capella da Cruz do Alto do Padre Faria*. A sua construção iniciou-se em 1743, certamente contou com os trabalhos de Manuel Francisco Lisboa e teve Antônio Coelho da Fonseca como seu mestre pedreiro. Em 1777, Miguel da Costa, que também era pedreiro, e Domingos Moreira de Oliveira receberam pagamento pelas obras de pedra, conforme registro no *Livro de Receita e Despesa da Irmandade de N. S. do Rosário* (folha 139). A data de 1785, que aparece registrada na cruz acima do frontispício deve corresponder à da finalização da construção. Apresenta cimalhas, pilastras, cunhais, marcos, óculo e nicho construídos em quartzito Itacolomy. No frontispício, encontra-se uma estrutura triangular interrompida e construída em quartzito, que sobre a portada reta suporta o referido nicho, que guarda a imagem de Nossa Senhora do Rosário, executada em pedra-sabão, em 1762. Sobre a construção dessa capela comenta Vasconcelos[12]:

> *As obras de cantaria da capela, essas podemos afirmar foram executadas na época da opulência. As portas, os cunhais,os envasamentos brilham em toda a formosura da pedra, ora açafroada, ora rósea do Itacolomi. O arco-cruzeiro nítido, perfeito, imposto sobre capitéis corintios de pilastras soberbamente lançadas, é uma peça alta de 8 m, sobre 3,80 de diâmetro* (...).

A Capela de Nossa Senhora do Rosário dos Pretos, cuja construção teve início em 1752 e estendeu-se até 1775, foi edificada em pedra e cal (*Livro de Termos da Irmandade das Almas*, fl 12 v.) em substituição a uma capela de taipa datada de 1709[13]. Construída em um local chamado Caquende, apresenta planta em estilo italiano elíptico com risco creditado a António Pereira de Sousa Calheiros. O seu belo frontispício seria de autoria de Manuel Francisco Araújo, segundo recibo de pagamento datado de 1784[14]. Segundo Fernando de Azevedo[15], a introdução do barroco de *Borromini*, através da execução do projeto dessa capela, tido como vindo da Itália, foi um dos fatores que propiciou a renovação de velhos modelos reinóis e permitiu a artistas como o Aleijadinho a criação de uma arte original como o barroco brasileiro. A partir da Capela do Rosário, com suas torres redondas, o Aleijadinho, ao tempo em que mesclou o estilo borromínico com o barroco tradicional[16], criou o barroco brasileiro representado por suas réplicas de São Francisco de Vila Rica e de São João d'El Rey.

Para além de seu estilo, distingue-se essa capela pela presença quase única do quartzito, enquanto rocha com uso ornamental ou estruturante e por suas falsas pilastras e cimalhas, *fingidas em areia e cal*. Na nave, que corresponde a uma das três rotundas que compõem seu conjunto principal, existem oito pilastras fingidas de cal e areia, e marmorizadas, com imitação do quartzito Itacolomy, mas apoiadas em bases de quartzito verdadeiro. Tanto a cimalha interna, quanto os oito óculos pela parte de dentro são fingidos de areia e cal e marmorizados com imitações das texturas e cores do quartzito Itacolomy. O arco do coro, construído em quartzito Itacolomy, apóia-se em duas colunas igualmente construídas do mesmo material. Todo o conjunto relacionado com o arco-cruzeiro foi também edificado em quartzito. As taças dos púlpitos e as vergas e ombreiras internas são do mesmo quartzito, e a pia de água-benta é de pedra-sabão. Externamente, todos os elementos do seu frontispício, incluindo cunhais, bases, pilastras, degraus, arranques, cornijas, volutas e cimalhas são de quartzito

[11] NEGRO. *Escultura Ornamental Barroca do Brasil*, v.I, p. 56-57.

[12] VASCONCELLOS. *A Arte em Ouro Preto*, p. 38.

[13] CARRAZZONI. *Guia dos Bens Tombados Brasil*, p. 238.

[14] BAZIN. *A Arquitetura Religiosa Barroca no Brasil*, v. II, p. 82

[15] AZEVEDO. *A Cultura Brasileira*, p. 447-448.

[16] O antigo estilo arquitetônico encontrado em Minas Gerais provinha do norte de Portugal e muito por conta da chegada de reinóis oriundos das regiões de Braga e Viseu. In: AZEVEDO. *A Cultura Brasileira*, p. 444.

implicações, o risco teria sido deformado e abandonado. Em contrapartida, teria sido utilizado pelos Irmãos Terceiros de Vila Rica, sob a orientação do irmão de Cláudio Manoel, o Frei Antônio de Santa Maria dos Mártires, que era Comissário Franciscano dos Terciários. Além do risco, Cláudio Manoel teria ajudado a remover dificuldades para a construção do templo, e sua família, rica e poderosa, teria ajudado na construção com recursos em ouro e com a dedicação de sua mãe, Dona Tereza Alvarenga. Em seu discurso em memória a Gomes Freire, Cláudio Manoel de fato relata ter lavrado o risco para a Capela do Convento de Santa Tereza, fornece detalhes de seu frontispício e da utilização de mármores. Desse risco constariam elementos tais como torres com o formato de guaritas militares, gárgulas em rigoroso formato de canhões e sineiras com o formato de seteiras, com peitoris formados como berços de canhões fixos[22], que em parte podem ser observados no frontispício da referida capela.

A obra foi executada em alvenaria pelo mestre, pedreiro e canteiro português Domingos Moreira de Oliveira[23]. Natural da Freguesia de Duas Igrejas, no bispado do Porto, Domingos Oliveira residia desde 1746 no Taquaral, em Vila Rica e faleceu em 1794, em Mariana. Determinada a *Arrematação* para a construção da Capela, em 16/11/1766, a assinatura do *Auto deRematação q Sefas aDom.o Mor.a deolivr.a daobra danova Capela q pertendefazer avent.el ordem 3.a de S. Frac.o destav.a na forma das condiçois eRisco p.lo mesmo remat.e aSinado* aconteceu em 27/12/1766.

Nessa capela, entre outros elementos, encontramse ombreiras, vergas e sobrevergas, pilastras, arcos, cunhais, gárgulas, capitéis e cimalhas construídas em quartzito Itacolomy, assim como púlpitos, pias, lavatório e medalhão em pedra-sabão. Externamente, a cimalha de pedra encontra-se em parte recoberta por tinta. Internamente foi recoberta e marmorizada.

As condições para execução da obra, bem como referências aos materiais empregados na sua construção, podem ser encontradas no citado *Auto deRematação*, intitulado:

> *Condiçoens eadevertençias sobre o Risco p.r donde sehade rematar aobra daCapella daveneravel ordem 3.ª deS.Francisco deV.ª Rica, datado de 16 de 9br.º de 1766, bem como em um segundo documento intitulado: Condiçoens, pelas quaes Sehá de Rematar afactura das Barandas depedra por cima dos Corredores da capela do Patriarcha S. Francisco de V.ª Rica e ainda em um terceiro, denominado: Condiçoens pelas quais Sehá defazer anova Portada daCapela de N. Snr.ª dos Anjos da Ordem 3.ª de S. Fran.co desta V.ª Rica.*

Das condições que constam do primeiro documento, a de *N 2.º* determinava que *Será obrigado o rematante aimcher todos os Sobreditos aliçerses depedra ecal bem moçiSados compedra grande edura, principalmente adonde recebe cunhais e encontros de arcos eadonde mais conveniente for para Segorança da obra* (...).

Pela de *N 3.º* ficava o mesmo obrigado *aSentar asapata dotoda esta obra bem de olibel, adocorpo dalgreja torres e fronte espiçio será decantaria Lavrada apicam miudo Livre os seus golpes Sendo apedra para ella dequalidade dura equenão Seja arienta emforma que anão axuva de telhado toda amais Sapata Será delajes demorro comboa grosura edireitas eduras* (...).

A de *N 5.º* obrigava o *rematante a fazer todas as paredes que mostra aplanta risco eseuperfil de pedra eCal bem moçicadas e ajontourados* (...); Pela de *N 6.º* ficava obrigado

> *orematante afazer depedra decantaria toas as portas eginellas que mostra o risco* (...) *comotãobem fará de cantaria osoito cunhais ou pilastras que comprendem as Torres efrontespiçio* (...). *Advertese que acantaria que dizemos levarão aspilastras ecunhais comprendem todas as suas molduras dorresalto para dentro oque Sentendem nas dastorres. Sendo acantaria para o referido e p.ª omais damilhor que Seacha nas pedreiras do Itacolumim esera escolhida branca efinna que não seja arienta nem mole acantaria p.ª o relevo eescoltura será daChamada de Sabão Sendo toda aCantaria muito bem Lavrada comascodas encostada p.ª Sebornir com rocha damesma qualidade, elheganhará todas asfalhas comperfeição, principalmente toda acantaria que a vista pode alcançar.*

Pela condição de *N 7.º* comprometia-se Domingos Moreira de Oliveira

> *afazer de cantaria todos os envazamentos de todos os cunhais epilastras detoda esta obra na forma que mostra oRisco* (...) *como tãobem fará decantaria o arco-cruzeiro enelle os pulpitus comaescada que mostra oRisco tãobem fará atarja na forma, que no mesmo arco Semoostra depe-*

[22] LIMA JÚNIOR. *Cláudio Manoel da Costa e seu Poema Vila Rica*, p. 31-35.

[23] Trabalhou na construção da Igreja da Ordem Terceira do Carmo e na Capela das Mercês de Mariana, em Santa Efigênia do Alto da Cruz e na Igreja das Mercês em Vila Rica, e foi perito nas obras da cadeia de Marina e na modificação do risco da Igreja do Carmo de Vila Rica. Pela arrematação da obra de São Francisco de Ouro Preto o mestre pedreiro recebeu 15:200$000 ou 38$ cruzados. In: TRINDADE. *São Francisco de Assis de Ouro Prêto*, p. 291-300.

> *dra de sabão edamesma Serão oscapiteis do mesmo arco, etoda amais delle Será deltacolumin assim fará oprespterio easssim digo comtoda aprefericão naforma q. mostra o risco Lagiado todo o Seu pavimento comboa pedraria eSera aSentado este prespiteiro em humafiada delages decantaria* (...) *como tãobem fará de cantaria os ocolos dacapella mor (...) etãobem Será decanataria oplinto dos mesmos ocolos* (...).

A condição de *N 8.º* determinava que deveriam ser de cantaria os dois arcos do coro, as seis pias de água-benta em forma de concha, *eSerão os degraos depedra dura eSam osquais serãometidos nasparedes* (...), enquanto a de *N 11.º* tratava da construção das gárgulas para escoamento das águas, entre outros itens.

Pelos termos deste último documento, embora não tenha sido executada a obra tal como planejada no Risco e descrita nas ditas *Condiçoens*, obrigava-se o *Rematante* a fazer de pedra-sabão as pilastras, os balaústres, os *bazamentos e Corrimoins, canaes, garbolas* [gárgulas], de toda a obra, sendo que tudo deveria ser feito para que as pilastras parecessem ser de *pedra enteira*. Nesse documento comprometia-se o

> *Rematante atirar, eQuebrar toda apedra que Secarecer, assim deSabam, como de Itacolomy, bem como aconduzir asua Custa toda apedra, tanto de Sabão, como do Itacolomy, que sepercisar, etambem dará aSua Custa todos os batumes quelhe forem percisos, para aSeguransa dos canaes, eemendas das mesmas pedras, etoda apedra, que mais percisa for* (...).

No terceiro documento mencionado, que diz respeito à construção da nova portada da Capela, lavrado e assinado pelo mestre Aleijadinho[24], pelo Procurador-Geral da *Meza da Ordem Terceira de São Francisco*, João Ferreira da Silva e pelo Ministro João de Souza Lx.ª, e datado de *28 de 8br.º de 1774*, encontram-se registradas as condições que deveriam ser obedecidas na execução do risco dessa portada. Dentre aquelas que fazem referências aos materiais utilizados na sua construção, destaca-se a que obrigava o *Rematante* a tirar e conduzir, para o pé da obra, toda pedra necessária, fosse a do Itacolomy, *damais dura, eclara, que Seachar, ou a sabão, que por sua vez deveria ser toda dehua cor izenta defios e bixocas*[25].

[24] Segundo lançamento na folha 146 do Livro I de Receita e Despesa da Ordem Terceira São Francisco, referente ao período de 1774 a 1775, Aleijadinho recebeu 14$400 pelo risco da nova portada. In: TRINDADE. *São Francisco de Assis de Ouro Prêto*, p. 376.

[25] Germain Bazin erroneamente interpreta estas falhas na rocha, explicáveis por conta da concentração de certos minerais mais susceptíveis às alterações, as chamadas bixocas do Aleijadinho, como sendo fósseis enterrados na pedra. In: BAZIN. *O Aleijadinho e a escultura barroca no Brasil*, p. 317.

De outros documentos envolvendo a construção da Capela, consta ainda que: *Os Canteiros p.ª Lavrarem apedra devem ser os percizos p.ª darem aviamento aosdoasento sem q nisto haja falta: Villa Rica emmeza de 16 de 9br.o de 1766*, o que revela preocupação para com o fornecimento dos materiais pétreos necessários ao bom andamento da obra.

Finalmente, as capelas de: Nossa Senhora das Mercês e Misericórdia (Mercês de Cima), cuja licença para edificação é de 08/10/1771, revalidada em 30/09/1814 pelo Príncipe Regente; Nossa Senhora das Mercês e Perdões (Mercês de Baixo), com construção iniciada por volta de 1770, pelo Padre José Fernandes Leite, que a doou para a Ordem Terceira de Nossa Senhora das Mercês e Redenção dos Cativos; a da Irmandade dos Pretos de São José de Ouro Preto, edificada entre 1752 e 1811, e cujo frontispício teria sido construído por Miguel Moreira, à volta de 1810, segundo contrato firmado em 9/04/1810, quando recebeu um primeiro pagamento pelos assentos das primeiras cantarias[26]; e a dos Terceiros dos Mínimos de São Francisco de Paula, com projeto do Engenheiro Francisco Machado da Cruz, e que teve sua construção iniciada em 1839 e terminada apenas no início do século XX, têm todas as suas importâncias, mas não apresentam diversidade em termos dos seus riscos e dos materiais pétreos empregados em suas construções. A última destas destaca-se por apresentar grande variação cromática para o quartzito, por conta de conteúdo variado, às vezes elevado, em cristais de óxidos de ferro.

Deixando-se a sede da antiga Comarca de Vila Rica, encontra-se a Capela de Nossa Senhora do Rosário, erigida em um dos antigos distritos da atual Ouro Preto, o de Itabira do Campo, atual Itabirito, onde em 1752 foi criada a Paróquia de Nossa Senhora da Boa Viagem da Itabira. Construída no início do século XVIII, destaca-se por apresentar rocha granítica em sua fachada. Portada e cimalha com ornatos de duas volutas e um nicho entre as janelas, bem como arranque inferior do corrimão, trabalhado com voluta, foram também construídos em rocha granítica, extraída na região entre Itabirito e Cachoeira do Campo.

Em Cachoeira do Campo, freguesia do Termo de Vila Rica e da Imperial Cidade de Ouro Preto, e ainda hoje distrito de Ouro Preto, a Igreja Matriz de Nossa Senhora de Nazaré faz parte desse conjunto de igrejas da comarca. Construída no primeiro quartel do século XVIII apresen-

[26] BAZIN. *A Arquitetura Religiosa Barroca no Brasil*, v. II, p. 91.

ta cruzeiro situado defronte à sua entrada principal e, apesar do despojamento, também distingue-se, como a Capela do Rosário de Itabirito, pela presença de cantarias em granito. Essa rocha, apesar de abundante em Minas, foi muito raramente utilizada, e muito provavelmente por conta da sua maior dureza e resistência ao corte. Na igreja, os diversos elementos que compõem seu frontispício liso, reconstruído em meados do século XIX[27], tais como a porta principal, constituída por ombreiras e por um arco abatido, bem como os marcos de suas sacadas, a cruz e cimalhas e ainda os outros marcos de portas e de janelas e o próprio cruzeiro, foram todos construídos em cantaria de um granito da própria região, que contém pequenas inclusões de outros materiais e que, às vezes, apresenta estruturas movimentadas, e neste caso recebe a denominação de gnaisse[28].

Ainda na Comarca de Vila Rica, mas já na antiga Vila do Carmo, depois Cidade de Mariana, no local onde hoje encontra-se a Igreja Catedral de Nossa Senhora da Assunção, a Sé de Mariana, existiu uma capela construída com material provisório[29], da qual nada restou. A representação da mesma encontra-se em um documento cartográfico de 1714, da autoria do Engenheiro da Capitania Pedro Gomes Chaves e intitulado: *MAPA DAS MINAS DO OURO E S.PAULO E COSTA DO MAR QUE LHE PRETENCE*. Em 1714, foi tomada a decisão da construção de uma nova matriz, pelos notáveis da Vila do Carmo. Após duas arrematações, uma em 1714 e outra em 1734, foi contratado António Coelho da Fonseca, e a construção arrastou-se ao longo do século, intercalando-se com períodos de reconstruções. Destas, a mais importante foi a de 1798. Assim, a atual Sé de Mariana, construída inicialmente de taipa e em substituição à antiga capela, experimentou uma importante reconstrução, tanto da parede de fora, então refeita em pedra e cal, quanto do frontispício, mas sem perder a sua forma tradicional. Em seu frontão, encontram-se volutas e óculo construídos em quartzito, assim como as vergas e ombreiras da janela e portas-sacadas de seu frontispício. Em sua portada, as bases das suas ombreiras foram igualmente construídas com este quartzito, que se mostra rico em palhetas de mica e apresenta alguma foliação. Aqui, a aplicação dos blocos com seus planos de foliação e de corte paralelos entre si e perpendiculares ao piso e, portanto, submetidos a maior compressão das ombreiras sobrejacentes, exigiram a colocação de cintas de ferro para conterem as suas partições e dar segurança às ditas ombreiras. Todo esse material foi extraído de antigas pedreiras localizadas nos arredores de Mariana, como nas da região conhecida como Cabanas, onde ainda hoje encontram-se vestígios dessas atividades, representados por peças semitrabalhadas e ali deixadas pelos antigos escultores, assim como verificado para antigas áreas de extração localizadas nas encostas da Serra do Itacolomy, em Ouro Preto[30].

Do conjunto de capelas de Mariana, a Capela de Nossa Senhora do Rosário dos Pretos, com provável risco de autoria de José Pereira dos Santos, e cuja construção teve início em 1752, estendendo-se até 1775, foi a primeira das construídas em pedra e cal na Vila de Nossa Senhora do Carmo, conforme registro no *Livro de Termos da Irmandade das Almas, fl 12 v*. Apresenta cunhais e cimalhas de cantaria em quartzito, bem como portada reta, construídas deste quartzito rico em micas da região de Mariana.

Como nas demais vilas e cidades de Minas, a Ordem Terceira de São Francisco de Assis, foi a responsável pela construção da sua capela em Mariana. Com risco inicial do padre D. José Lopes Ferreira da Rocha, depois substituído pelo de José Pereira dos Santos, teve a sua obra de alvenaria em pedra e cal sob a responsabilidade de José Pereira Arouca. A edificação iniciada em 1763 só terminou em 1794. Há registros de que os trabalhos finais de pintura, por conta de Manuel da Costa Ataíde, só foram executados entre 1816 e 1817. Internamente, a igreja apresenta arco-cruzeiro sustentado por colunas cujas bases são de quartzito micáceo aparente, separadas do fuste por cornijas de pedra-talco de coloração clara até marrom clara. Tanto os fustes, quanto o arco, são de quartzito marmorizado. As portas internas têm seus elementos em quartzito e sobrevergas trabalhadas em pedra-sabão, assim como os púlpitos e o lavatório localizado na sacristia. Nos corredores laterais, encontram-se pias, conversadeiras e parapeitos construídos em xisto verde-azulado, que também foi o material empregado na construção da escada, no revestimento ondulado da base e do piso da capela-mor. Nas quinas deste revestimento encontram-se acabamentos em pedra-talco de coloração clara. Externamente, as aberturas das torres, os cunhais, as bases, o embasamento e a cimalha são de

[27] CARRAZZONI. *Guia dos Bens Tombados Brasil*, p. 243.

[28] Gnaisses são rochas que apresentam estruturas bandadas, identificadas pela alternância de bandas normalmente claras e escuras, contínuas ou interrompidas e por composição quase sempre granítica. As bandas claras são ricas em quartzo e feldspatos e as escuras podem conter além de palhetas de biotita, outras micas, como a muscovita, ou cristais de minerais escuros, como anfibólios, piroxênios, granada, etc.

[29] BAZIN. *A Arquitetura Religiosa Barroca no Brasil*, v. I, Livro II, Cap. I, p. 67.

[30] O autor da presente obra visitou estas áreas, a partir de informações repassadas pelo falecido Mestre Juca (artesão de Ouro Preto) e por Rinaldo Urzedo (restaurador de Mariana).

quartzito. No frontispício desta capela, as ombreiras de sua portada e portas-sacadas são de quartzito, mas as vergas e algumas soleiras são de xisto verde-azulado. Já os balaústres das portas-sacadas são de pedra-talco. Acima da porta principal está presente uma verga ou cimalha e acima desta aparece um medalhão em pedra-talco de coloração marrom clara, constituído por uma cartela contendo uma inscrição, ladeada por anjos e encimada por outra cimalha que apóia outra cartela por sua vez encimada por anjo e por um crucifíxo. O piso do adro, degraus de acesso e os muros laterais foram edificados com o mesmo xisto de coloração cinza-azulado, às vezes esverdeado, proveniente de antigas pedreiras localizadas no entorno de Passagem de Mariana, seja na direção de Serrinha, seja na do Morro de Santo Antônio[31].

A Capela da Ordem Terceira de Nossa Senhora do Carmo de Mariana constitui um dos últimos monumentos em estilo rococó de Minas. Em 1784, foram iniciados os serviços de construção da capela sob a responsabilidade dos mestres pedreiros Domingos Moreira de Oliveira e Antônio José de Brito, em substituição a uma antiga capela datada de 1759. A conclusão das obras ocorreu no século XIX. Externamente, os cunhais, a cimalha e os óculos são de quartzito. Essa cimalha apresenta um arqueamento no frontispício contornando um óculo principal em xisto verde-azulado e envidraçado. As ombreiras, as vergas, as soleiras e as cimalhinhas das portas-sacadas, portada e das portas e janelas laterais foram construídas com o mesmo material, um xisto de tonalidade verde-acinzentada, às vezes azulada e contendo cristais maiores de cianita e de granada, bem como seixos de filito, quartzo e itabirito. A portada mostra sobreverga trabalhada e acima desta aparece medalhão em pedra-talco de coloração marrom clara contendo um escudo ladeado por anjos. Outros ornatos, alguns em formato de conchas, e construídos em pedra-talco, encontram-se nesse frontispício.

Na região da Serra do Caraça, a Matriz de *Catas Altas do Matto Dentro* e o respectivo arraial estiveram ora na Comarca de Vila Rica, ora nas Comarcas de Sabará ou Piracicaba, por suas vinculações com o *Arraial e Matriz de Santa Bárbara*, ora no Termo da Cidade de Mariana, ora no da *Villa de Caethé*. Com risco e arremate do português Manuel Fernandes Pontes, construtor do *Palácio Velho de Villa Rica*, a Igreja Matriz de Nossa Senhora da Conceição de Catas Altas teve a sua construção iniciada em janeiro de 1738. Existem registros que tratam da entrega da obra por seus arrematantes em 03/03/1748. Cunhais, pilastras, bases, vergas e ombreiras de portas e janelas, embasamento e cornija foram produzidos em cantaria com a utilização de diversos tipos de rochas, que se destacam por suas diferenças cromáticas: o granito-gnaisse do embasamento, das bases das pilastras das torres e de outras na fachada é acinzentado, os quartzitos variam de esbranquiçados até amarelados e os xistos de ombreiras e vergas são verdes, por conta da presença de minerais como a clorita e a serpentina.

Na região e localizado na Serra do Caraça, encontra-se o conjunto arquitetônico do Santuário e do antigo Colégio do Caraça, acompanhado de uma capela devotada a Nossa Se-

Capelas e igrejas da Comarca de Vila Rica

Nas capelas e igrejas de Ouro Preto, Mariana, Catas Altas e Lavras Novas, vários de seus elementos foram construídos com a utilização de xistos, quartzitos e pedra-sabão [à esquerda e páginas seguintes].

[31] O autor da presente obra visitou antigas áreas de extração nessa região, segundo informações repassadas por Ediniz José Reis (restaurador de Passagem de Mariana) e Rinaldo Urzedo (restaurador de Mariana).

nhora Mãe dos Homens. Inicialmente construída por vontade do Irmão Lourenço, em 1774, apresenta vários elementos de cantaria. Interna e externamente predominam os quartzitos, extraídos de pequenas jazidas localizadas na própria Serra do Caraça. Também da região vieram os xistos verdes que adornam o interior da capela, e muito provavelmente provenientes de pedreiras localizadas no sopé da serra, seja nas proximidades de Brumal, seja entre Catas Altas e Santa Bárbara, de onde ainda hoje são extraídas rochas verdes, como os serpentinitos e os xistos com clorita do Complexo do Quebra Ossos. No interior da sua Capela encontram-se também pequenas colunas construídas em cantaria de calcário dolomítico extraído em antigas pedreiras no Distrito de Antônio Pereira[32], tais como a do Frazão e de Timbopeba.

co de Andrade, diretor do antigo SPHAN, segundo o qual, essa construção marca o momento de transição da fase em que os mestres de ofícios do século XVIII libertaram-se do *espírito tradicional dos arquitetos portugueses*, realizando as obras mais genuínas da arquitetura brasileira.

Nos relatos de Saint-Hilaire, naturalista francês e viajante por Minas no início do século XIX, a Capela do Carmo era uma das de Sabará que ele não poderia deixar de descrever: *É construída de pedra, bonita no interior, muito limpa, ornada de muitos dourados e muito clara. Pode dizer-se que em geral as igrejas da Província de Minas são mantidas mais asseadas que as nossas e, se as artes não apresentam nenhuma obra prima, em compensação não se vê nada de bizarro nem ridículo*[34].

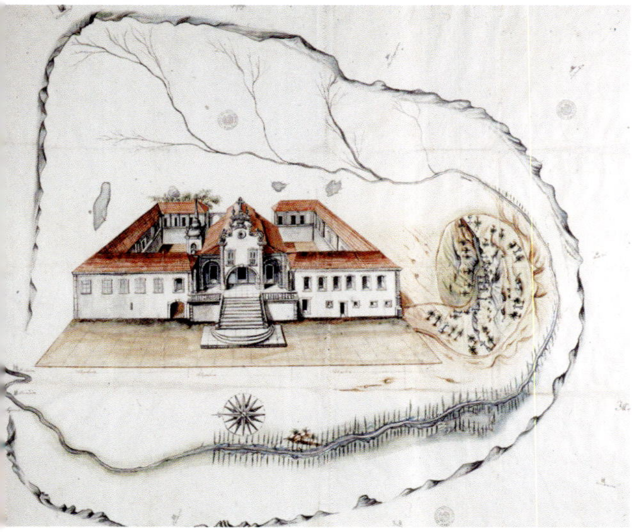

O Hospício de Nossa Senhora Mãe dos Homens e sua capela

A capela que aparece representada foi construída em estilo barroco, c. 1774. Em 1876, foi substituída pela atual, em estilo neogótico, a primeira construída no Brasil. Apresenta arcos e colunas externas em quartzito, arcos internos em xisto verde e colunas internas em calcário. Além da capela, localizada na parte central do conjunto edificado e do calvário, construído em uma elevação à direita, a planta aqui apresentada traz a localização de arraiais e vilas da região no entorno da Serra do Caraça. O hospício, fundado por Frei Lourenço, encontrava-se na Freguesia de Catas Altas, no Termo da Vila de Caeté [AHU - Projeto Resgate].

Nas igrejas e capelas da Comarca de Sabará

O início das criações originais da arquitetura religiosa na Capitania de Minas Gerais coincide, segundo prefácio de Rodrigo Melo F. de Andrade ao livro de Zoroastro Vianna Passos[33], com o início da construção da Capela de São Francisco de Assis de Vila Rica, em 1766. Mas, ainda segundo esse autor, foi na construção da portada da Capela do Carmo de Sabará, que ocorreu de fato o início da produção dos *admiráveis ornatos esculpidos em pedra, cuja feição peculiar haveria de distinguir, definitivamente, um certo número de igrejas mineiras, daquele período, de todas as outras edificações da mesma natureza erigidas no Brasil*. Embora não seja do escopo da atual obra tratar do tema, vale reproduzir outra afirmação de Melo Fran-

De todas as formas de registros sobre as construções dos templos mineiros dos séculos XVIII e XIX, os *Livros de Termos* das Ordens Terceiras são as principais fontes, embora poucos tenham resistido à ação do tempo e à falta de cuidados adequados.

Assim, dos inúmeros Termos que constam do *Livro da Mesa da Ordem 3ª. de Nossa Senhora do Monte do Carmo da Villa do Sabará*, alguns tratam diretamente dos riscos, serviços e dos respectivos materiais empregados na mesma. No *Termo* de 8 de agosto de 1762 encontra-se descrito o processo de escolha do material de que deveria ser feita a dita capela. Por determinação da *Meza* foi realizada uma eleição e cada Irmão recebeu *dois bilhetes em que o prº dizia de pedra, e o Segundo de madeira, para q.ᵉ cada hum escolhesse a materia mais apta p.ª o dito Edifício, e mandando-se correr o escrutínio pª. q. cada*

32 ROLFF. *Calcáreos dolomíticos no Município de O. Preto*, p. 5.

33 PASSOS. *Em torno da história do Sabará*. Prefácio.

34 SAINT-HILAIRE. *Viagem pelo Distrito dos Diamantes e Litoral do Brasil*. p. 75.

hum dos nossos Irmaos desem o seo voto, e tendo todos (...) votado, foi aberto o dito escrutínio (...) e nelle se acharao vinte e seis votos, pela materia de pedra, e vinte de madeira (...).

Dentre os itens de importância para a obra, o que trata do suprimento de material pétreo é dos mais recorrentes nos livros de termos da Ordem do Carmo de Sabará. Em 24/07/1763 foi lavrado um *Termo* tratando do contrato de mil carros de pedra, com transporte à custa do arrematante Manuel Teixeira Guimarães, por 390 oitavas de ouro. O material era proveniente do *Corgo da Ilha, ou outra qualquer paragem aonde milhor commodo fizer p. o território da mesma.* No dia 13/11/1763, João Lopes Teixeira declarou, através de respectivo *Termo*, compromisso assumido por ele de conduzir os mil carros de pedra.

No *Termo* de 02/01/1765 é tratada a contratação do mestre da obra Thiago Moreira. A ele foram repassadas

> *quinhentas e coatro oitavas de ouro para conduzir a pedra de cantaria, que for perciza do cahete,da milhor que lá ouver,que vem a ser,para o Lavatório,Portaes das Ginellas da capella Mor,e Sachristias,e Portas,Presbitério,isto he fronteira,e degraos,Arco-cruzeiro,Púlpitos,dois sapactos de Portas travessos, Coatro Piramides, duas cruzes com duas Pedestais, e duas Pias pequenas p.ª Agua Benta nas Sachrystias, com declaração porem q. dos Púlpitos, se falla a Taça, e d'ahi p.ª baixo, p.ª tudo o rifirido conforme o risco na Capella, q. foi dado ao do Mestre, se obrigou este pela sobre d.ª quantia a conduzir da Villa do Cahete, a pedra de cantaria, e a mesma Meza, se obrigou a dar lhe pela dita pedra, a sua condução, os quinhentos e coatro oitavos, contribuindo logo com p.te delas* (...).

Por conta de ajuste prévio, registrado no Termo de 14/07/1765, a Ordem pagou a Manuel Luiz Perdigão a quantia de 252 oitavas de ouro, correspondentes ao transporte da *Pedra de Caeté*. A Manuel Perdigão havia o mestre Thiago Moreira encomendado *64 carradas de pedra à razão de 4 oitavas de ouro cada uma*[35]. No termo de 08/08/1765 está registrado o contrato de mais 300 carradas *de pedra de Lages da Ilha,e alvenaria por serem precizos para se continuar a obra da Capela,para o que chamarão João Pinto da Sylva,E Luiz Machado Ribeiro, moradores no Arrayal de Congonhas [Nova Lima], a doze vinténs de ouro cada carrada*. As pedras deveriam vir da ilha e sítio de João Rodrigues Alves, que em 1720 era conhecida como Ilha de Frei Basílio[36].

No *Termo* de 04/06/1769, foi ajustada com Antonio da Costa Dias a condução da *Pedra do Brumado* para a Vila do Sabará, a qual: se acha tirada naquella paragem, para dela se fazerem as Armas do Frontispício da Capela[37], por 170 oitavas de ouro. Por este ficou ainda Antonio Costa obrigado a *fazer os caminhos e a retificar as pontes onde necessário fosse*. Embora tenha sido descrita por Zoroastro Passos como pedra-sabão, esta *Pedra do Brumado*, embora apresente coloração verde, é de fato um xisto verde e com composição mineralógica diferente da pedra-sabão, principalmente por seu conteúdo em micas e em quartzo.

A localidade de ocorrência da rocha, identificada como do Brumado, poderia por um lado corresponder a Santo Amaro do Brumado, na Freguesia de Santa Bárbara do Mato Dentro[38], que coincide atualmente com Brumal, localizada no sopé da Serra do Caraça, nas proximidades de Santa Bárbara. Em Brumal, foi utilizada uma rocha verde xistosa na construção do embasamento e das bases das pilastras de sua Igreja, bem como nas escadas que dão acesso ao seu adro. Mas essa localidade poderia também corresponder à do Arraial de Brumado, situado em uma chapada limitada pelos rios Brumado e Camapuã, e localizado na paróquia de Congonhas do Campo. Atualmente é conhecida como Entre Rios de Minas. Os xistos verdes desse Brumado foram descritos pelo Barão de Eschwege[39], que também descreveu xistos verdes na região de Sabará, concluindo serem eles muito semelhantes entre si. Corroborando a informação que dá conta de que a rocha foi buscada no Brumado, seja no Brumal, seja na atual Entre Rios, soma-se o fato de serem os xistos verdes da região de Sabará mais ricos em quartzo do que aquele utilizado na construção das Armas do Frontispício da sua Capela do Carmo e, portanto, menos macios e não apropriados para a produção de arte escultória mais refinada. A partir dele, seria possível obterem-se vergas e ombreiras, mas nada de querubins!

Para a conclusão das obras da capela, obrigaram-se os contratados, Antonio da Costa Dias e Antonio Nogueira Silvares, segundo o *Termo* de 06/08/1769, a conduzir a pedra necessária. A que foi trazida de Caeté, custou três

[35] Carrada corresponde ao volume de rocha transportada em um carro de boi da pedreira até o local da obra.

[36] PASSOS. *Em torno da história do Sabará*, p. 28.

[37] As portas principais, as armas e os detalhes do frontispício da Igreja do Carmo de Sabará são atribuídos a Aleijadinho, segundo PASSOS. *Em torno da história do Sabará*, p. 152-153.

[38] TRINDADE. *Instituições de Igrejas no Bispado de Mariana*, p. 266 e 377.

[39] ESCHWEGE. *Contribuições para a Geognostica do Brasil* (...).: v. II da Collectanea de Scientistas Extrangeiros: Assumptos Mineiros, Tomo I (Cap. III) 1930, p. 269.

oitavas a carrada; a da *pedreira de traz do Rozario*, sete vinténs a carrada; e a da Ilha e de Nossa Senhora do Ó, onze vinténs a carrada.

Nos vários termos assinados encontram-se informações sobre outros serviços executados durante a construção. Em 20/07/1766 foi lavrado um *Termo* de ajuste entre a Mesa da Ordem e o Mestre Thiago Moreira tratando do acréscimo de simalhas e alizares das quatro janelas da capela-mor. O mestre deveria mandar *arrancar e Lavrar, e asentar as pedras necessárias, para os alizares e semalhas da parte de fora, da Capella Mór (...) ficando a dita ordem obrigada somente a conduzir a dita pedra*. Pelo que consta do *Termo* de 06/12/1766, ficou por todos *oniformemente determinado,que o mestre da obra Thiago Moreira fizesse as simalhas da Capella Mór igoal;e do mesmo feitio que mostra o Risco ha de levar o Corpo;e que tão bem fizesse o lavatório semelhante ao que se acha na Matriz do Caethé* (...). No *Termo* de 11/09/1768 ficou registrada a decisão de se fazerem de cantaria lavrada os *cunhaes do frontespicio e Torres*. O *Termo* de 12/05/1771 trata da obra do frontispício, *da cimalha real para cima* pelo que respeita às torres. Neste caso a Ordem ficou obrigada a fornecer todo o chumbo e ferro necessários para a *seguransa das pedras*.

Na *Vila Nova da Rainha*, atual Caeté, mas sem informações sobre a data de início de sua construção, a Capela de Nossa Senhora do Rosário, pertencente à Irmandade do Rosário dos Brancos, foi uma das suas primeiras edificações religiosas. Sabe-se apenas que a talha de seu retábulo foi executada em 1732. Nessa capela encontram-se belas peças de cantaria em quartzito, como seu arco-cruzeiro e a taça de seu púlpito, que é arrematada por uma peça em xisto verde de coloração escura e homogênea, por conta da presença predominante da clorita.

Já a arrematação para a construção da *Capella mor da Igreja Matriz da Freguezia de Nª. Sª. do Bom Sucesso da Villa Nova da Raynha do Cayeté* só ocorreu em 11/04/1756. Com risco de Manuel Francisco Lisboa, teve como arrematante António da Silva Herdeiro[40]. Na construção dos seus cunhais, bases, embasamentos e arcos diversos, foram utilizados quartzitos sericíticos, alguns miloníticos mostrando cristais maiores de quartzo envoltos por uma discreta foliação. Os xistos verdes, com finas bandas esbranquiçadas e com cristais de carbonatos, albita e de quartzo, foram usados para a construção de colunas, pias, portais internos e portada principal, na qual os pequenos ornatos laterais são de rocha verde, mas do tipo Cabo Verde, homogênea e com cor verde-escura por conta da presença da clorita. Internamente encontra-se extensa marmorização em rocha e argamassa. Até 1790, existem registros que tratam da sua reconstrução. Diogo de Vasconcellos descreve assim, este que é, segundo Aníbal de Mattos um dos mais notáveis templos de *Minas Geraes*:

> *Esta Egreja foi construída pelo celebre architecto Bracarena, e não tem rival, seja pela regularidade e amplitude das fórmas, seja pelo material da pedra raríssima de que foi feita, - um verdadeiro esplendor! Essa Egreja veio inaugurar em Minas o novo estylo, que se estava libertando do barroco jesuítico puro, e constitue a obra-prima da época.*[41]

Ainda sobre a *Igreja de N.ª S.ª do Bom Sucesso* comenta Saint-Hilaire[42]: *Há todavia em Caeté um monumento que assinala o seu antigo esplendor – é sua igreja. Não somente não havia visto em toda a Província de Minas uma única que fosse tão bonita; mais ainda, duvido que exista no Rio de Janeiro alguma que se possa comparar.*

Em 1713, teve início a construção da Igreja Matriz de São João Batista do Morro Grande, no antigo Arraial de São João do Morro Grande, atualmente Barão de Cocais e nessa época pertencente à *Vila Nova da Rainha* ou *Vila de Caethé*. Edificada inicialmente em taipa, passou por uma reconstrução entre 1759 e 1798. Miguel Gonçalves de Oliveira e Teodósio Martins de Souza foram os arrematantes da obra, tendo recebido 350$000 (trezentos e cinquenta mil-réis)[43] como paga por seus serviços. Com traços e arte delineada por Aleijadinho, a edificação tem seus elementos arquitetônicos principais construídos em cantaria de quartzito, xisto verde e serpentinito. Estas rochas destacam-se por suas diferenças cromáticas: os quartzitos são amarelados até avermelhados e os xistos e serpentinitos são verdes. Com cornijas, ou molduras que formam saliências na parte superior das paredes, pintadas, apresenta todo o conjunto de sua portada construído em xisto verde. A mesma é encimada por um nicho com a imagem de São João Batista, atribuída a Aleijadinho e igualmente construída com o mesmo material. Vergas e ombreiras, no frontispício, e portas e janelas da nave foram também produzidas em material xistoso de coloração verde-escura. As sacadas são arrematadas por cimalhas de

[40] Existem referências de que o arrematante teria sido António Gonçalves Barcarena. BAZIN *A arquitetura Religiosa Barroca no Brasil*, v. II, p. 72.

[41] MATTOS. *Monumentos Históricos, Artísticos e Religiosos de Minas Geraes*, p. 439.

[42] SAINT-HILAIRE. *Viagem pelo Distrito dos Diamantes e Litoral do Brasil*, p. 65.

[43] *Livro I de Termos da Irmandade do Santíssimo Sacramento*. In: BAZIN. *A arquitetura Religiosa Barroca no Brasil*, v. II, p. 70.

pedra verde e encimadas por conchas. Acima do frontão encontra-se uma cruz ladeada por duas pirâmides, sendo todo o conjunto de cantaria de xisto verde. As pilastras e cunhais são de quartzito e os capitéis são de xisto verde. Internamente, o arco-cruzeiro foi talhado em cantaria de xisto verde, marmorizado. Recentemente, essa pintura foi removida, e a rocha encontra-se aparente.

Em Nova Era, na Igreja Matriz de São José, construída no século XVIII, encontra-se um belo trabalho de marmorização em madeira. No adro da igreja, foram utilizados xistos com anfibólio e gnaisses para a construção de diversos elementos, como o muro, a escada de acesso e uma pequena fonte de água.

Capelas e igrejas da Comarca de Sabará

Nas capelas e igrejas de Nova Era, Barão de Cocais, Caeté, Sabará e Brumal, vários de seus elementos foram construídos com a utilização de xistos verdes e quartzitos diversos.

Nas igrejas e capelas da Comarca do Serro do Frio

As capelas e igrejas construídas na Vila do Príncipe do Serro do Frio e no Arraial do Tejuco, na Comarca do Serro do Frio, foram na sua quase totalidade construídas em taipa e madeira, sendo que em algumas ocorreram reconstruções envolvendo substituições parciais por alvenarias de pedra, areia e cal. Em algumas dessas construções, como na Igreja de Nossa Senhora da Conceição do Serro, onde existem belos exemplos de marmorização sobre madeira, a rocha, inicialmente utilizada apenas nos embasamentos, foi aos poucos sendo utilizada com a cal e a areia na construção de suas paredes. Neste caso do Serro, encontram-se com frequência pedaços de tamanhos diversos de quartzitos ricos em mica, de xistos verdes, denominados *Pedra Cabo Verde* e outros tipos ricos em carbonatos e óxidos, e extraídos em pedreiras próximas, como a Centenário, localizada em uma das saídas da cidade e logo atrás da Capela do Bom Jesus de Matosinhos. A matriz, que já existia em 1725, foi praticamente construída de novo em data posterior a 1776, e por determinação da Irmandade do Santíssimo Sacramento. Existem registros de intervenções ou reconstruções até a data de 1877.

Capelas e igrejas da Comarca do Serro Frio

Nas igrejas e capelas desta comarca as rochas foram pouco utilizadas, a exemplo do que pode ser observado na Igreja de Nossa Senhora da Conceição do Serro e na Capela de São Francisco de Diamantina. No século XVIII, a Vila do Príncipe do Serro Frio e o Arraial do Tejuco faziam parte da Comarca do Serro Frio.

Nas igrejas e capelas da Comarca do Rio das Mortes

Dentre as antigas vilas e arraiais dessa Comarca, as de São João d'El Rey e de São José, atual Tiradentes, são as que apresentam as mais importantes capelas e igrejas.

A Capela de São Francisco de Assis da Penitência da Ordem Terceira dos Franciscanos de São João Del Rey, cuja ordem foi fundada no Rio de Janeiro em 1749, teve as primeiras gestões para sua construção iniciadas em 1773, e sua edificação terminou por volta de 1809. Os riscos para a igreja foram executados em Ouro Preto e aprovados em 1774. Documentos que se encontram sob a guarda do Museu da Inconfidência atestam como sendo de Aleijadinho a autoria, tanto do risco do seu frontispício, quanto da sua fachada lateral. Esses riscos foram modificados pelo Mestre Francisco de Lima Cerqueira. As esculturas da porta e do medalhão são também de autoria desse mestre, mas o baixo-relevo do frontão, que representa São Francisco no Monte Alverne, seria de autoria de Aniceto de Sousa Lopes.

Nessa capela, a utilização das rochas, para a produção da cantaria aparente, limitou-se quase que exclusivamente às suas partes externas e aos diversos elementos de seu adro. Internamente, a capela constitui um belo exemplo da aplicação dos fingimentos e da marmorização, mas os elementos das portas foram produzidos com a utilização de rochas, tais como xistos e quartzitos micáceos, alguns contendo seixos de quartzo e de outros quartzitos.

Granito de granulação fina e homogênea foi utilizado para a construção do arco-cruzeiro e o arco do coro. Nestes, capitéis e cornijas foram produzidas em xisto verde.

Externamente, excluindo o medalhão localizado acima da portada, todos os demais elementos em pedra do frontispício, incluindo ombreiras e verga de sua porta principal, são de xisto verde, e as cimalhas laterais são de quartzito. O clorita xisto foi utilizado para a produção do medalhão que se encontra entre os primeiros lances das escadas de acesso ao adro da capela, bem como dos elementos da murada que delimita a parte da frente desse adro. Calcário róseo foi utilizado na construção dos balaústres dessa murada.

Sobre as áreas de extração dos materiais pétreos utilizados na Capela de São Francisco, existem apenas informações, como as obtidas no *Livro de Termos*, e que dão conta de mencionar a existência de pedreiras, sem no entanto referenciá-las com conhecidas áreas de extração da região. Em um dos documentos, de 1773, é manifestada uma preocupação *com a extração das pedras e (...) seu corte para a construção*. Em um outro, datado de 15/03/1773, comprovando que o pedreiro Antônio Ferreira Lima firmou contrato por 180 oitavas *para trabalhar pelo seu ofº. de Pedreyro tanto para tirar a pedra na pedreyra como lavrar e tudo mais que pertence ao dtº. seu ofº.*[44], novamente é feita menção a uma área de extração, sem informações sobre a sua localização.

As obras de construção da Capela da Ordem Terceira do Carmo de São João d'El Rey foram iniciadas em 1733. Ao longo do seu extenso período de edificação, muitas foram as transformações ocorridas com o seu risco original, e muitos foram os mestres, pedreiros e canteiros envolvidos. O seu frontispício, inicialmente construído por Francisco de Lima Cerqueira, por volta de 1787 e contendo medalhão e porta de autoria do Aleijadinho, segundo risco de 1788, foi posteriormente substituído, e as obras de construção só terminaram por volta de 1853.

No frontispício dessa capela, incluindo elementos das torres, constata-se a utilização do clorita-sericita-quartzo xisto, de coloração esverdeada, na construção de todos os seus elementos em pedra aparente. Internamente, a escada de acesso à torre é verde por conta da utilização dos mesmos xistos. Em pelo menos dois dos Termos relacionados com a construção desse frontispício e que constam do *Livro I de Termos*, o de 01 de agosto e o de 11 de dezembro, ambos de 1790, encontram-se importantes informações sobre a origem das rochas empregadas nessa construção, por ordem:

> (...) *e também o pé direito do fronte Espício será mais alto ao menos quatro palmos ou aquillo q. conviniente for; Que a cantaria que ouver de carecer ofronte Espicio seja depedra da candonga, menos a Cimalha Real com os seus pertences; de frizo, e alquitrave; Que a cantaria das Torrez seja depedra do corgo seco; menos as molduras dos embazamentos ou todo o embazamento; Que as escadas das Torres sejão de cantaria com o pião ouço; Que a Çapata seja depedra do corgo seco; e o Mestre poderá tirar o que no risco achar superfluo.*

> (...) *para se evitar despeza mayor que levassem somente os quatro cunhais principais lavrados de cantaria depedra da Candonga; menos a Cimalha dofronte Espicio e torres com os seus pertenҫes que serão de pedra do Corgo seco; e que ao menos o Culhel digo a Cimalha e os Cunhais serão de pedra fina da Candonga e etc (fls 141v.).*

Considerando as descrições que constam dos citados termos e observações diretas, tanto da edificação, quanto de áreas com ocorrência de xistos verdes na região da Candonga, localizada entre Santa Cruz de Minas e Tiradentes, nos arredores de São João d'El Rey, constata-se que houve mais uma mudança nessa obra, pois na cantaria, seja da cimalha do frontispício, seja das torres, foi de fato utilizada somente a pedra verde da Candonga. A outra rocha referida, extraída de uma região identificada como Córrego Seco, deve corresponder ao quartzito de coloração amarelada, com o qual foram construídas, externamente, as cimalhas e cunhais reais e laterais. Ainda externamente, constata-se que as ombreiras e vergas das janelas e portas laterais da nave são desse mesmo quartzito amarelo, mas as da sua parte posterior, incluindo as da capela e sacristia, foram construídas com a utilização de blocos de quartzito mostrando alternâncias de bandas esbranquiçadas e azuladas.

Na antiga São José d'El Rey, atual Tiradentes, a Igreja Matriz de Santo Antônio da Vila de São José do Rio das Mortes, construída no primeiro quartel do século XVIII, foi ampliada por volta de 1736[45]. Aleijadinho recebeu 10 oitavas de ouro pela traça da parte superior do frontispício da igreja, em 1810. Segundo German Bazin, a parte inferior da dita fachada é de época diferente, com exceção da portada, de mesmo estilo da parte superior.

Em seu frontispício, o conjunto escultural situado acima da porta apresenta medalhão suportado por um

[44] Esta informação consta do *Livro 2º. de Termos dos Arquivos da Ordem*, fl. 103v.

[45] BAZIN. *A Arquitetura Religiosa Barroca no Brasil*, v. II, p. 108.

conjunto de adornos em forma de conchas, que por sua vez é ladeado por volutas. O medalhão, construído em pedra-sabão, de coloração clara, do tipo conhecido como pedra-talco, destoa do conjunto de adornos e volutas, pois estes foram construídos em xisto de coloração verde-azulada. Por sobre cada voluta lateral, que constitui o entablamento do medalhão e de seu suporte, encontram-se aplicados adornos em forma de volutas, com coloração diferenciada, mais escura e construídos com areia de granulação variada e cal. As ombreiras e verga da portada são de xisto com coloração azul-esverdeada. Por sobre as ombreiras, encontram-se aplicados quartelões ou relevos em pedra-sabão, apresentando volutas em suas porções inferiores, médias e superiores. Sobre a rocha utilizada nesse frontispício, existe apenas um *Recibo da obra que se está fazendo no Lajeado de Pedra da Frontaria da Matriz*, datado de 09/08/1788, que indica o modo de ocorrência do material empregado na obra. Considerando que tanto na Cadonga, quanto no Mangue, os xistos e quartzitos ocorrem na forma de lajedos, ficam sendo estas as possíveis áreas de onde foram extraídos esses materiais.

Épocas distintas de construção das partes do frontispício dessa igreja poderiam explicar a presença de adornos argamassados de areia e cal em meio aos adornos e outros elementos do conjunto da portada, construídos em xisto e pedra-sabão. Assim como os balaústres das portas-sacadas, igualmente argamassados, teriam sido os adornos construídos em momento posterior, e na ausência de material adequado ou corresponderiam a partes danificadas e assim complementadas em época também posterior. Com relação aos balaústres do frontispício, existe um documento que confirma *q. sepagou ao Torneyro dos balaustres dofrontispicio da Igreja*, sem no entanto informar o material utilizado na construção dos mesmos.

Externamente a igreja apresenta embasamento e baldrame construídos com blocos e placas (lajes) de quartzito micáceo, contendo quantidades variáveis de cianita e de óxidos, bem como placas de xisto azul-esverdeado. Os quartzitos foram extraídos na Serra de São José e as placas de xisto, que com frequência ocorrem intercaladas com os quartzitos são provenientes de antigas áreas de extração localizadas na região da Candonga, na direção de Santa Cruz de Minas ou na região do Mangue, localizada na própria serra. A igreja apresenta em seu adro um relógio de sol de pedra, datado de 1785. Para a sua construção foi utilizada uma peça de xisto verde.

Nas capelas de Tiradentes, utilizou-se muito a taipa e a madeira, mas na do Rosário, da Santíssima Trindade e de São João Evangelista, encontram-se portadas e adornos diversos em xisto verde, assim como baldrames, cunhais, arcos, púlpito e bases em quartzito, alguns contendo níveis ricos em seixos de quartzo e de outros quartzitos e ainda apresentando coloração variando desde os tons esbranquiçados até os amarelo alaranjados e avermelhados. Na Capela de Nossa Senhora das Mercês, igualmente do século XVIII, além da presença de pilastras e outros elementos em pedra, destaca-se a sua cimalha interna de madeira revestida por belo trabalho de marmorização.

Em Prados, antiga Freguesia da Vila de São José d'El Rey, a Igreja Matriz de Nossa Senhora da Conceição, construída entre 1712 e 1770, constitui um daqueles raros exemplos em Minas Gerais, da utilização de rocha granítica na produção de cantaria. Todos os elementos que compõem seu belo frontispício, incluindo os cunhais e pilastras com suas bases e capitéis de ordem jônica e compósita, a sua portada ricamente trabalhada, as ombreiras e vergas curvas de suas portas-sacadas, incluindo as soleiras e cimalhinhas, bem como toda a cimalha externa, óculo e arremates das torres e de seu frontão encimado por uma cruz, foram construídos com a utilização de granitos, extraídos em locais situados nos povoados de Elvas, Luzia, Caxambu, Dores de Campo e Livramento, arredores de Prados, e ainda hoje utilizados na fabricação de esculturas e outras peças do artesanato local.

Ainda na antiga Comarca do Rio das Mortes, o conjunto arquitetônico do Santuário de Bom Jesus de Matozinhos, em Congonhas do Campo, merece atenção especial. Expoente máximo dentro do conjunto das construções religiosas de Minas, foi edificado entre meados do XVIII e o início do XIX, no morro denominado Alto do Maranhão, localizado em frente ao antigo Arraial das Congonhas do Campo, que naquela época pertencia à Vila de Queluz.

Construído por determinação do emigrante português Feliciano Mendes e com risco de autor desconhecido, tem o ano de 1758 aceito como o de início das obras. Antônio Gonçalves Rosa, o mestre carapina[46] e o pedreiro Antônio Rodrigues Falcato foram os responsáveis pelos serviços de maior envergadura, na fase inicial da obra. Francisco de Lima Cerqueira e Tomaz de Maia Brito foram também empreiteiros nessa edificação.

[46] Nas obras de construção o carapina era o oficial encarregado das obras executadas em madeira.

A fachada da igreja é provida de cunhais e pilastras em granito de grão fino, com cimalha externa e guarnições também construídas da mesma rocha. Seu frontão apresenta curvas, igualmente guarnecidas pelo mesmo material granítico. As vergas e ombreiras de janelas e da portada foram esculpidas em pedra-sabão e o seu embasamento é de quartzito. Em seu interior, encontra-se um arco-cruzeiro cujas colunas são de pedra-sabão com douramento.

A construção do adro e o seu embelezamento foram confiados a Maia Brito, que além disso supervisionou os serviços de extração de rochas na pedreira do Santuário e encarregou-se da construção do serviço de canalização da água, feito em tubos de pedra-sabão[47].

Segundo descrito na *Relação chronologica do sanctuario e irmandade do Senhor Bom Jesus de congonhas do campo do Estado de Minas Geraes pelo P.e Julio Engracio*, os 12 profetas do adro do Santuário, construídos em pedra-sabão, foram encomendados ao Aleijadinho (Antônio Francisco Lisboa) em etapas distintas. Inicialmente foram encomendados os do primeiro pavimento e, posteriormente, do pavimento superior da escada. O trabalho foi executado entre 1800 e 1805, e os contratos foram assinados por Vicente Freire de Andrade, administrador do santuário entre 1794 e 1807.

Para José de Sousa Reis[48], o adro do santuário, tal como o construiu Tomaz de Maia Brito, teria servido apenas de ponto de partida para o frontispício com escadaria monumental, executado em sua forma definitiva pelo Aleijadinho, já com a previsão das 12 estátuas dos profetas:

> *Antonio Francisco, terminadas as estatuas de madeira para os Passos, fazia com Freire de And.e outro contracto para a feitura de 12 estatuas de pedra, representando os 12 Prophetas do antigo Testamento, para serem collocadas no poial fronteiro do Adro da Capella, e recebia andiantados 266$000.* (...) *Além de Antonio Francisco, trabalhava nellas Thomas Maia, provavelmente tirando na pedreira os blocos e desbastando-os para facilitar o buril do mestre, que conforme a tradição era alijado de ambas as mãos*[49].

Como informado na própria *Relação chronologica do P.e Julio Engracio*[50], além do relatório tirado sem acréscimo nem diminuição dos documentos que se encontravam disponíveis no arquivo do Santuário do Bom Jesus de Congonhas,

> *para a descripção do Sanctuario nos aproveitamos da narração de dous distinctos mineiros que a elle fiserão peregrinação, não há muito, e nos comunicarão suas impressões, como segue: Humildes romeiros, demandando o logar das maravilhas operadas pelo S.º Bom Jesus de Congonhas do Campo, partimos da saudosa e tradicional Cidade de Ouro Preto, a poética e simpathica, outrora capital, que desde esse grande facto não visitávamos;*

Segundo esse relato, ao final da ladeira em direção ao santuário e rodeando parte dos Passos havia um muro encimado por cantaria azul. Com relação a essa cobertura dos muros, existe a seguinte descrição na *Relação Cronológica*[51]. *As obras não se sustarão um instante. Prepararão-se as lindas pedras azues para os pannos lateraes do adro e supporte dos Prophetas e nisto gastou o administrador 140,560.rs e continua todo o movimento da casa até 31 de 10.bro de 1801* (...).

Os peregrinos citados descreveram ainda que as pedras que serviam de degraus nas diversas entradas estavam muito desbastadas pelos pés dos transeuntes e atribuíram isto à pouca consistência *das pedras do sabão e aos milhares de devotos que ali entrão todos os anos*. Seguindo em uma minuciosa visita pelo adro do santuário, eles relatam a partir do nível superior do seu terraço, e indo em direção ao inferior, que: *Nas curvas do eixo estão quatro estatuas de pedra de sabão azul, sendo as dos Prophetas Abdias e Amas* [Amos] *à direita; e à esquerda Nahum e Nabachuch* [Habacuc]. *Descendo,* (...) *há um* [outro nível do] *terraço, com entrada de ambos os lados, com sete degrãos cada uma, da mesma usual cantaria; tendo à direita* [no] *parapeito as estatuas dos Prophetas Jonas e Daniel e à esquerda as dos Prophetas Ozeas e Joel*. Deste nível do terraço desce-se ao nível inferior por uma escada com 3 m de largura e 7 degraus e no parapeito do muro encontra-se, à direita, a estátua do profeta Baru e, à esquerda, a do Ezequiel. Seguindo, eles descrevem: *Em frente ao terraço, no primeiro plano ao entrar, há um stemma* [cartela] *de cantaria, de alto a baixo da parede, de forma ovoide irregular e sinuosa contendo no interior uma inscripção burilada como segue: MDCCLV V. D. BON. JESU MATUSINOR. P. R. BENED. XIV PRIM. HICCULTUS*

---

47 CERQUEIRA FALCÃO. *A Basílica do Senhor Bom Jesus de Congonhas do Campo*, p. 45-57.

48 SOUSA REIS. *O Adro do Santuário de Congonhas*, p. 208-211.

49 ENGRÁCIA. *Relação chronologica do sanctuario e irmandade do Senhor Bom Jesus de congonhas do campo do Estado de Minas Geraes pelo P.e Julio Engracio*, p. 62.

50 Ibidem, p. 155-161.

51 Ibidem, p. 63.

Soledade. Apesar de sua aparente simplicidade, apresenta um rico frontispício com pilastras e respectivas bases, embasamento, cimalhas, ombreiras, vergas curvas e ornatos concheados e volutas construídos, todos, em cantaria de uma rocha esbranquiçada e denominada gnaisse. Com composição essencialmente quartzo-feldspática e contendo a mica sericita, o material foi raramente utilizado na construção dos templos mineiros, por conta de sua maior dureza e resistência ao corte. Internamente, esta capela apresenta belos exemplos de marmorização em madeira, localizados em seu altar principal.

Em Ouro Branco, antiga Freguesia da Vila Real de Queluz, a Igreja de Santo Antônio, cuja construção é anterior a 1745, apresenta fachada datada de 1779 e tem frontispício seguindo estilo introduzido em Minas por Aleijadinho[54]. A igreja foi construída com recursos obtidos por meio de três irmandades, a de São Miguel e Almas, a de Santo Antônio e de Nossa Senhora do Rosário. Apresenta cunhais, sacadas, cimalhas e portada em cantaria de sericita-quartzo xisto, às vezes milonítico. A cimalha que separa o corpo da igreja do frontão é curva na porção central do frontispício e contorna parcialmente um belo óculo igualmente construído em cantaria do mesmo material, que às vezes mostra-se mais ou menos rico em minerais micáceos. O brasão localizado acima da verga curva de sua portada, bem como seu respectivo entablamento e o acabamento em volutas do seu frontão e seu crucifixo são de pedra-sabão.

Em Itatiaia, atual distrito do município de Ouro Branco, mas que à época também fazia parte do Termo da Vila Real de Queluz, a Capela de Santo Antônio, construída no primeiro quartel dos Setecentos, mas com registros da realização de atividades religiosas já em 1714, constitui um dos mais antigos templos de Minas Gerais. Passou por inúmeras reformas e substituições. Construída de taipa e madeira, apresenta torres com cunhais e pilastras de pedra. Estes elementos, bem como sua cimalha externa, seu embasamento, as ombreiras e vergas curvas de sua portada e das janelas com sobrevergas concheadas, foram construídos em mica-quartzo xistos e quartzitos micáceos, conglomeráticos e, às vezes miloníticos, todos aflorantes no entorno desta localidade. Em algumas das peças da base dos cunhais ou do embasamento, pode-se observar a presença de pequenos seixos esbranquiçados ou coloridos, formados por quartzo puro, por outros tipos de quartzitos ou ainda de itabiritos, que é uma rocha rica em quartzo e óxidos de ferro. Nas portas laterais, a rocha utilizada para a produção das ombreiras e vergas corresponde a um tipo mais xistoso e com coloração variando entre tons de verde-claro e cinza. Tonalidades avermelhadas, esbranquiçadas ou alaranjadas presentes nas ombreiras localizadas no lado esquerdo da capela, decorrem da presença de colônias de liquens e fungos, que se desenvolvem sobre a rocha, que neste lado quase sempre mantém-se protegida da luz direta do sol. Assim como na Igreja Matriz de Ouro Branco, a pedra-sabão, proveniente da região de Santa Rita, foi utilizada na construção do escudo do seu frontispício, localizado acima da portada, bem como na confecção do óculo, do crucifixo e das volutas do acabamento de seu frontão. Ao redor da construção foi instalado um piso constituído por pequenos blocos e por chapas de quartzito micáceo e de xistos verdes.

Capelas e igrejas da Comarca do Rio das Mortes

No século XVIII, São João d'El Rey, Tiradentes, Congonhas do Campo, Ouro Branco e Itatiaia faziam parte da Comarca do Rio das Mortes. Vários dos elementos destas capelas e igrejas foram construídos com a utilização de xistos verdes, quartzitos diversos e muito raramente da pedra-sabão.

[54] BAZIN. *A arquitetura Religiosa Barroca no Brasil*, v. II, p. 52.

As rochas nas construções de utilidade pública

No conjunto de construções consideradas como de utilidade pública, encontram-se os chafarizes, os calçamentos das vias públicas, bem como as pontes nas vilas e cidades e nos caminhos autorizados, cujas edificações foram decididas pelos homens bons das Câmaras das respectivas vilas, pagas com recursos nem sempre do Estado e que muito contribuíam para a melhoria das condições de vida nos arraiais, vilas e cidades de Minas. Desse conjunto, encontram-se aqui reunidas obras envolvendo os sistemas de fornecimento e de escoamento de água, através da canalização e construção de chafarizes e fontes.

Dos sistemas de fornecimento de água: transporte e escoamento

Em Vila Rica e em outras localidades de Minas, existiram redes públicas e privadas de distribuição de água. Como exemplos de redes públicas podem ser citadas aquelas que traziam a água desde as nascentes, localizadas nas encostas das serras de Ouro Preto até os chafarizes públicos.

Por outro lado, visando atender às necessidades das capelas das Ordens Terceiras, seja na fase de construção, seja nas demandas do dia a dia, foram construídas redes de distribuição com recursos dessas ordens, que não raramente foram também utilizadas para o fornecimento de água para alguns chafarizes. A partir das redes principais, raros foram os seus prolongamentos construídos para o fornecimento de água às residências. Igualmente raras foram as residências que apresentavam sistemas internos de abastecimento de água e de esgotos. De modo geral, eram as redes principais construídas com canos de pedra-sabão ou alcatruzes, que eram blocos de pedra com cerca de 60 cm de comprimento furados no meio e rejuntados com argamassa[55]. Peças de diâmetros diversos, e utilizadas nas redes de Ouro Preto, encontram-se expostas no Museu da Inconfidência.

Em um dos registros sobre a condução da água entre as minas e os chafarizes ou as bacias de pedra da antiga Vila Rica, ficava estabelecido que: *há de encanar a mesma Agoa, q. toda virá em bom encanam.*[to] *feito em*

Alcatruzes e outras peças construídas em pedra para os sistemas de transporte e de distribuição de águas

Com exceção da última peça [abaixo, à direita], construída em xisto rico em carbonatos e opacos e localizada na antiga Chácara do Barão do Serro, as demais peças foram construídas em pedra-sabão e pertencem ao acervo do Museu da Inconfidência, Ouro Preto.

[55] SILVA TELES. *História da Engenharia no Brasil* (...), p. 20.

telhões bem cozidos e pedra com batume nos telhões onde carecer[56]. O sistema de encanamento de água para o Palácio dos Governadores em Vila Rica era constituído por alcatruzes fechados, assentados em cal, areia e estes eram *betumados nas juntas, donde encayxa hum no outro, de macho, e fêmea pela parte de dentro, e de fóra, o ditto betume será feyto de cal preta, e azeyte de mamona*[57]. Em Tiradentes, as peças do sistema de alimentação do Chafariz de São José foram construídas a partir de placas trabalhadas de quartzito e de xisto, encaixadas e rejuntadas com material argiloso.

Ainda sobre o sistema de abastecimento de água em Vila Rica, consta das *Deliberações da Mesa da Ordem Terceira do Carmo de Vila Rica*, que tratam das obras de construção da Capela da Ordem Terceira do Carmo, que o Procurador deveria ajustar e comprar:

> (...) *Hú anel de Agoa, boa e premanente no morro detraz de Palacio ajustando juntam.ᵗᵉ o encanamento como for mais util a esta Ordem de sosiedade com outros intereçados na mais Agoa em que se incluir o d.º anel athé a traveça do Ospital entrando p.ˡᵒ largo de S.ᵗᵃ Anna, e dahi athé o lugar em que esta meza determinar junto a sanchrestia da nova capela". O arrematante João Viana "se obrigava a encanar o dº. Anel de Agoa por repucho e por alcatruzes* [manilhas] *de pedra chamada de sabão bem tomados e assentados com bom capiam.ᵗᵒ e segur.ᶜᵃ a vir sáhir em altura de sinco ou seis palmos p.ª esta Ordem lhe mandar armar por sua conta hú chafariz ou como melhor lhe parecer.* (...) *Toda a água do ajuste seria trazida a "húa bacia de pedra q. se ha de asentar sobre o repucho q. esta Ordem tem determinado por detraz da sua nova sanchristia* (...) *fazendoçe na mesma bacia* (...) *três bicas de cobre* (...) *fazendoçe em húa ou duas sumidouro de pedra* (...) *e sobre essa bacia se porá húa pedra chumbada em forma q. se não bula nas d.ᵃˢ bicas em tempo algú e mtº. menos sem consentimento dos entereçados.*

Com relação a esses consentimentos e deliberações para acesso e utilização dessa água, Francisco Antônio Lopes reproduz uma deliberação da *Mesa da Ordem Terceira do Carmo de Vila Rica*, que trata de autorizar o Governo da Província a servir-se do encanamento que conduz a água para a *Capella da Ordem 3ª. de Nossa Senhora do Carmo*. Com essa autorização foi possível a construção do chafariz localizado defronte ao antigo prédio da Cadeia, atual Museu da Inconfidência e que tem a seguinte inscrição: *Inaugurado a 2 de Dezembro de 1848 – 21.º anniversario de S. M. o Snr. D. Pedro II – por ordem do Presidente da Província – Quintiliano Joze da Silva*.

Dos sistemas internos de distribuição de água, construídos em prédios públicos, destacam-se os dos interiores das antigas Casas de Câmara e Cadeia de Mariana e da antiga Vila Rica, onde atualmente encontra-se instalado o Museu da Inconfidência. Dentre as demais cadeias de outras capitanias, as mineiras eram as únicas que tinham canalizações sanitárias e nestas as junções se faziam em ângulo reto para evitar a fuga dos presos. O projeto de Alpoim para a cadeia de Vila Rica, de 1745, embora não executado, continha as seguintes recomendações: *os canos das secretas* [latrinas] *deveriam ser tão fundos como os alicerces em anglo embaycho feito de lagens* e as canalizações deveriam ter acentuada declividade para melhor *escoar as imundices com a água*. Pelo projeto de Cunha Menezes, foram construídas baterias ou conjuntos de *secretas* no interior das *enxovias* [celas] da cadeia de Vila Rica. As latrinas foram construídas a partir da abertura de buracos circulares em espessas placas de quartzito Itacolomy. A água que chegava em alcatruzes de pedra-sabão era lançada nas pias de quartzito por bicas, e as sobras eram utilizadas para fazer escoar *as imundices*. A partir de 1846, essa água era fornecida por meio de alcatruzes que saíam do chafariz instalado à frente da escadaria da antiga cadeia.

Na cadeia de Mariana[58], existe apenas uma *comua* ou latrina por cada cela. As paredes foram *feitas com pedras de perpianho até a altura do soalho de cima, e em altura de doze palmos cobertas por uma só lage, inteira, metida no grosso da parede e têm portas*. As celas dispunham de canos de pedra com *dois palmos e meio de largo e três de alto*, que conduziam a água corrente para diversos usos nas celas, assim como de um cano também de pedra para despejo das latrinas. Esse sistema de escoamento era constituído por um cano que tinha *quatro palmos de correnteza* ou declive, no comprimento das três enxovias. Foi feito junto com o alicerce e assentado em linha reta *sobre maçame de pedra e cal*. Suas capas foram também feitas ao mesmo tempo que os alicerces, são de pedras duras, com juntas apicoadas, bem justas e assentadas com cal e areia. Os buracos circulares das latrinas e os das pias foram trazidos ao nível do lajedo

[56] LOPES. *História da Construção da Igreja do Carmo de Ouro Preto*, p.35.

[57] LOPES. *Os Palácios de Vila Rica. Ouro Prêto no Ciclo do Ouro*, p. 26.

[58] BARRETO. *Casa de Câmara e Cadeia*, p. 145-146.

de quartzito e abertos em pedras colocadas ao alto, *com cova de um palmo e quarto de diâmetro*. Os assentos das latrinas apresentam buracos de volta circular, são de pedras inteiras, duras, *bem lavradas e escorridas para melhor se lavarem*. As pias das celas foram construídas *de pedra da Passagem, lavradas com picão, tendo cada uma cinco palmos de comprido e de largo dous e meio*. Vários outros elementos que compõem a parte subterrânea dessa rede foram igualmente produzidos com a utilização do quartzito, da pedra-sabão ou da *Pedra da Passagem*. Para o abastecimento de água para a Casa de Câmara e Cadeia foram construídos tanques e fontes de pedra e o arrematante ficou obrigado *a encanar na fonte água do cano real, e da fonte partia a canalização para o serviço dos presos das enxovias. A canalização foi feita com alcatruzes de pedra* (...). Ainda hoje pode-se observar a presença de um desses tanques, nos arredores da edificação, construído com a utilização de placas de xisto, extraídas na região de Passagem de Mariana.

Como exemplos desses sistemas de fornecimento e de escoamento de água construídos em pedra, mas instalados em construções privadas, podem ser mencionados os sistemas externo e interno da já mencionada Chácara de José Joaquim Ferreira Rabelo, o Barão do Serro. O conjunto foi edificado na segunda metade do século XIX, nos arredores da antiga Vila do Príncipe do Serro Frio, atual Serro. Detrás da edificação principal, foi construído um pequeno aqueduto, que em seu trecho inicial corre no interior de um túnel e através do qual a água é transportada de uma nascente subterrânea até um tanque de pedra de onde é redistribuída por meio de canos de pedra, seja para atender às necessidades no interior da casa, seja para outros usos na sua área externa. Para a construção desses encanamentos foram utilizadas rochas maciças, com coloração variando entre tons de cinza e de verde-azulado, às vezes com discretos bandamentos, ricas em carbonatos, e extraídas na própria região do Serro. Variedades da pedra-sabão, provavelmente oriundas da região de Alvorada de Minas, foram também empregadas.

Dos sistemas destinados à captação e condução de água, mas ao ar livre, apesar de raros, são também encontrados exemplos em algumas das localidades mineiras. Envolvendo, às vezes, estruturas diversas, incluindo arcadas e trechos suspensos, esses sistemas foram construídos com a utilização de lajes e blocos de quartzitos, como no caso do Aqueduto de Catas Altas, ou envolvendo a utilização de placas de xistos e de quartzitos rejuntadas com argila, como no caso do de Tiradentes.

O Aqueduto de Catas Altas, construído na região leste da Serra do Caraça, foi concluído até 1761, pois esta data encontra-se gravada em um bloco situado na parte superior do seu único arco remanescente. Em parte, as placas de quartzito que compunham essa estrutura foram retiradas ao longo do tempo e utilizadas para o capeamento de estradas no entorno dessa obra. Acredita-se que o mesmo tenha sido construído ou com o objetivo de abastecer localidades, como Santa Bárbara ou Catas Altas ou, ainda, para suprir a necessidade de água de alguma lavra de ouro, situada nas proximidades. Já o Aqueduto de Tiradentes foi construído com o objetivo de fornecer água para o Chafariz de São José, da então Vila de São José d'El Rey. É datado de 1749.

Já um outro sistema de escoamento de águas, mas das chuvas, também valeu-se das rochas para a construção dos seus respectivos canos por onde saíam as águas pluviais. Assim, são inúmeras as construções que apresentam as chamadas gárgulas bombardas e outros tipos, por onde ainda hoje escorrem as águas. Segundo transcrição de parte das condições para a construção dos telhados da Capela da Ordem Terceira do Carmo de Ouro Preto, o arrematante da obra obrigava-se a construir um sistema de escoamento das águas de chuva com as seguintes características:

> *As gargullas p.ª lançar as agoas dos telhados queficaõ empedidos com as torres devem ser, quatro, duas emcada torre com seucanal decantaria asquaes seraõ asentadas nasimalha real na engra quefazem as torres, eseadverte que agargulla quefica emcada torre na engra detrás seraõ asentadas, epostas detalforma que não lanssem aagoa napassagem da porta travessa, eos canaes p.ª as referidas gargullas seraõ asentados, ou metidos comseus rabos nas paredes das torres com acorrenteza necessr.ª p.ª huã eoutra parte, ecortará aparede das tores meyo palmo emroda pela parte defora eemsima dasimalha real eas sineiras que as torres devem levar nafaçe que olha p.ª os telhados seraõ asentadas logo emediatam.^te porsima dos mesmos telhados as quaes servem p.ª serventia dos mesmos eseraõ mais pequenas que as outras etambem mais baixas p.ª assim deixarem apassagem livre dos degraos daescada; Que nacondiçaõ que diz fará as gargullas comseucanal decantaria será oseucanal batumado emtodas as juntas eapedra p.ª ellas deve ser sam, edura, p.ª que o tempo, ou outro qualquer incidente as não desfaça.*

As gárgulas e outras peças de pedra produzidas para o escoamento das águas pluviais

Dentre vários sítios históricos, estas peças podem ser encontradas em edificações de São João D'El Rey, Sabará, Ouro Preto e no acervo do Museu de Artes e Ofícios de Belo Horizonte.

Quanto aos materiais empregados na construção desses canos, então instalados nas cimalhas dos telhados, nos frontispícios, nas bases das torres e dos pisos de alguns adros e pátios, a pedra-sabão foi a que teve maior utilização, como nas peças do adro do Santuário do Bom Jesus de Congonhas do Campo, ou nas da Capela de São Francisco de Assis e dos pátios suspensos do antigo Palácio dos Governadores, em Ouro Preto. Na Capela do Carmo de Sabará os canos são de quartzito e mostram perfeita sintonia com a cimalha construída na mesma rocha. Nas laterais do frontispício da Capela do Carmo de São João d'El Rey, encontram-se canos construídos em xisto verde e em suas extremidades foram esculpidas carrancas, sendo que atualmente apenas a da esquerda permanece intacta. No Museu de Artes e Ofícios de Belo Horizonte, encontra-se a extremidade de um desses canos de escoamento. Esculpida em xisto verde e de coloração escura, essa extremidade tem a forma de uma cabeça de dragão.

Dos chafarizes e das fontes mineiras

No período colonial, algumas obras foram projetadas visando a atender aos interesses do Estado e nestes casos foram executadas com recursos do Erário Real. Em Minas, para além da construção do Palácio dos Governadores em Vila Rica, apenas alguns quartéis e trechos dos principais caminhos enquadravam-se nessas condições.

Apesar do interesse público e da importância para a saúde dos cidadãos, em obras tais como as fontes e os chafarizes, os recursos necessários para suas construções, provinham necessariamente das Câmaras das vilas e cidades, das irmandades ou diretamente de particulares. Nos casos dos chafarizes e das fontes, estas eram na maioria das vezes as únicas formas de abastecimento de água nas cidades, vilas e nos arraiais, pois eram muito poucas as construções que dispunham de fontes próprias e de instalações de água corrente.

Estas e outras obras eram contratadas sempre através dos Autos de Arrematação, realizados sempre nos Paços dos Conselhos das Casas das Câmaras, na presença do *juiz ordinário presidente*, de vereadores, do procurador do Senado da Câmara, de um escrivão e do *porteiro dos auditórios da Vila*, o qual garantia ter *trazido em praça pública mais dos dias da lei e estyllo, as condições da construcção*. Todo o procedimento era ouvido pelos oficiais da Câmara, que determinavam o afrontamento e a arrematação. Assim, o porteiro, *debaixo de pregão em voz alta e intelligivel, que de todos era bem entendido, andando na mesma praça decima para baixo e de baixo para cima á vista de todos*, proclamava a proposta encaminhada e reafirmava as condições da construção. Outros lances podiam ser encaminhados ao porteiro, que na melhor proposta dirigia-se ao arrematante e lhe metia um ramo verde na mão dizendo-lhe: *faça muito bom proveito*.

Assim, seguindo sempre esse ritual, e por determinação dos respectivos Senados das Câmaras, foram construídas inúmeras fontes e chafarizes. Para todas essas obras e em especial para estes últimos, os materiais mais empregados foram os quartzitos, os xistos e as argamassas de cal e areia. Na região de Vila Rica, tanto fontes, quanto chafarizes foram edificados com a utilização de blocos de quartzito Itacolomy e lajes do quartzito das Lages. Nas regiões de Diamantina e Caeté, por exemplo, os xistos verdes foram mais utilizados. Na construção dos chafarizes, além dos diversos materiais empregados, os autores de seus riscos procuraram, como forma de distingui-los uns dos outros, dar a cada um ornamentos ou detalhes, reproduzidos na mesma pedra ou em pedra-sabão ou no xisto e representados por carrancas, serpentes marinhas, peixes, pelicanos, pinhas, conchas, bustos, pináculos ou volutas.

Em Ouro Preto, o Chafariz de Marília, construído em 1758 e tendo ao fundo a casa que pertenceu a Marília de Dirceu, era conhecido como Chafariz da Ponte de Antônio Dias. Arrematado por Manuel Francisco Lisboa, foi construído em alvenaria de pedra, com cantaria. Apresenta guarnições e ornatos, tais como conchas e volutas em quartzito Itacolomy. As pilastras e os marcos foram igualmente construídos em cantaria do mesmo quartzito. A rocha apresenta, às vezes, discreta orientação para alguns de seus constituintes mineralógicos, realçada pela disposição das finas palhetas de mica. Contém cristais isolados ou linhas de cristais de minerais opacos (magnetita), cristais de quartzo de grão mais grosso, que se destacam em uma matriz quartzosa mais fina e ainda diminutos seixos alongados de coloração escura, que devem corresponder a fragmentos de rochas muito ricas em micas (filitos) ou em material ferruginoso (itabirito).

Arrematado por João Domingos Veyga, em 12/04/1745, o Chafariz de São José de Vila Rica ou dos Contos foi construído em alvenaria e cantaria, com pilastras, volutas, conchas e pinhas de quartzito Itacolomy. Apresenta a inscrição: *is quae potatum cole gens pleno ore senatum securi ut sitis nam facit ille sitis*, que significa: *gente que vem beber, louva de boca cheia ao Senado, porque tem sede e ele faz cessar a sede*.

No documento *Registro das Cláusulas*[59] que trata da construção desse chafariz, encontram-se condições, raras para os projetos da época, e que envolvem questões tais como a cor da rocha a ser utilizada, demonstrando preocupações com o padrão estético e com a preservação da obra. Segundo estas:

> *Toda a obra dela se fara de pedra de Itacolomy da melhor, e mais branca, e com igualdade na cor, e será tudo bem batumado, em forma tal que não vaze a agoa, e se gateara de bronze bem chumbado, e os socos digo adonde descansarem os barris, e toda a borda do tanque levara chapas de ferro em toda a sua circunferência, para que se não gaste a pedra com facilidade,(...).*

Em outra condição, depois de pronta deveria a obra ser inspecionada por *professor de pedreyro* para exami-

[59] Códice 41-C.M., folhas 176 e 180v, do Arquivo Público Mineiro.

As carrancas dos chafarizes mineiros

Como adornos nas saídas das águas, estas peças, em grande parte sem nenhuma referência de autoria, foram construídas em xisto, com colorações variando entre os tons de cinza e de verde, como no caso das carrancas de Diamantina, de São João d'El Rey e de Caeté, ou com quartzitos esbranquiçados, acinzentados ou amarelados, como no caso das de Ouro Preto e Mariana. Raramente foi a pedra-sabão utilizada com esta finalidade e em um dos chafarizes de Sabará a carranca [ilustração central da penúltima faixa] foi construída em argamassa [página à direita].

1749

nar a qualidade da pedra. Para o caso de qualquer defeito, ficava o arrematante obrigado a refazê-lo por conta própria, buscando assim a *prefeyção da dita obra*.

A arrematação para a construção do Chafariz do Alto da Cruz, aconteceu em 30/12/1757. O arrematante, Henrique Gomes de Brito, obteve a devida autorização, tendo por fiadores Miguel de Oliveira e António José da Costa, moradores de Vila Rica. Das condições com que foram arrematados os serviços para a construção do seu encanamento e do chafariz propriamente dito, constam[60]:

> *1.º) (...) Este Chafariz seria de pedra de Tapanhoacanga assentada em cal e rebocado com a mesma; como tambem a cantaria que o risco mostrava, com declaração que o Poyal[61] donde se havia de assentar os barris, seria de Ensilharia lageada com lages do Itacolomy das mais duras que houvessem como tambem seria obrigado a pôr três canudos de bronze nas Carrancas; 7.º) O arrematante seria obrigado: - a fazer três carrancas de pedra todas postas em uma pia donde se teria de repartir a agua, e depois da agua cahir no poyal a encanaria até cahir no tanque dos cavallos; se lhe faria uma gárgula para cahir no mesmo tanque. Também seria obrigado: - a fazer o tanque gateando e betumando-se, sendo este tanque feito de pedra de cantaria; a parede do chafariz teria três palmos e meio de grosso, bem feita e macissada.*

Do registro das condições nada consta sobre o busto que vem encimando o frontão em volutas do chafariz. A peça, construída em pedra-sabão seria o primeiro trabalho de António Francisco Lisboa, e nele encontra-se registrada a data de 1761. Embora não tenha sido especificada a origem da pedra utilizada para a produção das carrancas desse cahafariz, o material utilizado apresenta todas as características do quartzito Itacolomy. Por outro lado, as lajes utilizadas devem ser do quartzito do tipo Lajes. Na parte superior do frontão, constata-se a presença de uma cimalha construída em quartzito do tipo Lajes e volutas em arco feitas com um tipo de argamassa que envolveu a utilização de areia com granulometria variando de média a grossa.

Localizado no outro lado da cidade, na antiga saída para o Rio de Janeiro, o Chafariz do Alto das Cabeças, construído em 1763, no adro da Igreja da Irmandade de São Miguel e Almas, também conhecida como do Bom Jesus de Matozinhos das Cabeças, teve como arrematante Francisco de Lima. O conjunto foi construído em alvenaria e cantaria, onde pilastras laterais e frontão são de quartzito micáceo, este último encimado por pedestal e pinhas em quartzito de igual composição e por uma cruz em xisto de coloração cinza-azulada. O tanque foi construído em pedra do Itacolomy e os alcatruzes que conduzem sua água são igualmente de pedra de boa qualidade. O ornato principal é constituído por dois peixes entrelaçados, produzidos em quartzito Itacolomy contendo cristais isolados ou linhas de cristais de magnetita.

Construído em 1752, o Chafariz do Passo de Antônio Dias ou do Ouvidor apresenta frontão de alvenaria envolto por molduras e ornatos de pedra quartzítica trabalhada e proveniente da Serra do Itacolomy. Uma interrupção no arco superior quartzítico dá lugar a uma placa retangular contendo uma inscrição em latim. Acima desta, encontra-se um pedestal central com volutas e um ornato. Na parte central, encontra-se um painel de quartzito datado, contendo carrancas do mesmo material e encimado por um ornato em forma de concha igualmente construído em quartzito Itacolomy.

O chafariz da praça Tiradentes, que se encontra encostado na escadaria de acesso ao atual Museu da Inconfidência, foi para ali transferido do seu local original, na ponte do Ouro Preto[62]. Traz uma placa com a seguinte inscrição: *Inaugurado a 2 de Dezembro de 1846, 21º. Anniversario de S. M. o Sr. Dom Pedro II por ordem do Presidente da Província Quintiliano José da Silva*. A obra foi toda construída em quartzito Itacolomy e apresenta ornatos em forma de volutas e pinhas. A rocha utilizada apresenta coloração variando entre a esbranquiçada e a cinza-azulada, esta devida à presença de finas palhetas ou de linhas de micas. Bandas com coloração avermelhada ou alaranjada ocorrem por conta das alterações dos cristais ou linhas de cristais de magnetita. Como em outros monumentos, o quartzito também contém seixos alongados e de coloração escura, que devem corresponder a pedaços de rochas, algumas muito ricas em micas (filitos); outras, em ferro (itabiritos).

Construído pelo arrematante Miguel Moreira Maia, o Chafariz de Águas Férreas, *localizava-se na paragem da Água Limpa do Padre Faria, na beira da estrada que segue desta Villa para a cidade de Marianna*[63]. Emanuel

[60] Códice 70, C.V.R., folhas 25v e 28, do Arquivo Público Mineiro.

[61] Nos chafarizes, o Poyal corresponde à parte ao lado do tanque ou da pia, construída em pedra lavrada, onde se pode colocar algum outro objeto. In: ÁVILA et al. *Barroco Mineiro Glossário de Arquitetura e Ornamentação.*

[62] LOPES. *Os Palácios de Vila Rica*, p. 271.

[63] CARVALHO. *Pontes e Chafarizes de Villa Rica de Ouro Preto*, p. 157.

Pohl em seu diário de viagem para Vila Rica, vindo de Mariana, relata que *depois de passar pelo Arraial de Taquara* [Taquaral] *há um chafariz, cuja inscrição nos informa que a Câmara o mandou construir em 1806 para refrigério dos moradores e viajantes*[64]. Essa inscrição, com os dizeres: *R*[Pre]*ezidindo a Capitania o III*^{nno} *e Ex.*^{nno} *Snr Ped*[ro] *Maria Xavier de AtalaideeMello a Câmara* [mandou] *construir esta Fonte E*[m] [be]*neficioda Saúde Publica Emoanno de 1806*, foi esculpida com cinzel em uma cartela de pedra-sabão e por vandalismo teve a data de 1806 adulterada para 1866.

Na cidade de Mariana, dentre os chafarizes construídos, um ficou conhecido como da Sé, pois ficava na praça, defronte à Sé e um outro, como Chafariz de Assumar, pois foi instalado ou transferido para local próximo à antiga Casa do Conde de Assumar. É também referido como Chafariz de São Francisco, pois encontra-se praticamente nos fundos da Capela de São Francisco. O Chafariz da Sé foi todo construído em pedra da Passagem, tem cor esverdeada e foi retirado da praça em uma das suas muitas remodelações. Recentemente, foi recuperado, passou por uma restauração e foi reassentado defronte à Sé. O segundo, de Assumar, apresenta frontão de alvenaria contornado por molduras de quartzito micáceo trabalhado, sendo a sua parte superior em forma de arco interrompido. Apresenta ainda cartela vazia encimada por coroa, ambas em pedra-sabão. Na parte inferior da cartela, vem a data 1805, que é considerada a data da transferência do mesmo para o local onde se encontra.

Em Diamantina, foi construído um chafariz com seis carrancas e respectivas bicas, bem como bacia, tudo em xisto verde apicoado. Acima das bicas, aparece uma cartela do mesmo material com a data 1861. A parte superior do frontão é ondulada e foi construída com a utilização de argamassa. Esta parte contém volutas e traz a data 1899, o que sugere uma finalização posterior para a mesma.

O Chafariz de São José, construído na Vila de São José d'El Rey com a finalidade de fornecer água à população, dispõe de tanques para os animais e de outros laterais onde podiam ser lavadas as roupas. É datado de 1749. Em seu frontão de alvenaria, foram instaladas três carrancas de quartzito e respectivas bicas. Acima destas encontra-se um nicho contendo uma imagem de São José, e acima deste vem uma cartela com as armas de Portugal e coroa, por sua vez encimada por uma cruz, todos construídos com o quartzito sericítico. Apresenta coruchéus, cimalha, molduras, volutas e tanque ondulado construídos todos em quartzito. O de São João d'El Rey, chamado da Legalidade, foi construído em xisto verde, em 1834, demolido juntamente com o aqueduto dos Arcos em 1895 e reconstruído em outro local, no século XX.

Em Caeté, foram construídos dois chafarizes, o da Matriz e o da antiga cadeia. Em ambos o quartzito foi utilizado na construção dos tanques e das pilastras laterais. As respectivas carrancas e cornijas são de xisto que apresenta variação de cor entre o verde claro e o escuro, que é rico em cloritas.

Na construção dos chafarizes, nem sempre o frontão era de alvenaria. Em Sabará, existe um, cujo frontão é de pedra seca e a carranca, que contém a única bica existente, é de argamassa. Trata-se de um pequeno chafariz instalado em um dos muros do adro da capela do antigo cemitério da cidade.

Em algumas localidades mineiras, também foram construídas fontes e respectivos tanques, em vez de chafarizes. O conjunto que se encontra em Conceição do Mato Dentro data de 1825. Projetado pelo Mestre José Caetano, apresenta um tanque formado por placas de xisto verde, que contém em seu interior uma coluna de 3,30 m de altura, torneada em duas partes e que tem quatro carrancas suportando um pedestal, onde se assenta uma estátua em pedra-sabão de um guerreiro indígena com diversos adornos, e medindo 80 cm. Na fonte e tanque de Brumal, encontra-se uma coluna construída em pedra-talco, contendo duas bicas e assentada em meio a um tanque formado por placas de serpentinito e de pedra-sabão de cor cinza-esverdeada. Em uma das placas, está inscrita a data 1898. Em Mariana, ao lado do prédio da antiga Casa de Câmara e Cadeia, existem uma fonte e um tanque construídos com a utilização de blocos e placas de xisto da Passagem, mas é a denominada Fonte da Samaritana que desperta maior interesse. Originalmente instalada no antigo Paço dos Bispos de Mariana, encontra-se atualmente no interior do Museu Arquidiocesano de Arte Sacra. O conjunto é formado por uma fonte e uma bacia, e mede 2,07 m de altura por 1,04 m de largura. Todo construído em pedra-sabão por José Pereira Arouca, data da última década do século XVIII[65]. Traz um baixo-relevo, atribuído ao Mestre Aleijadinho, que contém, entre outras, a representação de Cristo à esquerda e da Samaritana à direita.

[64] POHL. *Viagem no Interior do Brasil*, p. 390.

[65] Segundo a historiadora Conceição Brito, do Museu Arquidiocesano de Arte Sacra de Mariana.

Os chafarizes e fontes de Minas

Construídos por iniciativa das Câmaras, das irmandades ou de particulares, consistiam nas únicas formas de abastecimento de água nas vilas e cidades, pois raros eram os casos de residências e outras edificações com fontes próprias de água. Na construção dos mesmos foram empregados quartzitos e xistos. Para o transporte da água, a partir das nascentes até os chafarizes, foram utilizados alcatruzes de pedra-sabão ou os condutos eram construídos com a utilização de placas de quartzito, como no caso do Chafariz de São José, em Tiradentes [abaixo, página à direita e seguintes].

seu do Ouro de Sabará, um dos moldes expostos (MO 617) foi produzido em pedra-talco e apresenta desenhos de cunho popular. Foi utilizado para a produção de jóias. Datado de 1796, tem o formato retangular e apresenta um de seus extremos mais largos. Tem todas as faces esculpidas com desenhos, tais como: pássaros, setas, conchas e flores. Dos tinteiros encontrados, todos datados do século XVIII, alguns apresentam formas muito requintadas, com molduras trabalhadas e recortes encurvados. Dispõem de recipientes para tinta e areia, e de orifícios para as penas. São de pedra-talco, como no Museu de Ouro Preto, ou de xisto verde, como o do Museu do Ouro (MO 594).

As rochas nas obras de arte religiosa e profana

Do expressivo conjunto de esculturas e de outros objetos de arte, produzidos em Minas Gerais até fins do século XIX, a parte feita em pedra pode ser dividida em quatro grandes grupos: o das obras da imaginária popular voltada para a fé e normalmente encomendadas aos santeiros por particulares; o das obras da imaginária popular relacionada com crendices; o da estatuária encomendada aos grandes mestres pelas irmandades; o das obras instaladas em edifícios e logradouros públicos e o das obras instaladas em construções civis.

Com relação aos materiais empregados, constatou-se um maior número de obras realizadas em pedra-talco e em pedra-sabão. Quartzitos e xistos diversos foram também empregados.

Considerando os objetivos da presente obra, que são a identificação dos materiais pétreos e a localização das suas respectivas áreas-fonte, estes serão só em parte atendidos com relação às obras da imaginária popular voltada para a fé. Segundo José Alberto Nemer[66], essas obras, muitas vezes também com grande dificuldade para a identificação dos seus autores, faziam parte dos patrimônios espiritual e material das famílias e, assim, acompanhavam-nas em suas mudanças nas Minas Gerais dos séculos XVIII e XIX. Com isso, fica de fato mais difícil dizer-se algo, seja sobre a origem geográfica da obra, seja sobre os locais exatos de onde foram extraídos os materiais empregados. De modo geral, sabe-se apenas, seja a partir de levantamentos geológicos (DNPM/USGS e Codemig 2005), seja de observações atuais, que serpentinitos e a pedra-sabão, assim como a pedra-talco, ocorrem nos arredores do Serro, de Cachoeira do Campo, de Caeté, de Ouro Preto, de Mariana e na parte leste da Serra do Caraça.

Nas obras da imaginária popular voltada para a fé

Desse grupo, considerado como parte significativa do conjunto de esculturas produzidas em Minas, as obras em pedra são raras e encontram-se representadas por peças isoladas ou conjuntos de imagens, como no caso dos oratórios. Normalmente, trata-se de obras de dimensões reduzidas, envolvendo objetos de fé, tais como as imagens populares destinadas à devoção doméstica e os ex-votos. Enquanto os últimos eram depositados nos centros de peregrinação, as imagens ocupavam oratórios ou pequenos altares, às vezes dispostos em diversos cômodos das casas[67]. Para as imagens, em especial as dos oratórios, seja por conta das dimensões mais reduzidas, ou da grande riqueza de detalhes que apresentam, houve uma predileção pelo uso da pedra-talco, que é mais macia e homogênea que a pedra-sabão. Além disso, deve ter influenciado nesta escolha, o fato de a pedra-talco apresentar semelhanças com os calcários

Equipamentos e instrumentos diversos construídos parcial ou totalmente em pedra e utilizados na região das minas

O conjunto é formado por moldes, peças de alambique, pesos e outros, construídos em pedra-sabão e xisto. Moendas e rodas de amolar foram produzidas em granito. Estas peças fazem parte dos acervos dos museus de Artes e Ofícios de Belo Horizonte, do Ouro de Sabará e da Inconfidência, em Ouro Preto. Completam o conjunto as bases de esteios em xisto, circulares e com furos centrais, do acervo do Museu de História Natural da UFMG e provenientes da região de Diamantina e o relógio de sol do adro da Igreja de Santo Antônio de Tiradentes, igualmente construído em xisto verde.

[66] NEMER. *A Mão Devota*, p. 36.

[67] Ibidem, p. 31.

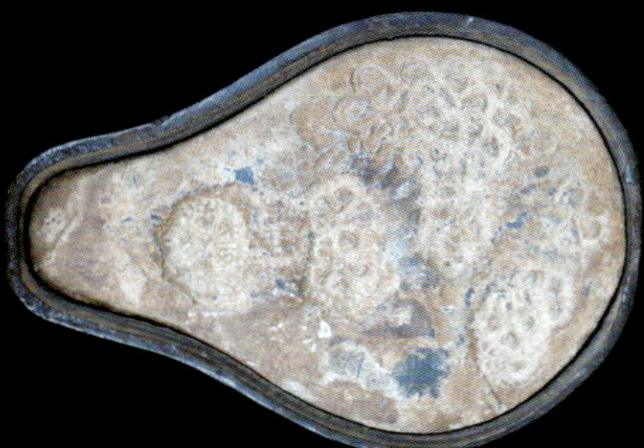

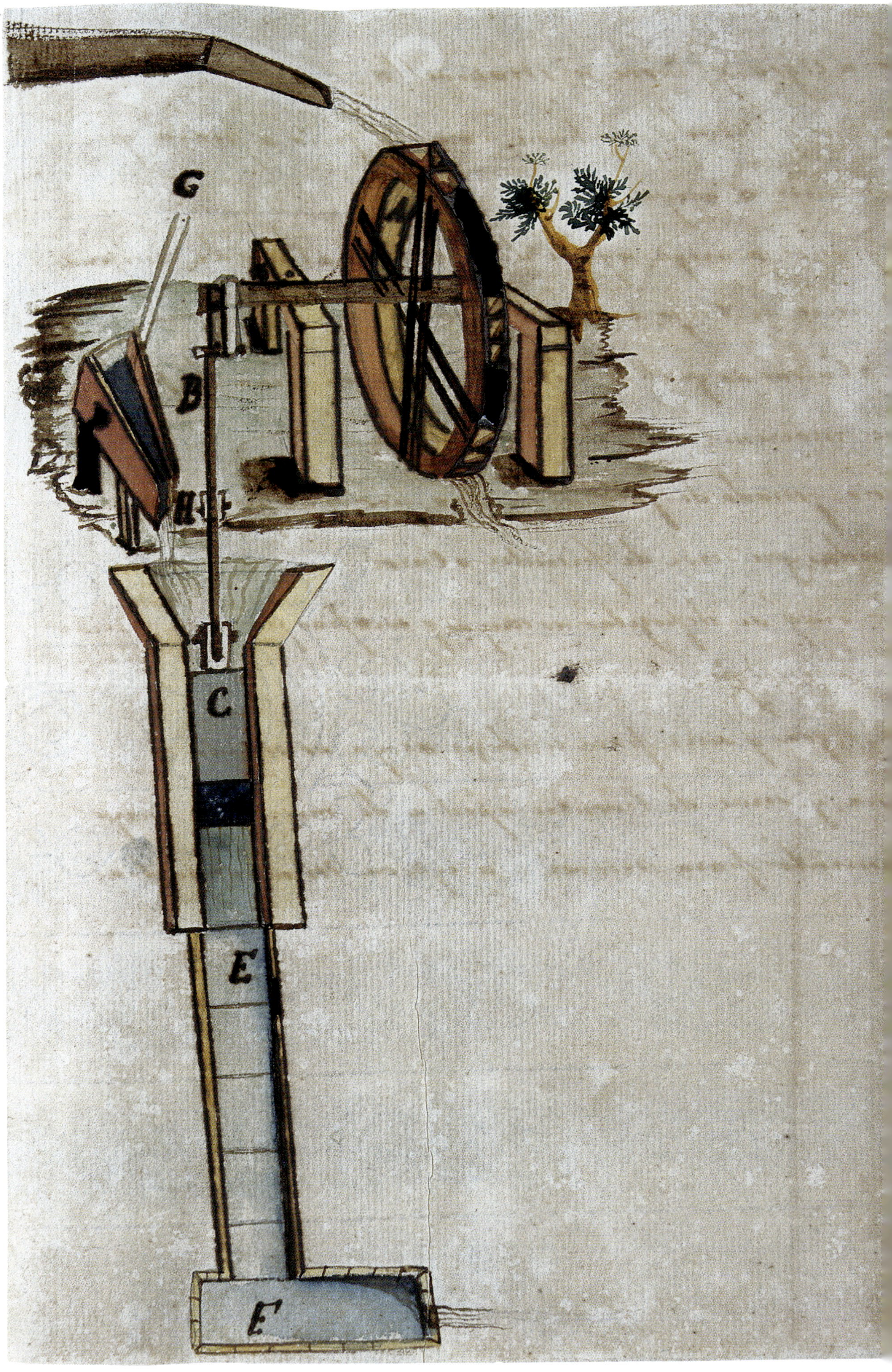

Máquinas de moer e de peneirar areia aurífera

Segundo documentação de solicitação de patente de 1812, essas máquinas, com alguns componentes em pedra, foram inventadas pelo Capitão-Mor João Baptista Ferreira de Sousa Coutinho, Barão de Catas Altas, *para apartamento e trituração das pedras auríferas (...) de notória utilidade aos mineiros das montanhas, por conseguirem de hua maneira mais breve os dous objectos mais importantes em similhantes trabalhos, e pouparem muitos braços de Homens*. Um parecer sobre o pedido foi dado em 10/12/1812, na Vila Nova da Rainha [Caeté] e a provisão de inventor [Carta Patente] foi reconhecida em 21/07/1814, no Rio de Janeiro. Da máquina de moer, a peça C é descrita como sendo: *Pedra q' moi a areya, a qual deve ter 3 palmos de comprido, hum e meio de largo , e um d'alto.* [AN – Real Junta do Comércio, Agricultura, Fábrica e Navegação, cx 385, maço 2].

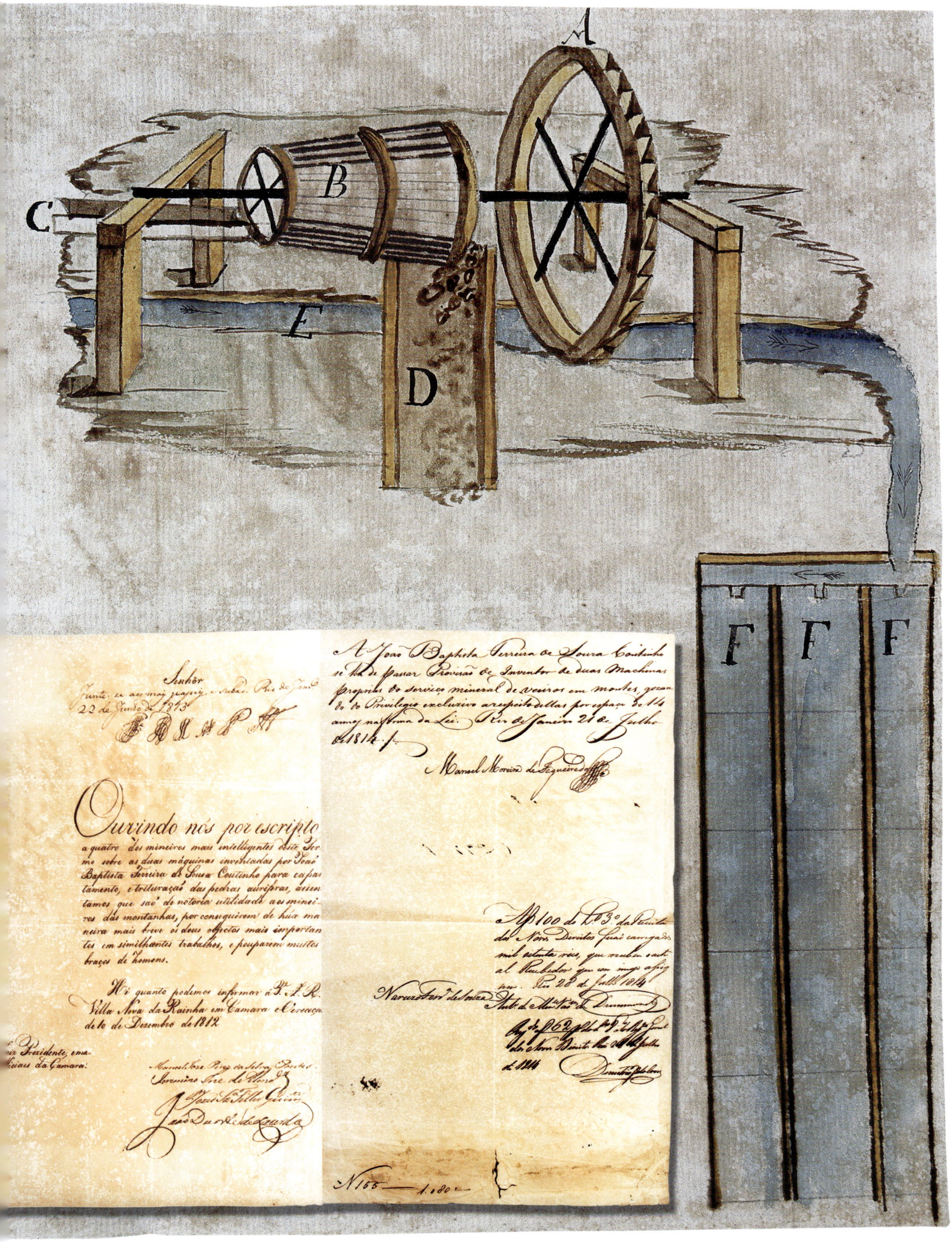

Senhôr

Ouvindo nós por escripto a quatro dos mineiros mais intelligentes deste Termo sobre as duas máquinas inventadas por João Baptista Ferreira de Sousa Coutinho para o caspartamento, e trituração das pedras auriferas, assentamos que são de notoria utilidade aos mineiros das montanhas, por conseguirem de hũa maneira mais breve os dous objectos mais importantes em similhantes trabalhos, e pouparem muitos braços de homens.

He quanto podemos informar á V. A. R. Villa Nova da Rainha em Camara e Vereação de 10 de Dezembro de 1812.

A João Baptista Ferreira de Sousa Coutinho se ha de passar Provisão de Inventor de duas Machinas proprias do serviço mineral de veeiros em montes, gozando do Privilegio exclusivo a respeito dellas por espaço de 14 annos na forma da Lei. Rio de Janeiro 21 de Julho de 1814.

Manoel Moreira de Figueiredo

N 155 —— 1.080

italianos e portugueses, por conta da sua granulação fina e da coloração esbranquiçada, às vezes, com tons levemente amarelados, róseos e até amarronzados.

A estatuária dos oratórios está aqui representada pelos belos exemplares expostos no Museu do Ouro, em Sabará, no Museu Regional de Caeté e no Museu Arquidiocesano de Arte Sacra de Mariana. Dos dois oratórios do Museu do Ouro, o primeiro (MO 474/Tombo nº. 1953.02.56) apresenta marmorização azul e as imagens de São Manuel e de Nossa Senhora da Conceição esculpidas em pedra-talco. Trata-se de uma peça procedente de Santa Bárbara e foi denominado Oratório das Virgens Mártires, pois apresenta as figuras de Santa Bárbara e de Santa Luzia. O segundo (MO 422/Tombo nº. 1950.02.30) é procedente de uma antiga capela do Cuiabá, atual distrito de Mestre Caetano, localizado entre Sabará e Caeté. Datado de fins do século XVIII ou início do XIX, apresenta símbolos da Paixão pintados nas partes internas das portas. Além da imagem do Cristo crucificado, encontram-se ainda outras três imagens ao pé da cruz, todas esculpidas em pedra-talco. No Museu de Caeté, o oratório que se encontra exposto tem em sua parte superior a representação do calvário, com Cristo crucificado ladeado por duas imagens. Logo abaixo vem um conjunto de três imagens, tendo a de Santana ao centro. Na parte inferior, está representada a cena da Adoração do Menino Jesus, sendo o conjunto constituído por sete imagens. Todas as imagens foram esculpidas em pedra-talco de cor esbranquiçada. Fazendo parte da reserva técnica do mesmo museu, encontra-se um pequeno oratório procedente de Santa Luzia do Rio das Velhas, contendo seis imagens, igualmente esculpidas em pedra-talco. A pedra-talco também foi utilizada para a confecção das seis imagens que compõem um oratório, tido como exemplo da arte mineira do século XVIII, e que se encontra exposto no Museu Arquidiocesano de Arte Sacra de Mariana.

No Museu do Ouro, encontram-se também peças avulsas esculpidas em pedra-talco e que muito provavelmente faziam parte de oratórios ou presépios. Parte mostra alguma policromia e douramento. Dentre estas, o belo par de esculturas representando São José e Nossa Senhora (MO 478/Tombo nº. 1975.02.31 – 20,5 de altura por 14,0 de largura e MO 479/Tombo nº. 1975.02.31 – 19,5 de altura por 13,0 de largura), bem proporcionadas e com *panejamento movimentado, em pregas de caimentos sinuosos*, poderia ter feito parte de um presépio ou oratório na antiga Casa de Fundição de Sabará, segundo inventário datado de 1776[68]. Um conjunto escultórico representando Santana Mestra ensinando a Virgem Maria com livro aberto mostrando uma partitura musical (MO 425/Tombo nº. 1950.02.12 – 21,0 de altura por 11,0 de largura), datado do século XVIII, seria oriundo de um outro oratório do Cuiabá. Ainda no museu de Sabará, encontram-se outras duas imagens do século XVIII, igualmente esculpidas em pedra-talco. A que representa Nossa Senhora da Conceição (MO 415/Tombo nº. 1950.02.04 – 26,0 de altura por 11,0 de largura) é procedente do Serro, enquanto a que representa São José de Botas (MO 424/Tombo nº. 1950.02.13 – 15,5 de altura por 9,5 de largura) seria da região do Cuiabá.

No Museu Arquidiocesano de Arte Sacra de Mariana, encontra-se um belo conjunto escultórico com a representação de Santana Mestra e Nossa Senhora Menina, esculpido em pedra-talco e datado do século XVIII.

Um outro conjunto expressivo de imagens populares e destinadas à devoção doméstica é o que se encontra exposto no Museu da Inconfidência, em Ouro Preto. As obras foram esculpidas em pedra-talco, em meados do século XVIII, e são tidas como provenientes da região de Furquim, distrito de Mariana. Algumas apresentam policromia e são atribuídas a um artista identificado apenas pelas iniciais L.C., que aparecem inscritas em algumas das peças. Uma delas, a de São Sebastião, está datada de 1748. Do conjunto fazem parte as seguintes imagens: a do Bom Jesus da Pedra Fria (Inv. 1504- 28,0 cm de altura por 10,0 cm de largura); a de Nossa Senhora da Conceição (Inv. 769 – 22,0 cm de altura por 11,0 cm de largura); a de São Sebastião, datada de 1748 (Inv. 1446 – 34,0 cm de altura por 16,0 cm de largura); a de São Francisco de Paula (Inv. 1447); a de Nossa Senhora do Carmo (Inv. 1503 – 30,0 cm de altura por 14,0 cm de largura); a de Nossa Senhora das Dores (Inv. 1245 – 33,0 cm de altura por 25,0 cm de largura); a do Cristo Crucificado (Inv. 787 – 20,0 de altura por 18,0 de largura); e a da Sagrada Família (Inv. 788 – 19,0 cm de altura por 10,0 cm de largura).

Com relação à estatuária relacionada com os ex-votos, algumas peças, como a que se encontra exposta no museu Regional de Caeté, foram esculpidas em pedra. Nesse caso de Caeté, o material utilizado foi um quartzito rico em cristais de óxido de ferro. A peça mostra alguma variação cromática, indo do esbranquiçado ao amarelado.

No Museu de Artes e Ofícios encontram-se pelo menos duas peças esculpidas em pedra-sabão, uma com a

[68] Segundo dados que constam de fichas de identificação e inventário do museu.

Obras de arte voltadas para a fé

As obras da imaginária popular voltada para a fé, construídas em pedra ou madeira, eram normalmente encomendadas aos santeiros por particulares. O conjunto aqui apresentado é constituído por peças avulsas, por oratórios e por último pelo conjunto de peças produzidas pelo artista identificado pelas iniciais LC. Todas as peças foram produzidas em pedra-talco, variedade da pedra-sabão e integram os acervos dos museus: do Ouro de Sabará, Regional de Caeté, da Inconfidência, em Ouro Preto e de Artes Sacras, de Mariana [à esquerda e páginas seguintes].

IOEL

Os profetas de Congonhas e outras imagens

Exemplos de arte estatuária construída em pedra e encomendada aos grandes mestres.

As imagens das virtudes

Das obras instaladas em edifícios públicos, destacam-se as estátuas construídas em pedra-sabão para a Casa de Câmara e Cadeia de Ouro Preto. Observadas a partir da frente do prédio, a estátua da Prudência e a da Justiça foram assentadas respectivamente, à esquerda e à direita da parte frontal do prédio, enquanto a da Fortaleza e a da Temperança, foram assentadas respectivamente, à direita e à esquerda, na parte dos fundos. Após desprendimento, o antebraço e a mão esquerda da Temperança foram substituídas.

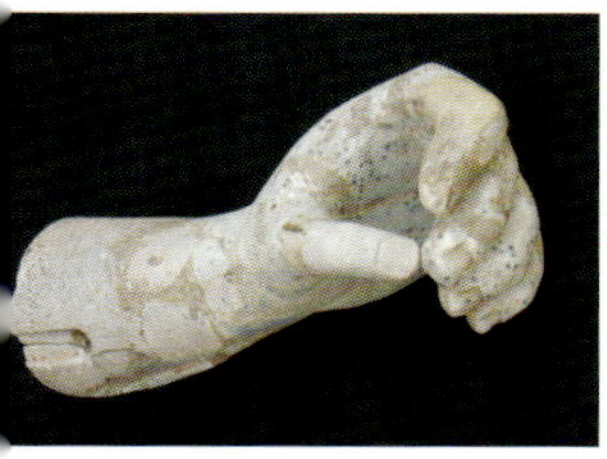

antiga Casa de Câmara e Cadeia de Vila Rica. Elas representam as virtudes cardeais: Prudência, Justiça, Temperança e Fortaleza: a estátua da Prudência (à esquerda da parte frontal do prédio) foi representada por uma donzela segurando uma serpente e um espelho, do qual resta apenas o pedestal; a da Justiça (à direita da parte frontal) foi representada por uma donzela segurando uma balança e uma espada; a da Fortaleza (ao fundo, à direita) foi representada por um homem segurando uma clava; a da Temperança (ao fundo, à esquerda), foi representada por uma donzela segurando um freio de boca na mão esquerda e um copo sobre uma bandeja na direita[69].

As peças foram entalhadas em pedra-sabão por António José da Silva Guimarães. Segundo Feu de Carvalho[70]: *Aquellas figuras foram feitas por António Guimarães, muito depois do fallecimento do Aleijadinho; era portuguez e residia em Camargos, onde faleceu. Foram fabricadas na Fazenda do Manso, e em carros de bois transportadas para a Penitenciária de Ouro Preto.*

O antebraço e a mão esquerdas da estátua que representa a Temperança, desprenderam-se há poucos anos e foram substituídas. As peças originais, após reconstituição, encontram-se guardadas no acervo no Museu da Inconfidência. As estátuas não foram esculpidas em blocos inteiriços e algumas apresentam-se escavadas nas suas partes posteriores, apresentando preenchimento com argamassa e algum revestimento com material metálico ou ainda junções com a utilização de peças metálicas conhecidas como gatos.

Nas obras de arte instaladas em construções civis

Obras de arte em cantaria ou da arte escultórica, construídas em pedra e destinadas ao adorno de projetos residências não foram muito frequentes em Minas.

Em algumas residências, essa arte encontra-se registrada pela presença de cimalhas esculpidas em pedra quartzítica, como na Casa dos Contos em Ouro Preto, ou em serpentinito, como no casarão de Entre Rios de Minas, localizado à direita da sua Igreja Matriz.

Outro belíssimo exemplo da utilização desses materiais pode ser observado na cidade de Mariana. Aqui,

[69] Comentários In: PAIVA. As Estátuas das virtudes cardeais da Casa de Câmara e Cadeia de Ouro Preto: Prudência, Justiça, Fortaleza, Temperança. *Revista do Centro de Estudos da Imaginária Brasileira*, p. 107-111.

[70] CARVALHO. *O Aleijadinho*, p. 97.

em uma construção de fins do XVIII e início do XIX, a do antigo Sobrado do Barão de Pontal, encontram-se sacadas com guarda-corpos rendados e enfeitados, sendo todo o conjunto esculpido em pedra. O material utilizado foi a pedra-sabão, muito provavelmente proveniente da região Cachoeira do Brumado.

As cimalhas e cunhais de quartzito da Casa de João Rodrigues de Macedo ou dos Contos e o rendilhado de pedra-sabão da Casa do Barão do Pontal em Mariana

Estes elementos constituem obras de grande valor artístico, instaladas em construções civis. A Casa dos Contos de Vila Rica só tomou esse nome tardiamente, em 1802, quando já não tinha mais esta função e não mais pertencia a João Rodrigues. A Casa do Barão do Pontal atualmente pertence à Cúria Metropolitana e é a casa de recolhimento das irmãs da Ordem da Beneficência Popular do Brasil.

As Rochas nos Detalhes dos Principais Monumentos Mineiros

Dos bens imóveis tratados na presente obra e que integram o patrimônio cultural de Minas, foram destacados alguns dos seus elementos de ornamentação e de estruturação, para uma descrição mais detalhada. Estes elementos, produzidos em pedra, são aqui entendidos como detalhes e mereceram esse tratamento especial por conta de suas singularidades, e não raro, por suas formas requintadas. Selecionados principalmente em capelas e igrejas, mas também em algumas outras edificações, esses detalhes foram divididos em externos e internos e envolvem baixos-relevos, portadas, brasões, escudos e quartelões, bem como volutas e conchas. Torres, cunhais, cimalhas, pilastras, colunas, óculos, lavatórios, pias, arcos, púlpitos, assim como arranques e corrimões em escadas e guarda-corpos em sacadas, integram esse conjunto de detalhes.

Ad Dominum

DANIEL

Nos elementos dos frontispícios

Os frontispícios são constituídos por uma ou duas torres e respectivas sineiras, que, instaladas em suas laterais, podem mostrar-se recuadas ou não em relação às frentes dos mesmos. Normalmente são construídas em alvenaria de tijolos e argamassa, com fingimento de pedra, mas podem apresentar alguns elementos construídos da mesma rocha utilizada na construção de suas colunas e cunhais. Outra peça importante são os frontões. Ocupam a parte central, apresentando com frequência cruzes, cornijas e eventualmente baixos-relevos construídos em pedra. Cimalhas, óculos, brasões, medalhões, escudos e cartelas, cunhais, colunas, janelas e portadas completam o conjunto desses elementos.

As portadas, tanto nas edificações religiosas, quanto nas civis, sempre receberam atenção especial, e várias delas tiveram seus riscos confiados aos grandes mestres da época.

Para além de ombreiras e vergas retas, encontradas nas portas mais simples, e em conformidade com o gosto do artista e os recursos de quem bancava a obra, eram muitas vezes acrescidas às portadas, sobrevergas trabalhadas, cornijas ou ainda composições com formato de conchas, volutas e arranjos florais. A estas podiam ainda ser acrescentados brasões, medalhões, escudos, tarjas e outras figuras, como as de cordeiros, anjos e imagens de santos, podendo o conjunto ser ou não encimado por coroas e cruzes.

Em algumas dessas construções, as próprias ombreiras podiam ser artisticamente trabalhadas ou a elas viam-se acrescentadas peças decorativas diversas, normalmente de material diferente do restante do conjunto. Essas decorações, tais como cabeças de anjos, volutas ou outros arranjos, eram dispostos descendo sobre as ombreiras ou paralelas a elas. No primeiro caso, essa ornamentação pode ser comparada com a dos quartelões. As ombreiras podiam ainda receber socos ou bases, trabalhadas ou não, curvilíneas em forma de ânforas ou com outras formas.

Na portada da Igreja de Nossa Senhora do Bom Sucesso de Caeté, descendo sobre suas ombreiras, encontram-se conchas, panos e borlas, sendo que todo o conjunto foi esculpido em um mesmo bloco de uma rocha xistosa, predominantemente verde por conta da presença da clorita e contendo finas bandas esbranquiçadas constituídas por cristais de carbonato, quartzo e

As rochas nas torres e sineiras das capelas e igrejas de Minas

[página à direita].

albita. Nas laterais dessas ombreiras, encontram-se ornatos, denominados *chambranles*, que se destacam pela textura maciça e pela coloração verde-escura da rocha, que, neste caso, é igualmente conferida pela presença, quase única, do mineral identificado como clorita.

A portada da Igreja de Santo Antônio de Tiradentes apresenta ombreiras retas de xisto verde-azulado extraído da Candonga, com quartelões totalmente trabalhados em pedra-sabão de cor acinzentada. É encimada por detalhes construídos em xisto acinzentado e argamassa de areia grossa e por um medalhão de pedra-talco, esbranquiçado, que contém a figura de um cordeiro pascal.

Nas capelas do Carmo e de São Francisco de Assis, em Ouro Preto, as portadas têm as ombreiras construídas em quartzito Itacolomy, enquanto seus ornatos e as arrecadas[1] são de pedra-sabão.

Segundo consta do *Livro de Termos da Ordem Terceira de Nossa Senhora do Monte do Carmo de Vila Rica*, para a construção do pórtico da sua Capela, ficava o arrematante Francisco de Lima obrigado a:

> *transportar toda a pedra necessária, assim da de Itacolomin, como a de sabão, e cujas pedras assim huma como outra qualidade sera escolhida bem sãn, e sem fios, e a de Itacolomin, bem clara, e qualidade fina e sobre o duro, e será obrada com toda a perfeição, como tão bem fará a tarja das armas com todos os seos pertensses de pedra de sabão, obrada com toda a perfeição, e da mesma pedra-sabão, a escultura, e todoo relevo, que pertensse a mesma portada. O arrematante obrigava-se ainda a trazer a pedra já aparelhada e a tempo que o rematante da Capella carecer, para a adeantar naquellas paragens, e alturas a que sua parede pedir.*

Complementando essa descrição da portada do Carmo de Ouro Preto e seu arremate, Diogo de Vasconcellos[2] comenta:

> *Finalmente, como remate digno do pórtigo, uma tarja esculpida em pedra azul revéla a divisa da Ordem, com dous anjas inteirissos aos lados em ato de segurarem-na voando além de uma corôa de rainha, superposta. Dessa facha brotam ramalhetes que deixam cair a faixa dos umbrais festões de rosas e folhagens tentando a ornamentação "rocaile". O frontão (...) é todavia aqui mais léve, acabando*

As rochas nas janelas e nas portas das construções históricas de Minas

[à direita e páginas seguintes].

[1] Ornatos laterais em forma encadeada.

[2] VASCONCELLOS. *A Arte em Ouro Preto*, p. 53-54.

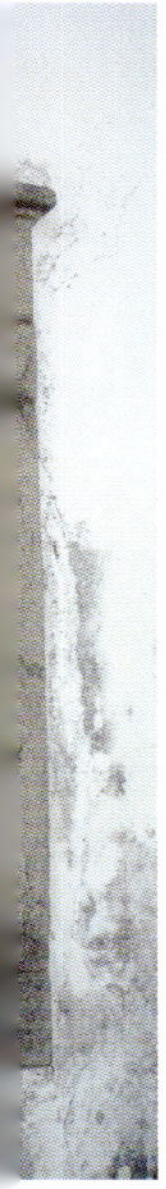

em linha horizontal sobre dous terços das empenas, afim de dar espaço ao acroterio, onde a cruz está no meio de duas agulhas coroadas de estrelas.

Já o belo frontispício da Capela de São Francisco de Assis de Ouro Preto, construído entre 1774 e 1775, não tem apenas rochas entre os materiais utilizados em sua construção. Segundo consta do *Livro de Termos*, o arrematador do trabalho de escultura foi José Antônio de Brito, que recebeu para este fim 600$000 (seiscentos mil-réis). Pelo contrato, este era obrigado *a trazer para o local toda a pedra de Itacolomi e pedra-sabão e reuni-las segundo o risco, bem como as molduras e esculturas, tomando todas as precauções necessárias*[3]. Segundo Germain Bazin, como a autoria das esculturas é sem dúvida do Aleijadinho, este teria sido contratado como diarista ou que a obra lhe tenha sido subempreitada.

Nesse frontispício a portada é de quartzito e nesta encontram-se alguns detalhes em pedra-sabão. O medalhão, que representa São Francisco recebendo as chagas de Cristo, está localizado acima da portada e contém cabeças de querubins, anjos, *rocailles*, elementos da flora, um baixo-relevo da Virgem, entre outros elementos, todos produzidos em pedra-sabão. Encontram-se ainda neste medalhão alguns poucos detalhes em argamassa de areia grossa, como, por exemplo, um arranjo floral em seu lado esquerdo.

Sobre a atual portada de pedra que compõe o frontispício dessa Capela de São Francisco, e seguindo recomendações do Cônego Raimundo Trindade[4], transcreve-se parte de uma descrição de Diogo de Vasconcelos, que menciona:

> *Está claro que minha pena tão somente por de leve pode descrever estas peças incomparáveis de pedra azul esculpida em altos relevos, pedra que o artista docilmente amoldou a seu pensamento. O êxtase do santo, a candura elísia da Virgem, a alegria dos anjos, não se pode negar, deram vida e alma à pedra, sob o cinzel palpitante deste artista* [Aleijadinho] *assombroso.*

Um medalhão em estilo rococó, em baixo-relevo e construído em pedra-talco, de coloração clara, destaca-se na parte superior da porta principal, no frontispício da Capela da Ordem de Nossa Senhora das Mercês e Misericórdia (Mercês de Cima) ou das Mercês da Redenção dos Cativos. De autoria de Manuel Gonçalves Bragança, e com participação de outros, representa a Virgem da Misericórdia com os braços abertos e estendendo sua capa da proteção aos pobres cativos da moirama. A cena reproduz o sonho do piedoso fundador da Ordem, instituída na Espanha por volta do século XIII, o militar francês São Pedro Nolasco[5]. Após este trabalho, realizado entre 1810 e 1812, existem registros de outras etapas da obra em datas posteriores e até 1817.

O frontispício da Capela do Bom Jesus de Matozinhos das Cabeças de Ouro Preto apresenta um nicho com a imagem de São Miguel apoiado em um baixo-relevo onde se encontra reproduzida uma cena de um purgatório de almas. Aqui, tanto o nicho, quanto a imagem e o baixo-relevo foram esculpidos em pedra-talco, uma variedade da pedra-sabão, mas que apresenta coloração cinza-esbranquiçada.

Em São João d'El Rey, as capelas de São Francisco de Assis e do Carmo apresentam portadas construídas em xisto verde, com ombreiras trabalhadas e vergas curvas. Todos os ornatos, dispostos por sobre as ombreiras, ou laterais às mesmas e acima das vergas, e representados por cabeças de querubins, anjos, flores e frutos, foram produzidos em pedra-sabão, com coloração mais clara que a dos xistos. Essas portadas são ainda encimadas por escudos, coroas, cartelas e por baixos-relevos, que representam a imagem da Virgem Imaculada Conceição, na primeira, e a de Nossa Senhora do Carmo com o escapulário, na segunda. Em São Francisco, na parte inferior da verga da portada principal, encontra-se uma imagem de Cristo esculpida em pedra-sabão, que passa para um conjunto constituído por três cabeças de querubins, instalado em sua parte frontal. No frontão do frontispício dessa capela, encontra-se um baixo-relevo em pedra-sabão, que representa a cena do monte Alverne, e que foi executado por Aniceto de Souza Lopes, por volta de 1809.

A portada da Igreja do Bom Jesus de Congonhas do Campo, que apresenta além de ombreiras, vergas e sobrevergas, quartelões, flores, folhas e cabeças de anjos, foi toda construída em pedra-sabão, que, ao contrário da utilizada para a escultura dos profetas, apresenta boa homogeneidade de cor e textura. Ainda no conjunto arquitetônico do Bom Jesus, a portada do Colégio do Santuário, construída com o mesmo material, destaca-se por apresentar duas colunas trabalhadas e por ser todo o conjunto encimado por uma coroa portuguesa, também lavrada em pedra-sabão.

As rochas nos medalhões, nas cartelas e nos escudos das construções históricas de Minas

Embora a pedra-sabão tenha sido a rocha mais utilizada, encontram-se belas peças produzidas em quartzito, xisto verde e granito [à direita e páginas seguintes].

[3] BAZIN. *A Arquitetura Religiosa Barroca no Brasil*, v. II, p. 88.

[4] TRINDADE. *São Francisco de Assis de Ouro Prêto*, p. 375-376.

[5] TRINDADE. *Igreja das Mercês de Ouro Prêto*, p. 161 e 178.

Coroas foram também colocadas encimando os conjuntos das portadas das capelas do Carmo e de São Francisco em São João d'El Rey. Nestes últimos casos foram igualmente esculpidas em pedra-sabão.

Na Igreja de Lavras Novas, a sobreverga foi trabalhada com concheados e o material utilizado foi a pedra-sabão. Ombreiras e demais elementos das portas e janelas foram construídos com a utilização de quartzo-mica xisto sericítico de coloração cinza-esverdeada.

Em Mariana, as ombreiras e vergas curvas das portas e portas-sacadas da Capela do Carmo foram construídas com a utilização do granada cianita mica xisto, de cor verde acinzentada e extraído na região de Passagem de Mariana. São visíveis na rocha empregada os seixos de composição filítica, quartzosa e ferruginosa. Já para o escudo e ornamentos colocados acima, a pedra utilizada foi a pedra-sabão. Vizinha a esta, a Capela de São Francisco de Assis mostra ombreiras e vergas curvas para sua porta e portas-sacadas com balaústre, todas construídas em quartzito micáceo. Acima destas, encontram-se cimalhas de quartzito, e na porta principal encontra-se um medalhão em pedra-talco de coloração marrom clara, constituído por uma cartela contendo uma inscrição dedicada a São Francisco, ladeada por anjos e conchas e encimada por outra cimalha que apóia outra cartela por sua vez encimada por anjo e por um crucifixo.

Pelo *Termo* de 04/06/1769, a mesa da Ordem Terceira do Carmo de Sabará, lavrou contrato com Antônio da Costa Dias para o transporte, desde a pedreira do Brumado, das pedras de xisto verde-escuro para a portada e detalhes do belo frontispício de sua capela, cujo risco, e provavelmente a execução, são de autoria do Aleijadinho. Nesse frontispício, destacam-se conchas, volutas, cruzes, anjos e cabeças de querubins e ainda um escudo, todos construídos com esse material verde, rico em clorita.

No frontispício da Igreja Matriz de Prados encontra-se uma singular portada encimada por um pequeno nicho. Todo o conjunto foi construído e trabalhado com a utilização do granito, que é uma rocha muito mais resistente que os xistos e a pedra-sabão. Apesar das dificuldades que esse material impõe aos escultores, o conjunto apresenta diversificadas formas, tais como volutas, conchas, arranjos florais, uma cabeça de querubim, e é ladeado por coroas.

Nos frontispícios das construções religiosas, embora não só neles, encontram-se pequenas aberturas, que podem ocorrer isoladas e centradas ou aos pares. Enquanto nas construções militares ou de defesa essas

C M
1844

aberturas são retangulares e conhecidas como seteiras, nas capelas e igrejas elas apresentam normalmente contornos curvilíneos, têm a função de permitir a entrada de luz e são denominadas óculos. Nos diversos templos mineiros, esses óculos foram construídos em pedra ou apresentam arrematação em pedra. Alguns são fingidos, pois foram construídos em argamassa e posteriormente pintados com a imitação de cores e texturas de rochas. Os da Capela do Rosário de Ouro Preto são de quartzito Itacolomy por fora e fingidos por dentro. Em São Francisco de São João d'El Rey, os óculos são internamente fingidos de pedra verde e externamente, são de pedra, alguns de quartzito, outros de xisto verde.

Também nos frontispícios, assim como nas laterais e fundos das edificações e não somente nas edificações religiosas, encontram-se cimalhas, cunhais, colunas e pilastras. Esses elementos, salvo raras exceções, são visíveis tanto no interior, quanto no exterior dessas edificações. Quando no interior destas e dentre eles, as cimalhas destacam-se, pois invariavelmente mostram-se trabalhadas e, não raro, encurvadas e compondo com outros elementos, como os óculos. Na maior parte, foram esses elementos construídos com a utilização de blocos de quartzitos, como na Igreja de Nossa Senhora do Bom Sucesso de Caeté, na antiga Casa de Câmara e Cadeia de Ouro Preto e na Casa dos Contos. Blocos de xistos verdes foram utilizados na Capela de São Francisco de São João d'El Rey e os de granitos e gnaisses aparecem na Igreja Matriz de Nossa Senhora da Conceição de Catas Altas e na Igreja Matriz de Nossa Senhora da Conceição de Prados.

Em algumas das edificações pesquisadas, contata-se que parte desses elementos selecionados foram produzidos em alvenaria ou argamassa; posteriormente foram fingidos de pedra ou então foram construídos em pedra, posteriormente recoberta por argamassa ou pintada.

As rochas nos óculos das capelas e igrejas de Minas

Quartzitos amarelos, esbranquiçados e alaranjados e xistos verdes e acinzentados foram os matérias pétreos mais utilizados na produção destes elementos. Raramente foram utilizados granitos.

Cimalhas, cunhais, colunas, pilastras e bases

Estes elementos, presentes em diversas das edificações mineiras, foram construídos com maior freqüência com a utilização do quartzito, mas os xistos foram também empregados [abaixo e página à direita].

Nos arcos

Dentre os elementos construídos em pedra para as várias edificações pesquisadas, os arcos constituem um dos mais frequentes. Foram identificados aqueles de volta redonda, denominados ainda como romanos ou plenos de alvenaria de pedra, como no caso dos arcos-cruzeiros de capelas e igrejas. Outros, foram os denominados abatidos, que aparecem em muitas portas e janelas, os radiantes, como o Arco do Aqueduto de Catas Altas, e mais raramente os aviajados, como no caso da escadaria de acesso à Capela do antigo Palácio dos Governadores, em Ouro Preto.

Já considerando os tipos de edificações, as capelas e igrejas são aquelas que apresentam o maior número desses elementos e nestas, levando em conta a localização dos arcos, os do tipo cruzeiro são os mais comuns, seguidos por aqueles dos coros. Mas esses arcos e em especial os do tipo cruzeiro, nem sempre foram construídos em pedra. Durante a primeira metade do século XVIII, eram construídos em madeira e só a partir da segunda metade as rochas passaram a constituir o material utilizado com esta finalidade. Nas capelas e igrejas, o arco-cruzeiro, apoiado em pilastras, constitui o elemento arquitetônico que faz a ligação entre a nave e a capela-mor. Em muitas igrejas mineiras, boa parte da ornamentação concentra-se nestes arcos, que podem apresentar composições escultóricas sobrepostas e constituídas por escudos, anjos e outras figuras, indicando a invocação ou o patrono da respectiva igreja.

Na construção desses arcos, foram aplicadas técnicas diversas e empregadas rochas tais como os quartzitos, os xistos e mais raramente os granitos. Segundo Bazin, a idéia de fazer arcos monumentais, com as partes salientes das pilastras de ordem compósita, e de pedra, espalhou-se em Minas por volta de 1765, época em que a escultura passa, espontaneamente, de madeira para a pedra.

Para os arcos da Capela do Carmo de Ouro Preto foram trabalhadas rochas quartzíticas do Itacolomy, assim recomendadas: *da melhor qualidade que se encontrasse nas pedreiras, a qual será sobre duro, san, e sem fios, e de qualidad.ᵉ fina, os quaes Arcos serão feitos pelo feitio, que mostra o risco no alssado*[6].

Na Igreja de Nossa Senhora do Bom Sucesso, em Caeté, os três arcos do coro foram construídos em quartzito, posteriormente marmorizado com tons de vermelho. Os três encontram-se arrematados por grandes placas de xisto verde, que em parte compõem o piso do dito coro. Dos três, apenas o arco central não é pleno.

Este também é o caso do arco superior do coro da Capela do Rosário de Ouro Preto, que não é pleno e foi igualmente construído em quartzito, mas Itacolomy e sem marmorização.

Na Capela de São Francisco de São João d'El Rey, o arco inferior do coro foi feito em granito de granulação fina, mas os superiores são falsos. Apresentam revestimento em madeira marmorizada.

O arco-cruzeiro da Capela do Carmo de Sabará, construído segundo risco de Thiago Moreira, em 1763, antecedendo a tendência destacada por Bazin, segue a ordem toscana e tem almofadas sobre as pilastras e o arco, seguindo ainda estilo do início do século XVIII. Essas feições, por sua vez, contrastam com a ornamentação em volutas e concheados recortados do seu frontispício[7]. Tanto o arco, quanto as pilastras, foram todos construídos em pedra, um xisto de coloração esverdeada, marmorizado em tons azuis.

Também a Capela do Rosário de Mariana apresenta um arco-cruzeiro em estilo toscano, mas construído em quartzito, com manutenção da coloração original da rocha.

Na Capela de Santa Efigênia de Ouro Preto, o arco-cruzeiro, construído em quartzito pelo pedreiro Henrique Gomes Brito, em 1767, mostra evidências da transição de estilos e apresenta uma concha central cercada de duas palmetas cravadas em concheados.

Enquanto o arco-cruzeiro da Capela da Ordem Terceira do Carmo de Mariana, considerado um dos últimos monumentos rococós de Minas[8], foi construído com a utilização do xisto da Passagem, de coloração cinza-esverdeada e contendo cianita, quartzo e granada, o arco da Capela da Ordem Terceira do Carmo de Ouro Preto foi construído em quartzito com douramento. Dentre as *Condiçois* em acordo com o *TERMO DAREMATAÇÃO DAREFORMA ENOTA CAPELA QUE MANDAFAZER ESTA ORDEM 3.ª DEN. SR.ª DO MONTE DO CARMO NA FORMA QUE ABAIXO SE DECLARA*, de 14/09/1766, a § 7.º estabelece:

> *Seramais obrigado afazer o Arco-cruzeiro naforma daplanta eseu perfile depedra de cantaria deltacolomin lavrado de escoda tudo bemfeito eapedraria que levar o*

As rochas na construção dos arcos nas capelas e igrejas de Minas

Destaques para os arcos das capelas de São Francisco, em São João d'El Rey, construído em granito de grão fino [à direita] e do Carmo de Sabará, este construído em xisto verde marmorizado e com algum douramento [página seguinte, à esquerda]. Nos demais casos e dentre os materiais utilizados predominaram os diferentes tipos de quartzitos.

[6] LOPES. *História da Construção da Igreja do Carmo de Ouro Preto*, p.38.

[7] BAZIN. Catálogo Racional. *O aleijadinho e a escultura barroca no brasil*, Cap. II, p. 310.

[8] BAZIN. *A Arquitetura Religiosa Barroca no Brasil*, v. I, Livro III, Cap. III, p. 226.

d.o arco será damilhor que seachar napedr.a q. seja Rija easim maisfara oprespiterio da Capela Mor na forma da planta e Risco que se ha defazer e entregar ao Rematante quetam bem há de ser feito – digo. de pedra de cantaria de Itacolomin damilhor que ouver eeste será asentado sobre hua fiada de lagedo lavrado como também será obrigado alagiar todo o prispiterio e todo oseu pavim.to q. compriender easentarçe aobra da tribuna que este sera lavrado de escoda easim mais fara a tarja do arco cruzr.o naformado Risco e esta sera feita de pedra de sabao efara mais dous seguintes que mostra o Risco por sima da volta do arco-cruzeiro naforma do Risco eestesera feito de pedra de Itacolomin.

Para o caso do douramento de talhas de pedra, Francisco Antônio Lopes[9] descreve o que ele considera como sendo o mais antigo processo conhecido, denominado: a fogo ou pelo mercúrio. Por este processo: *os objetos a serem dourados, depois de bem limpos, são recobertos, por friccionamento, com amálgama de ouro e aquecidos, a seguir, para a volatilização do mercúrio. O brilho é obtido com o polimento, por meio de pelica*. Ainda segundo descrito por Lopes, Manuel da Costa Ataíde passou recibo da quantia de *secenta e seis mil reis, emportancia do Douramento do Arco-cruzeiro, Coatro Portadas, duas da Tribunas e duas debaixo, todas Lateraes, e Presbiterio da Capella mor*, em 14/061825[10].

Aleijadinho construiu na Capela da Ordem Terceira de São Francisco de Ouro Preto, iniciada em 1766, um arco-cruzeiro em pedra e ornamentado com rocalha e conchas profundamente escavadas e recortadas, que no capitel substituem a palmeta. O arco é constituído por pilastras de capitéis compósitos, colocadas obliquamente nos cantos e seguindo exemplo da Matriz de Caeté.

Em Caeté, o arco-cruzeiro da Capela do Rosário foi construído em quartzito, marmorizado, bem como o da Igreja de Nossa Senhora do Bom Sucesso. No segundo, tanto capitéis, de ordem compósita por conta de suas volutas e folhas de acanto, quanto as cornijas dos seus entablamentos foram construídos em xisto verde. As bases, os fustes e o arco propriamente dito mostram marmorização com tons avermelhados sobre o quartzito cinza-amarelado.

O arco-cruzeiro da Igreja Matriz de Morro Grande, atual Barão de Cocais, é atribuído ao Aleijadinho e deve, segundo Germain Basin, corresponder a um dos primeiros trabalhos em pedra do artista, executado sobre desenho feito por outros e muito provavelmente em *atelier* do arquiteto responsável pela construção da igreja. Revestido por uma pintura em tons de marrom e de verde, encontra-se atualmente descoberto, mostrando a cor verde acinzentada da rocha utilizada em sua construção.

Alguns desses arcos foram construídos inclinados e neste caso correspondem ao trecho da planta em curva, como parece ser o caso do arco-cruzeiro da Capela do Rosário de Ouro Preto.

[9] LOPES. *História da Construção da Igreja do Carmo de Ouro Preto*, p. 82-83.

[10] Transcrição do Documento referido à nota 303. In: LOPES. *História da Construção da Igreja do Carmo de Ouro Preto*, p. 171.

Nos púlpitos

Nas capelas e igrejas de Minas, os púlpitos estão sempre presentes e são constituídos por partes que recebem as seguintes denominações: caixas ou cubas, bacias ou taças e consolos. Na maioria das vezes, apenas as bacias, onde se encaixam as caixas, foram construídas em pedra. Os consolos, nem sempre presentes, servem de apoio para o conjunto e foram construídos em pedra ou em madeira. Por sua vez, as caixas, que muito raramente foram construídas em pedra, apresentam belos trabalhos de entalhe em madeira.

Em uma das obras sobre a história da construção da Capela do Carmo de Ouro Preto[11], é feita referência a um dos termos de deliberações da *Mesa da Ordem Terceira de Nossa Senhora do Monte do Carmo de Vila Rica, a Deliberação 1º., fls 240 de 24 de fevereiro de 1781*, que trata da contratação de Veríssimo da Silva Guimarães, morador em Santa Rita. O contrato diz respeito à:

> *(...) factura das Taças dos púlpitos, que se deliberara fazer, (...) tirar, cortar e conduzir a esta capela seis pedras chamadas de sabão, da milhor qualidad.[e], sem ventos nem quebras, de altura de cinco palmos e meyo, e largura conforme a bitola que se lhe hade dar para a dita factura que as ditas pedras se ajustão pela quantia de quarenta oitavos de ouro.*

Embora o contrato mencione apenas a pedra-sabão, as bacias ou taças dos púlpitos da Igreja do Carmo de Ouro Preto são de quartzito do Itacolomy e apenas os ornatos, folhas e cabeças de querubins, são de pedra-sabão. As caixas ou cubas são de madeira. Os dois púlpitos encontram-se nas laterais da nave, apoiados por sobre os detalhes superiores das vergas de suas respectivas portas de acesso.

Na Capela de São Francisco de Assis de Ouro Preto, os púlpitos foram construídos em pedra-talco, apresentam algum douramento e encontram-se encaixados nas pilastras laterais do arco-cruzeiro da capela, construídas em quartzito Itacolomy. Também na Capela de São Francisco de Mariana, os púlpitos são desta variedade da pedra-sabão.

Outro expressivo exemplo de púlpito, também construído em quartzito Itacolomy, é o da Capela do Rosário de Ouro Preto. Neste caso, a taça é parte da própria base da pilastra da capela, que em sua porção superior é fingida de argamassa. O acesso ao piso do púlpito é feito através de uma portada encimada por belos ornatos em forma de concha, igualmente de quartzito.

Os púlpitos da Igreja do Carmo de Sabará apresentam bacias e consolos de pedra, mas as caixas ou cubas são de madeira decorada com figuras de Evangelistas e cenas do Evangelho. As peças em rocha, um xisto originalmente de coloração esverdeada, foram marmorizadas e apresentam parte com colorações azul e esbranquiçada.

Na Capela de Nossa Senhora do Rosário da Vila Nova da Rainha, atual Caeté, encontra-se um púlpito com bacia em quartzito marmorizado com tons de vermelho, apresentando um arremate inferior em xisto de coloração verde.

Na Igreja Matriz de São João Batista de Barão de Cocais, apenas a bacia é de rocha e foi utilizado um xisto verde rico em clorita.

Na capela do Rosário de Tiradentes e na Capela do Bom Jesus das Flores em Ouro Preto, os púlpitos apresentam bacias de quartzito trabalhadas e caixas de madeira, natural na primeira e pintada na segunda.

Os púlpitos de pedra das capelas e igrejas de Minas

Destaques para um dos púlpitos da Capela do Carmo de Ouro Preto, construído em quartzito Itacolomy e contendo detalhes em pedra-sabão [à direita] e um dos da Capela do Rosário dos Pretos de Ouro Preto, cuja taça, portada e ornato foram igualmente construídos em quartzito [ilustração maior na página à direita].

[11] LOPES. *História da Construção da Igreja do Carmo de Ouro Preto*, p.41.

Nos lavatórios e nas pias

Nas igrejas e capelas, com ênfase para as católicas, encontram-se instalados lavatórios e pias. De modo geral, essas peças destinam-se à purificação que deve anteceder aos cultos ou fazem parte de um rito de iniciação religiosa.

Desse conjunto de lavatórios, sempre instalados nas sacristias dessas capelas e igrejas, merecem destaque aqueles localizados em seis importantes templos mineiros, a saber: Capela da Ordem Terceira de Nossa Senhora do Monte do Carmo, Capela da Ordem Terceira de São Francisco de Assis da Penitência, Capela de Padre Faria e Igreja Matriz do Pilar, todas em Ouro Preto; Capela da Ordem Terceira do Carmo de Sabará e Igreja de Nossa Senhora do Bom Sucesso de Caeté.

Segundo deliberação da *Mesa da Ordem Terceira de Nossa Senhora do Monte do Carmo de Villa Rica*, deveriam ser obedecidas as seguintes condições para a construção do lavatório da sua capela:

> *Será mais obrigado o dito rematante a fazer o lavatorio na forma do risco, que se oferece, com declaração, que não se fará mais alto de quartoze palmos, e nove de largo, contados na parte mais larga, sendo a planta a que lá da, figurando o fronte espicio da obra, e a tassa da mesma forma, porem mais crespa, para effeito de receber a agoa, e levará o ornato, que o risco mostra e será feito o referido lavatório com duas bicas ornadas com florão, como se vê no mesmo risco, e para poder caber a obra na referida largura, não fará a faxa, que se vê na roda do Espelho, e está asinada com húa cruz, e será o referido lavatorio de pedra do Itacolomy da cantaria escolhida, e da qualidade já declarada, exceto a pedra para o relevo, que está será de sabam, e será obrada com toda a perfeição, que asima se declara*[12].

Apesar de todas as recomendações para que *a pia dos rezcitos, e a taça, como tãobem a simalha, e os claros do Espelho* fossem de quartzito do Itacolomy, todo o conjunto foi trabalhado em pedra-sabão e ainda apresenta parte do douramento original. A obra é datada de 1776, e a autoria desse lavatório é atribuída a Antônio Francisco Lisboa. Em seu espelho, encontra-se a imagem de Nossa Senhora do Carmo segurando o Menino Jesus e um escapulário, em baixo-relevo, assim como ornatos diversos na forma de conchas, volutas, cabeças de anjos e arranjos florais. Aparecem ainda cartelas com inscrições, tais como: *FONS ERIS OVIRGO NOBIS, ETORICO SALVTIS.*

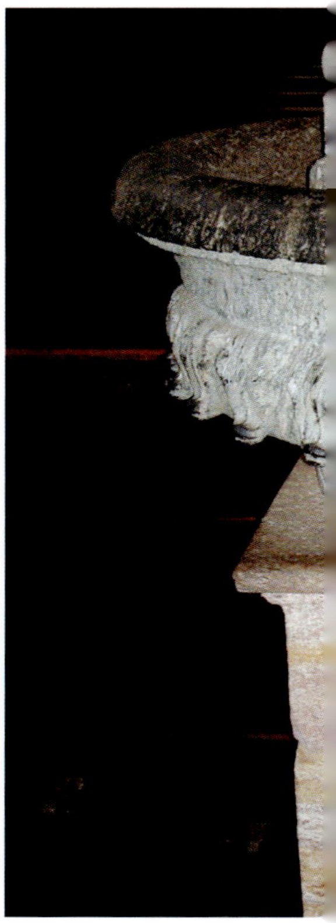

[12] LOPES. *História da Construção da Igreja do Carmo de Ouro Preto*, p.39.

A Capela da Ordem Terceira de São Francisco de Assis da Penitência foi descrita por Aníbal Mattos[13] como um *jardim de arabescos, rosáceas, volutas, listeis, conchas, escudos estilysados, palmetas e flammas, caneluras e festões, tarjas, plinthos, pilares, fachas, caixilhos, frizos, gregas, fustes e capitéis*, mas sua obra-prima seria, segundo Mattos, a fonte do seu lavatório. Construído em pedra-sabão, o lavatório foi oferecido à capela pelos sacristãos dos anos de 1777, 17778 e 1779, conforme inscrição localizada abaixo da cartela que serve de base para a figura central, que representa um capuchinho de olhos vendados, segurando um papel na mão com a inscrição: *Haec est ad Caelum quae via ducit oves*. Dentre os elementos que fazem parte do conjunto, destaca-se um medalhão com a imagem de São Francisco, anjos, cabeças de anjos e duas cabeças de veados em cujas narinas encontram-se as saídas de água.

O lavatório da Igreja do Pilar de Ouro Preto, construído em pedra-sabão e os da Capela do Carmo de Sabará e da Igreja de Nossa Senhora do Bom Sucesso de Caeté, o primeiro construído em xisto verde e pintado a óleo, e o segundo construído em xisto verde rio em clorita, são muito semelhantes e apresentam dois peixes entrelaçados, em cujas bocas encontram-se as saídas de água.

O lavatório da Capela de Padre Faria difere de todos os anteriores, pois foi construído em quartzito Itacolomy. Apresenta inúmeros ornatos em forma de conchas e de volutas e tem em seu espelho uma carranca em baixo-relevo de cuja boca sai a água.

Dentre as várias formas encontradas para as pias de água-benta, normalmente instaladas nas paredes das entradas das igrejas, ou em espaços especiais denominados Batistérios, as das igrejas de Nossa Senhora do Bom Sucesso de Caeté e de São João Batista do Morro Grande, em Barão de Cocais, e a da Capela do Carmo de Sabará são singulares. Nas duas igrejas, as respectivas bacias apóiam-se sobre as bases das colunas de sustentação dos arcos dos coros e contêm em seus interiores as respectivas colunas de sustentação. Esse é um tipo raro de construção e, além dos casos mencionados, só foi observado na Igreja de Nossa Senhora de Jesus, situada no largo de Jesus, em Lisboa. Já na Capela do Carmo de Sabará, as duas pias foram afixadas nas faces das bases de pedra das colunas que também sustentam o arco do coro.

Para a de Caeté foi utilizada uma rocha com bandamento fino, mostrando alternância de bandas claras ricas em cristais de carbonato, quartzo e albita, e bandas verdes contendo clorita. Na de Barão de Cocais, o mate-

As pias de água-benta com colunas em capelas de Sabará, Caeté e Barão de Cocais e na Igreja de Nossa Senhora de Jesus, em Lisboa

Construídas com a utilização de xistos verdes, as do Carmo de Sabará [primeira e segunda da esquerda para a direita] constituem exemplos pela fixação da pia à base de pedra da coluna do arco do coro, a de Caeté [terceira da esquerda para a direita] diferencia-se pelo corte que ressalta as bandas claras ricas em cristais de carbonato e quartzo, enquanto a de Barão de Cocais [quarta da esquerda para a direita] apresenta coloração verde mais uniforme. No conjunto diferenciam-se da de Nossa Senhora de Jesus de Lisboa [última à direita], construída em calcário.

[13] MATTOS. *As artes nas Egrejas de Minas Ceraes*, p. 29.

rial é igualmente xistoso, mas apresenta uniformidade de cor. É verde, contém clorita e é semelhante à Pedra Cabo Verde. Na Capela do Carmo de Sabará, foi utilizado um clorita xisto, de cor escura.

O quartzito também foi empregado para a produção dessas pias, como é o caso na Capela do Rosário de Tiradentes e foi combinado com a pedra-sabão nas pias da Capela do Rosário de Ouro Preto.

Na Capela de Nossa Senhora da Soledade, em Lobo Leite, e na Capela do Livramento, nos arredores de Prados, encontram-se pias de água-benta e uma bela pia batismal, construídas com a utilização de granito e de gnaisse de composição granítica, extraídos nos arredores desses povoados.

Dos materiais pétreos utilizados, a pedra-sabão foi a mais frequente e destacam-se pela beleza as pias da Capela do Carmo e da Igreja de Nossa Senhora da Conceição, em Ouro Preto.

As pias de água-benta, as batismais e os lavatórios das sacristias, construídos em pedra.

Mostrando grande profusão de formas e cores, foram construídas em pedra-sabão, quartzito, granito e xisto [nesta e páginas seguintes].

Nas escadas

Dentre o conjunto de escadas, destacam-se as das Casas de Câmara e Cadeia mineiras por seus detalhes e acabamentos. Distinguem-se das demais, pois apresentam corrimões, balaústres, colunas, pirolas e quartilhas bem ornados e trabalhados. Os guarda-corpos da escada da Casa de Câmara e Cadeia de Mariana são de xisto verde e cheios, mas os da de Ouro Preto são vazados e com balaústres trabalhados em pedra-sabão, acompanhando a inclinação dos corrimões. Em Ouro Preto, encontram-se acrotérios, ou pequenos pedestais em quartzito verde-esbranquiçado, nas extremidades dos dois lanços, que são desiguais por conta do declive do terreno da praça. Internamente a escada é de dois lanços. O primeiro forma cotovelo duplo, com desdobramento para dois lanços laterais. Interna e externamente, as escadarias da Casa de Câmara e Cadeia de Ouro Preto apresentam degraus em quartzito das Lajes e pequenos blocos do tipo Itacolomy.

A escadaria da Câmara de Mariana, reproduzindo em parte descrição de Paulo Barreto[14], consiste em um tipo de escada que permitia seu uso como tribuna, exatamente em função da sua expressão teatral. Recebeu a denominada de escada marianense e sua *expressão cenográfica é acentuada pela heráldica portada que a coroa e lhe faz fundo*. Esta portada foi construída em xisto da Passagem, e o seu medalhão em pedra-sabão. Todo o conjunto da escada foi construído em xisto cinza-esverdeado, extraído na região de Passagem de Mariana. Tem cinco lanços, dos quais um é perpendicular, e quatro são paralelos à fachada, dois a dois. Possui amplos patamares de volta. Seus degraus são todos feitos de Pedra da Passagem e *os dos quatro lanços de cima são inteiros e os mais o maior que pôde ser. Têm moldura de bocel com seu redondo e filete e meia cana, e bem repartido e proporcionado a seu molde*. Ao contrário do que afirma Barreto, os patamares não são revestidos com lajes de pedra do Itacolomy, mas sim do mesmo xisto da Passagem. Todo o guarda-corpo é revestido com pedra pela parte de dentro, e ornado de corrimão moldurado, também de Pedra da Passagem. A escada levou cunhais e pilastras da mesma pedra, mas com *pirolas* ou arremates, de pedra-sabão, *muito bem lavrados*. O seu patamar mais alto, construído em xisto, assenta-se sobre um arco da mesma cantaria, que dá acesso às suas antigas celas.

Desse conjunto de escadas, encontram-se aquelas em caracol, como a de acesso ao relógio da Casa de Câmara e Cadeia de Ouro Preto, construída com quartzito das Lajes e as de acesso às torres de inúmeras capelas e igrejas, com a da Capela do Carmo de São João d'El Rey, construída em xisto verde-azulado e a da Capela de São Francisco, também de São João d'El Rey, construída em quartzito, extraído na Serra do Lenheiro.

Outros tipos de escadas são aquelas dos adros e as das encostas. Algumas são escadas fronteiras a monumentos religiosos com pilastras rematadas por obras de estatuária, como é o caso da escadaria dos Profetas no Santuário do Senhor Bom Jesus de Matosinhos, em Congonhas do Campo. Construída em alvenaria, apresenta piso de lajes de xisto esverdeado. Os degraus e arremates são em pedra-sabão.

A escadaria da Capela do antigo Palácio dos Governadores, em Ouro Preto, edificada com o intuito de permitir o acesso direto da rua para a capela do palácio, foi construída em arco, após 1766. Os quartzitos utilizados foram trazidos das Lajes e do Itacolomy.

Por conta do desnível do terreno em que foi edificada a Capela do Rosário de Ouro Preto, foram construídas duas escadas de acesso no seu lado esquerdo. Degraus, corrimãos, acrotérios e arranques foram construídos em quartzito, em parte das Lajes e do Itacolomy. Com os mesmos materiais foram construídos os elementos das escadas de acesso à Capela do Carmo de Ouro Preto e ainda aquela que conduz ao pavimento superior da Casa dos Contos de Ouro Preto. Neste último caso, encontram-se belos detalhes, como o da parte superior do corrimão e o arranque constituído por uma coluna encimada por um arranjo floral, esculpido no próprio quartzito Itacolomy.

Desse conjunto de escadas de acesso externo merecem destaques: a escada de acesso à Capela do Colégio Caraça, com corrimão e arranque trabalhados em quartzito da Serra do Caraça e com balaústres em pedra-sabão, a escada de acesso à casa da Fazenda dos Martins, na Serra da Moeda e construída com quartzito local, a escada de acesso lateral à Capela de Nossa Senhora dos Prazeres de Lavras Novas e aquela que se encontra nos fundos da casa que abriga o Museu Regional de Caeté, ambas também construídas com rochas quartzíticas locais.

Edificadas com rochas diferentes, mais ou menos xistosas e ricas em carbonatos, cloritas ou micas, encontram-se as escadas de acesso à varanda da casa da Chácara do Barão do Serro, construídas com a utilização

[14] BARRETO. *Casas de Câmara e Cadeia* (...), p. 120-121.

de um xisto com carbonato de coloração cinza-azulada com porções esbranquiçadas, na cidade do Serro e a do antigo Solar do Padre Correia, construída em xisto verde rico em clorita, em Sabará.

Em Mariana, diversas escadas, entre as quais a da antiga Casa Capitular, atual Museu Arquidiocesano de Arte Sacra, assim como aquelas das capelas do Carmo e de São Francisco, foram construídas com a utilização de cianita-granada xistos, extraídos na região de Passagem de Mariana.

As escadas de pedra nas construções mineiras

Estas escadas foram construídas em quartzito, como no destaque para a lateral da Capela de Nossa Senhora dos Prazeres de Lavras Novas [à esquerda], em pedra-sabão, como a do Bom Jesus de Congonhas e em xisto, de coloração azul-esverdeada, como a de acesso ao adro da Igreja de Santo Amaro, no distrito de Brumal [destaque na página seguinte à direita].

A Falsa Pedra: fingimentos diversos nas construções mineiras

Nas edificações de Minas, em especial naquelas construídas entre os tempos da instalação da antiga Vila Rica e os da sua nova capital, Belo Horizonte, foram adotadas técnicas diversas que buscavam a imitação das rochas, seja pela ausência de materiais adequados, seja por razões técnicas, ou ainda por modismos e influências de origens italiana e francesa. A execução desses "fingimentos" todos exigia a presença de pessoal qualificado e não se limitou às capelas e ao casario localizados nas antigas vilas e arraiais, mas também alcançou inúmeras das construções localizadas nos mais recônditos sertões de Minas, revelando a sua opulência e a de seus senhores.

Em inúmeras das edificações de Minas, religiosas ou civis, mas notadamente nas da segunda metade do século XVIII, podem ser observadas aplicações de técnicas diversas buscando a imitação ou o fingimento das rochas. A mais simples dessas, mas também de aspecto mais grosseiro, procurava essa imitação através do uso de argamassas constituídas por areia e cal. Outras mais sofisticadas, como as da marmorização, buscavam a imitação das rochas, em especial dos mármores, com aplicações de tintas e vernizes sobre madeira, estuque ou mesmo pedra: *A travers l'imitation, l'artiste représente une matière idéale, jouant sur l'illusion et surpassant la nature em la dégageant de ses imperfections, il va jusqu'à créer de nouveaux motifs de Pierre imaginaires*[1].

No século XVII, as técnicas de marmorização, até então muito difundidas na Itália e em outros países da Europa, como Bélgica, França e Portugal, chegaram ao território da América portuguesa. Irradiadas a partir da Itália, país também com grande variedade de mármores verdadeiros, e onde os artistas exploravam ao máximo suas qualidades e variedades cromáticas, essas técnicas diferenciaram-se e os falsos mármores variavam de país para país[2]. No Brasil, as técnicas para as produções dos falsos mármores foram trazidas de Portugal, muito provavelmente por meio de religiosos de diferentes ordens, em especial a dos jesuítas, ou por meio de artistas que aqui chegaram. Aqui como lá, os falsos mármores conferiram requinte e esplendor aos revestimentos internos de capelas, igrejas, palácios e residências.

Érika Rabelo[3], comentando as diferenças de aspectos dos falsos mármores de um país a outro, na Europa, presentes no interior de construções religiosas e civis erigidas no período barroco, defende a tese de que essas diferenças devem-se sem dúvida às diferentes formas com que essa arte de origem italiana foi assimilada, bem como ao gosto e às capacidades técnicas dos artistas locais. Ela refere-se também à existência de falsos mármores brancos, pretos e coloridos, obtidos a partir da pintura em madeira, e como exemplo cita a existência na Bélgica de esculturas em madeira, pintadas de branco imitando o mármore Carrara. Em alguns casos, os falsos mármores encontram-se bem visíveis e lado a lado com esculturas produzidas em mármores verdadeiros: *La pierre est même parfois entièrement remplacée par du bois peint em imitation de marbre*, mas, em outros, encontram-se em locais afastados do olhar. Por outro lado, a frequente ocorrência de mármores pretos na Bélgica e a inexistência dos brancos, são justificativas ou razões econômicas que teriam motivado a produção dos *faux-marbre blanc*.

Ainda sobre a marmorização e segundo a teoria do holandês Leo Ballet, que explica o surto da atividade arquitetônica barroca e o seu caráter faustoso e requintado como uma consequência natural da necessidade permanente de afirmação de poder, envolvendo a necessidade da representação magnífica e do esplendor, tudo era feito no sentido de se atingir a impressão de que não existiam problemas construtivos ou dificuldades técnicas e assim, se o mármore ou a pedra não podiam mais servir para realizar os sonhos dos arquitetos, *a cor e o estuque alí estavam para imitá-los de uma maneira absolutamente perfeita*[4]. Complementando, é este caráter faustoso da arquitetura no período, explicado pelo tcheco Max Dvorak[5] como um meio de estimular a elevação da alma pelo contraste oferecido ao fiel, no caso das construções religiosas, entre a pesada materialidade terrestre e a imaterialidade luminosa do céu.

Jana Sanyova, do Institut Royal du Patrimoine Artistique da Bélgica[6], descreve técnicas barrocas para a produção dos falsos mármores, que apesar de suas diferenças tinham dois pontos em comum: o modo de preparação da composição da massa de um lado, e a vontade de imitar o mármore, de outro. A primeira, denominada *stuc-marble* ou *faux marbre*, consistia em uma técnica de imitação de mármore, onde o mesmo era obtido a partir da mistura de pigmentos, água, cola e gesso, que por sua vez consistia em uma mistura de gipso ou sulfato de cálcio moído e parcialmente desidratado por aquecimento, às vezes com adição de mármore moído, quartzo moído, pó de granito, cal, etc. Após um tratamento apropriado da superfície, o material obtinha a aparência de um mármore verdadeiro. Essa técnica destinava-se às representações figurativas de duas dimensões. Uma segunda, denominada *La scagliola*, seguia os mesmos princípios de preparação da massa da primeira, mas destinava-se às representações figurativas tridimensionais. A massa era colorida de maneira uniforme e os detalhes figurativos eram produzidos a partir de incisões e incrustações de *patê de stuc* ou massas de estuque de diferentes cores. Com o passar

[1] RABELO. *Les imitations de marbres dans le baroque em Belgique*, p. 96.

[2] Idem.

[3] Idem.

[4] LEVY. *A Propósito de três teorias sobre o barroco*, p. 278-282.

[5] Ibidem, p. 276.

[6] SANYOVA. *La technique du stuc-marble*. (...), p.103-112.

do tempo, essas incisões coloridas ficaram mais e mais finas e os detalhes, mais sutis, até que os artistas deixaram de fazer as incisões e passaram a fazer a sua pigmentação direta. Como mencionado por Sanyova, essa técnica é também considerada como uma extensão, ou evolução, da técnica denominada *Pietra Dure*, que envolve a incrustação, sobre superfícies planas, de placas cortadas de rochas e de minerais, de múltiplas cores e diferentes composições[7].

A terceira, chamada *stucco lustro*, envolvia a pintura marmorizada ou a representação das texturas venuladas dos mármores verdadeiros através da utilização de pincéis sobre uma camada de estuque fresco, preparada de cal e pó de mármore bem fino, sobre a qual era aplicada solução aquosa de sabão e, posteriormente, pranchas de ferro ou aço, previamente aquecidas em um fogão, o que tornava a superfície mais lisa e brilhante. Na ausência de materiais, tais como o pó fino de mármore, ou mesmo o talco, pode-se considerar a possibilidade de produção dessa técnica de pintura a partir de uma mescla de cal, água e pigmentos naturais, aplicada com espátula, e tendo como resultado uma superfície texturizada e rústica[8]. Essas superfícies podiam ainda ser impregnadas de cera com a ajuda de uma espátula aquecida e polida. Essa técnica é também conhecida como fresco lustro ou estuque pranchado ao fogo ou estuque pranchado quente. Nessa técnica de imitação dos mármores com a aplicação dos veios e polimento por meio de pranchas metálicas quentes, a utilização de pigmentos argilosos facilitava o polimento posterior.

Para a preparação de massas de coloração homogênea, como era o caso das *scagliolas* e para a preparação das massas de base dos *stucco lustro*, os pigmentos eram misturados às colas e estas eram em seguida aplicadas ou misturadas ao gesso. Em uma outra alternativa para o caso da imitação dos veios dos mármores verdadeiros, ou dos *stuc-marbres*, os pigmentos eram ajuntados a misturas de gesso e cola, formando assim uma massa colorida de modo irregular. Em seguida, porções de massas eram misturadas entre si, formando como que camadas de uma torta de massa folhada, que então era cortada em fatias e estas eram aplicadas por pressão sobre a superfície a ser decorada, comportando o processo etapas de acabamento envolvendo polimento, impermeabilização, etc.

Segundo Alexandre Mascarenhas[9], na técnica *scagliola*, também conhecida como *marmorino decorati* ou *fino marmo* e em muito semelhante à do *stucco lustro*, a prancha aquecida é substituída por uma colher de pedreiro, chamada de *cazzuola* e apresentando acabamento arredondado nas suas bordas. Neste caso, a reprodução das texturas dos mármores sobre a superfície preparada à base de cal é realizada através da aplicação de veios, utilizando-se pincéis com pelos bem finos ou penas de ave, seguida de polimento com a dita colher.

Nas marmorizações no Brasil e em Minas, muito provavelmente ocorreram mesclas entre essas duas técnicas, e os pigmentos utilizados para a criação de veios, imitando mármores na *Escaiola*, eram terras naturais e óxidos. Segundo Sanyova, os pigmentos recomendados pelos manuais para os *stucs-marble* ou falsos mármores barrocos coloridos deviam ser estáveis em meio básico, e eram em grande parte de origem mineral como o ocre-vermelho, o ocre-amarelo, o terra-verde, o *orpiment* e o *vermillon*. Não raro foram também utilizados pigmentos de origem orgânica como o preto carbono, o índigo, o *laquê de cochenille* ou *de garance*, a madeira do Brasil e o *pernambouc*, que são mais estáveis[10].

Em Minas, a aplicação da pintura imitando mármores deu-se tanto sobre a madeira, quanto sobre superfícies preparadas à base de cal, denominadas argamassas ou cimentos, ou ainda sobre rochas naturais, tais como quartzitos, xistos e granitos. Quanto às argamassas e cimentos utilizados, estes continuam, de modo geral, mal

[7] ROSSI. *La Pittura di Pietra: dall'arte del mosaico allo splendore delle pietre dure*. Giunti Gruppo Editoriale. Firenze, 2002. PALACIOS. *Las Colecciones Reales Españolas de Mosaicos y Piedras Duras*. Madri: Museo Nacional del Prado, 2001.

[8] MASCARENHAS. *ORNATOS Restauração e Conservação*, p. 62-63

[9] MASCARENHAS. *ORNATOS Restauração e Conservação*, p. 65.

[10] O corante vegetal vermelho mais importante foi a garança extraída da *Rubia tinctorum*, planta conhecida pelos nome de ruiva dos tintureiros. O corante está concentrado nas raízes da planta, principalmente nas raízes mais antigas. As raízes eram arrancadas; em seguida, lavadas para se retirar a terra que viesse agarrada; secas e cortadas, depois, em pequenos pedaços. O corante era extraído com água e separado da solução e, em seguida, era seco. O tingimento com a garança permitia obter tecidos de um vermelho intenso e brilhante conhecido por "vermelho da Turquia" (*Turkey red*), sem comparação com outros corantes da altura. A adição ao corante de mordentes diferentes permitia obter várias cores. Assim, aplicando sais de alumínio, podiam obter-se vermelhos, com sais de alumínio e ferro de cor castanha, com sais de cálcio azuis avermelhados, com sais de ferro púrpura escuro e com sais de estanho laranja amarelado. Quimicamente, a garança é uma mistura complexa de antraquinonas sendo maioritárias a alizarina, a purpurina e a pseudo-purpurina. A alizarina foi obtida por síntese em 1870. A síntese química é simples podendo ser realizada pela fusão do 2-antraquinossulfonato de sódio com bases alcalinas. A purpurina presente no corante forma-se durante o processo de secagem da planta, sendo diminuta a quantidade que existe naturalmente na planta. É considerado um produto indesejável na alizarina extraída da ruiva, diminuindo-lhe o valor comercial. A purpurina sintética pode ser preparada a partir da alizarina por oxidação com persulfato de amónio. A cochinilha (ou cochonilha) é um corante vermelho escarlate que é obtido de um inseto. As espécies que o produzem são a *Nopalea coccinilifera* ou a *Dactylopius coccus* originárias do México e que se desenvolvem sobre um cacto da região, a figueira da Índia. Os espanhóis reconheceram que o corante obtido da cochinilha era não apenas mais abundante do que o quermes, mas também superior em qualidade. Foram eles que o introduziram na Europa, e o seu valor económico era tanto que o local de produção era um segredo bem guardado. Foram também eles que iniciaram a produção de cochinilha nas ilhas Canárias, a sul de Espanha e parte da América Central. O princípio corante presente é o ácido quermésico.
Pigmentos: (1) Vermelhão; Outra designação: Mineral cinábrio, *vermiculus*, sulfureto de mercúrio; Composição química: α-HgS; Período de utilização: Antiguidade – Atualidade; Em condições PTN o HgS existe em duas formas distintas. A qualidade do vermelhão natural é inferior ao produto sintético. Segundo Cennini quanto mais tempo for moído o vermelhão, mais bonita e vermelha será a cor. A moagem e a exposição à luz poderão alterar a sua cor vermelha, para preto. Na Antiguidade o nome *Mínio* era também usado, por Vitrúvio, para o vermelhão. O nome vermelhão deriva da palavra em latim vermes, nome dado inicialmente aos insetos de onde se extraía um corante vermelho. (2) Terra Verde; Hidrosilicato de Fe,Mg,Al,K; $K[(Al,Fe^{III}),(Fe^{II},Mg)](AlSi_3,Si_4)O_{10}(OH)_2$; Período de utilização: Antiguidade – Atualidade; Pigmentos minerais argilosos. (3) Auripigmento ou Ouropigmento; Sulfureto de arsénio Amarelo real; As_2S_2; Período de utilização: Antiguidade - séc XIX. (4) Malaquite; $CuCO_3 \cdot Cu(OH)_2$; Antiguidade – séc.XVIII; verde.

no entanto, são de quartzito Itacolomy verdadeiro. O arco-cruzeiro é de talha marmorizada.

Na Capela de São Francisco de Ouro Preto encontram-se tanto fingimentos por argamassa, pintada ou não, como fingimentos por marmorização, seja sobre argamassa ou rocha. Dentre as instruções para a construção da Capela, constantes do documento: *Condiçoens eadevertençias sobre o Risco p.r donde sehade rematar aobra daCapella daveneravel ordem 3.a deS.Francisco deV.a Rica*[17], a de número 9 estabelece:

> *Será obrigado oremantante afazer as torres naforma que mostra o risco sendo abobeda dellas feitas de tijolo eoZimborio obrado pella parte defora comomostra o risco fingido emetido emCal como tãobem fará todos osfengimentos de cal e area todos os cunhaes molduras efrestas pordentro epor fora eos oClos da Capela-mor pella parte de fora* [os óculos da Capela-mor deveriam ser de pedra, mas apenas pela parte de dentro, pois pela de fora seriam feitos fingimentos de cal e areia] *finalmente, será fingido tudo o que aSsima selheesetuou evai asignado comeste X osquais fingimentos noscunhaes eSuas molduras imitarão aCantaria Lavrada como Secostuma eosmais claros entre vãos dasmolduras entre hum conhal ao outro serão Caiados.*

Consta ainda do documento das *Condiçoens* sobre os fingimentos nessa capela a seguinte advertência: *Sedeve advertir que asimalha de dentro doCorpo da Igreja hade Ser tãobem fingida metida em Cal.* Nestes casos, para a execução desses fingimentos deveria o arrematante buscar a areia *detrás doquintal do defunto P.e Madeira eSerá aCal os sobred.os fingimentos traçada e beneficiada tempo antes deser obrada para melhor Sigurança eperfeição* (...).

No caso de São Francisco de Ouro Preto, internamente, tanto a cimalha, quanto os arremates das janelas, são de argamassa marmorizada, apresentando padrões texturais e cromáticos em muito semelhantes aos do quartzito Itacolomy.

De um outro documento relacionado com essa mesma capela, mas específico para a sua pintura e denominado: *Condiçõens comque Se rematou apintura edouramento da CapelaMor deS. Francisco*, constam algumas referências aos ditos fingimentos e ao processo de pinturas das rochas. Segundo a sétima condição, *Seram todas as molduras do teto fingidas depedra bornida azul clara cujas manchas serão brancas com misto rozado.* Pela oitava: *ASimalha principal emque firma oteto Será decor rozada com manchas também brancas edilatada.* Na 13. fica acertado que *Seram fingidos damesma pedra das molduras doteto osquatro óculos, cujapedra também Será bornida.* (...) e pela 14.: *As molduras dos dois painéis doslados Serão damesma pedra do teto, e osOculos eSeus ornatos Seram também dourados, eos filetes das d.as molduras.* João Baptista de Figueyredo, nascido em Catas Altas do Mato Dentro, foi um dos responsáveis pela pintura da Capela e foi o arrematante para a pintura e o douramento da capela-mor.

Na Igreja Matriz de Nossa Senhora do Bom Sucesso, em Caeté, a cimalha interna é falsa, foi construída em argamassa e acompanha a marmorização dos arcos, construídos em quartzito. Enquanto estes mostram coloração com tons de vermelho e amarelo, a cimalha tem partes amareladas e outras acinzentadas.

[17] TRINDADE. *São Francisco de Assis de Ouro Prêto*, p. 297-300 e 390-393.

Fingimentos internos com a imitação da pedra sobre argamassa

Exemplos das cimalhas e colunas da Capela do Rosário dos Pretos, em Ouro Preto [página à esquerda], das cimalhas da Igreja de Nossa Senhora do Bom Sucesso de Caeté [acima e à esquerda] e das cimalhas da Capela de São Francisco, em Ouro Preto [páginas seguintes].

S. HIERO
NYMUS

S.AUGUS
TINUS

Em Santo Antônio do Leite, distrito de Congonhas do Campo, encontra-se marmorização sobre madeira nas laterais do altar-mor da Igreja de Nossa Senhora da Soledade, como no caso da Igreja Matriz de Nossa Senhora de Nazaré, de Cachoeira do Campo. Antônio Rodrigues, arrematante da pintura interna desta última igreja, seria o autor desses fingimentos, produzidos por volta de 1755.

Na construção da Igreja Matriz de Nossa Senhora da Conceição da Vila do Príncipe, hoje Serro, iniciada em data posterior a 1776[18], apenas os alicerces foram edificados em pedra. Toda a estrutura da obra é de madeira e taipa. Internamente, segue o estilo rococó e apresenta cimalha, marcos e arco-cruzeiro como belos exemplos de imitação de rocha ou marmorização sobre madeira. Trabalhos de restauração em andamento revelam inúmeras outras áreas marmorizadas, aparentemente por sobre gesso (*stucco lustro*) ou argamassa, posteriormente recobertas por tinta branca.

Em diversas construções de Diamantina e de Tiradentes, encontram-se exemplos da marmorização em base de madeira, com destaque para as cimalhas da *Capela da Ordem Terceira de Nossa Senhora do Carmo do Arraial do Tejuco* e da *Capela de N. S. das Mercês dos Pretos Crioulos*, respectivamente. Para a Capela do Tejuco[19], José Soares de Araújo, português natural de Braga, assumiu o encargo de pintá-la, pelo *Termo* de 03/03/1766. Em um segundo *Termo de Contrato*, de 30/10/1778, foram especificados detalhes técnicos para a pintura do corpo da igreja: (...)

Fingimentos internos com a imitação da pedra sobre madeira

Dentre os vários exemplos [abaixo e página à direita], destacam-se as pilastras cinza-esverdeadas da Capela de São Francisco de São João d'El Rey, a cimalha da Igreja de Nossa Senhora da Conceição de Catas Altas e as cimalhas, pilastras e arco da Capela de Nossa Senhora das Mercês de Tiradentes [faixa central da página à direita].

[18] SANTA ROSA. *Minas Gerais Monumentos Históricos e Artísticos – Circuito do Diamante*, p. 157.

[19] Ibidem, p. 290.

Os fingimentos externos: ornatos e pilastras produzidas em argamassa

A argamassa foi utilizada para a produção de elementos da ornamentação nos frontispícios da Igreja de Santo Antônio de Tiradentes [argamassa acinzentada no canto inferior esquerdo da imagem abaixo] e da Capela de São Francisco de Assis de Ouro Preto [página à direita, arranjos florais da imagem à esquerda], no frontão do Chafariz do Alto da Cruz [página à direita, ao alto] e nas pilastras da Capela do Rosário dos Pretos de Ouro Preto [página à direita, abaixo], entre outros.

A semalha do corpo da Igreja sera [terá] *os frizoz dourados e brunido e pedra fingida com Algumas folhas de ouro;*

Os fingimentos de pedra encontrados nos interiores das capelas de São Francisco de Assis e da Ordem Terceira do Carmo, em São João d'El Rey, superam em muito a utilização das rochas na construção de diversos dos seus elementos decorativos. Assim é que, no interior da nave de São Francisco, ressaltam de suas paredes laterais os diversos elementos que compõem suas colunas, onde fustes e capitéis são falsos. Os fustes, na parte aparente, são compostos por espelhos de madeira encurvados com partes marmorizadas e outras laterais imitando o xisto verde da base. Os capitéis, igualmente falsos, ligam-se à cimalha, que também é de madeira com imitação de rocha. Esses elementos assentam-se sobre bases construídas com a utilização de blocos de xistos com coloração verde e ricos em cristais de magnetita. Seguindo a mesma técnica dos fustes, foi produzido o arco superior do coro, bem como as suas respectivas colunas. Todo o conjunto envolve marmorização sobre madeira. Com as mesmas técnicas do fingimento e da marmorização, mas sobre argamassa, foram produzidas as ombreiras, soleiras e vergas das janelas laterais e os contornos dos óculos, procurando sempre reproduzir a tonalidade da rocha verde.

Finalmente, tanto em Sabará, quanto em Ouro Preto, ou em edificações em outros dos sítios históricos de Mi-

nas, os tons da marmorização em base de madeira, pedra ou de argamassa variam desde o pérola, o bege, o vermelho e o marrom, até diversos tons de verde e de azul.

Fingimentos externos são raros, e dentre os observados destacam-se os em argamassa presentes nos frontispícios da Igreja Matriz de Santo Antônio de Tiradentes e da Capela de São Francisco de Ouro Preto.

Em Tiradentes, detalhes laterais do entablamento associado ao medalhão da portada dessa igreja foram construídos em argamassa. Os elementos em argamassa são de granulação grossa, mostram coloração acinzentada pouco mais escura do que a pedra-sabão, com a qual foram construídos o medalhão e outros detalhes, como aqueles assentados por sobre as ombreiras dessa portada. Com relação aos demais detalhes, construídos em xisto, diferenciam-se pela cor azulada destes últimos. No exemplo de Ouro Preto, foram observados alguns arranjos florais no medalhão da Capela da São Francisco de Assis, construídos em argamassa de grão grosso, imitando a pedra-sabão. Não foram encontrados registros sobre o emprego dessa técnica nessas construções.

Patrimônio Cultural: deterioração, restauro e preservação

Na apresentação desta obra, a citação de *Fernando Cortazar*, historiador espanhol, nos lembra que *nadie podrá conocer un país si no sabe preguntar a sus símbolos*. Portanto, para que este patrimônio artístico e cultural, que constitui a identidade de uma nação, possa continuar sendo conhecido, indagado e admirado, a sua preservação deve ser entendida como imprescindível. Com esse propósito, todos os esforços devem ser colocados em prática visando a minimizar os efeitos de suas deteriorações, através de uma permanente conservação e de restauros, estes tão-somente quando inevitáveis à manutenção dessa memória. Como entendia *John Ruskin*, crítico de arte inglês, as restaurações podem significar a destruição dos monumentos e na nossa função de guardiões destes, não temos o direito de tocá-los, pois não nos pertencem: *Pertencem àqueles que os construíram, e cujos direitos não se extinguiram com suas mortes, e às gerações que estão por vir.*

No entanto, ele descreve a presença de manchas pardo-avermelhadas na superfície das figuras dos profetas, concentradas em cavidades muito rasas e comenta: *O material aí é pulverulento, rico em ferro, destacando-se facilmente pelo atrito e não contem sulfatos ou sulfetos.*

Ainda hoje verifica-se a presença dessas manchas em cavidades já não tão rasas. Além disso, observa-se a presença de pátinas de mesma coloração ou amarelo-alaranjadas, concentradas em determinadas áreas, em especial naquelas mais protegidas e de difícil acesso para remoção.

Em São João d'El Rey, quer para a Capela de São Francisco, quer para a do Carmo, Orosco descreve aspectos semelhantes para a decomposição da rocha utilizada, que erroneamente considera ser a pedra-sabão. De fato trata-se de uma rocha esverdeada e xistosa, que lasca com facilidade e que contém quantidades variadas de quartzo, clorita, micas e de minerais opacos. Essas rochas verdes e xistosas mostram-se menos resistentes por apresentarem planos de foliação, ao contrário da pedra-sabão que é maciça. Por conta dessas descontinuidades, são mais propensas à circulação de fluidos, que podem provocar alterações significativas.

Nessas construções, assim como em outras, onde os xistos foram utilizados, encontram-se blocos cortados tanto paralela, quanto perpendicularmente aos planos de foliação da rocha. Nos blocos de corte paralelo, onde os planos da foliação encontram-se na vertical, Orosco verificou que a decomposição se manifestava por descamação da superfície aparelhada. São descritas ainda fissurações, fendas oblíquas, que em parte são devidas a rupturas acidentais ou durante a colocação dos blocos. Assim, para esse autor, a ação mecânica terá concorrido em muito para as avarias observadas: *Durante o trabalho de corte, desgaste e polimento, naturalmente levado a cabo por canteiros, a rocha, muito frágil, terá sido sujeita a um tratamento bastante rude.* Utilizados nessa posição, os blocos também mostram-se menos resistentes aos efeitos das compressões e rompem-se com grande facilidade, segundo esses planos.

Dos monumentos de Ouro Preto, com exceção da Capela de São Francisco de Assis, tudo o que tinha sido feito em pedra-sabão estava em bom estado, segundo o autor. Em Tiradentes, a balaustrada da Igreja de Santo Antônio, construída em xisto e argamassa e não em pedra-sabão, como descrito por Orosco, encontrava-se segundo o mesmo *vetustamente suja de pátina com aspecto encantador*. Para Mariana foram descritas poucas obras avariadas.

De modo geral, as principais avarias da pedra-sabão envolvem o surgimento de cavidades, pois os frequentes enriquecimentos locais em ferro, sob a forma de óxidos ou silicatos pulverulentos e de raras ocorrências de sulfetos (pirita), uma vez alterados são facilmente removidos. A presença de cristais de carbonato, normalmente dolomita, também contribuiu para a formação dessas cavidades, por dissolução, em parte acelerada pelo fenômeno das chuvas ácidas. Orosco considera que a *decomposição da rocha é local e preexistente* e portanto, já existiam os pontos avariados ao serem extraídos os blocos de pedra das jazidas, sejam as cavidades decompostas, sejam as bandas alternadamente avariadas e sãs. Para corroborar essa sua hipótese, ele afirma que tanto a pedra aplicada, quanto amostras colhidas por ele apresentavam muitas semelhanças e algumas mostravam alterações idênticas às observadas nos monumentos. Além disso, conclui que as jazidas de onde foram retirados os materiais, há mais de duzentos anos, devem ser as mesmas de onde se retira o material atualmente e que deveria existir muita dificuldade, como atualmente, em se conseguir blocos de grande volume. Orosco acredita ainda na possibilidade do preenchimento de cavidades preexistentes com o pó resultante do desgaste e do polimento, durante a preparação do material. Isso poderia inclusive ter permitido a utilização de blocos defeituosos. Invocando uma das condições constantes do contrato para o arremate da nova portada da Capela de São Francisco de Ouro Preto, segundo a qual a pedra devia ser *a de sabau toda de uma cor isenta de fios e leixocas*, mas inexistente em outros contratos, encontra o autor reforço para sua tese envolvendo a utilização desses blocos defeituosos.

Passados 67 anos das observações de Orosco, pode-se afirmar que as deteriorações e avarias para os monumentos mineiros acentuaram-se, podendo ser mencionadas como exemplos: a erosão diferenciada nas bases das pilastras da Casa Capitular de Mariana, registrada pelos desgastes entre as partes construídas em quartzito e xisto e o desgaste nas peças das bases da antiga Casa de Câmara e Cadeia de Ouro Preto. Muitos dos quartzitos e alguns granitos utilizados mostram extensa oxidação, resultando disso uma grande variedade de tonalidades para as rochas. Em várias dessas construções, estão presentes os efeitos da arenização e da hidrólise, como nas portas de acesso aos púlpitos no interior da Capela do Carmo em Ouro Preto, ou dos desplacamentos, como no caso das peças de quartzito das bases das pilastras externas dessa capela. Muitas das irregularidades e desgastes resultaram da ação combinada ou não da chamada erosão eólica e dos desgastes por abrasão, como aquelas encontradas nos degraus da escada da Casa Capitular ou de acesso ao adro do Santuário de Congonhas do Campo. O posicionamento de algumas das construções de Minas, como o da Capela de Santo Antônio, no distrito de Itatiaia, da Igreja de Santo Antônio de Tiradentes e o do Santuário do Bom Jesus de Congonhas, considerando-se as correntes dos ventos, a insolação e índices de umidade, explicam o desenvolvimento de extensas colônias de algas e liquens, fenômenos de oxidação e o desenvolvimento diferenciado de pátinas. Microfissuramentos preexistentes ou provocados evoluíram e provocaram a separação de partes de um mesmo bloco, com perdas significativas de massa, como verificado em vários dos profetas de Congonhas, assim como em diversas das esculturas localizadas em inúmeros medalhões e portais de diversas capelas, como é o caso das fissuras e lascamentos nos serafins alados e nas faces de querubins do baixo-relevo que compõe o frontispício de São Francisco de Assis de Ouro Preto. Finos sulcos e riscos resultantes de processos inadequados de limpeza ou da ação de vândalos, contribuíram tanto para mudanças locais de cor, quanto para perdas de parte do material pétreo e da identidade histórica, neste caso como a que ocorreu no Chafariz de Águas Férreas onde a data de inauguração, 1806, foi por conta de um risco alterada para 1866. Além destas e de outras deteriorações, muitos bens foram literalmente abandonados "à própria sorte". Alguns não resistiram à especulação e ao crescimento desordenado, como antigas construções, mundéus e residências, dos morros de Ouro Preto, enquanto outros sofreram enorme degradação, principalmente ao longo dos últimos trinta anos, e atualmente encontram-se perdidos em meio aos puxadinhos, como o Mundéu e a Capela da Piedade, ou o chafariz do Vira-e-Sai, o que demonstra falta de compromisso com a preservação do patrimônio e da memória histórica, para um passado não muito distante.

Após a realização de vários ensaios ou testes de caracterização tecnológica e de alteração acelerados para todas essas rochas aqui consideradas, com reprodução de ações naturais envolvendo variações bruscas de temperatura, ação de materiais corrosivos ou variações das condições de oxidação, entre outras, em parte conduzidos por Orosco em 1941 e mais recentemente levados a efeito no laboratório do LABTECRochas do CPMTC/UFMG[4], foram confirmadas e verificadas as interferências de diversos fatores nas características de várias dessas rochas, contribuindo para modificações cromáticas, perda de resistências e comprometimento de padrões estéticos.

No entanto, verifica-se que de efeitos mais danosos foram e ainda o são: as intervenções executadas sem os devidos conhecimentos das características e feições das rochas, não se respeitando suas texturas e estruturas; as intervenções que acabaram por eliminar quase que por completo as feições ou as marcas do tempo, interrompendo de forma intolerável e irreversível a história de alguns desses monumentos; o abandono e a degradação do entorno onde se encontram alguns desses monumentos, em parte engolidos pelo desordenado crescimento urbano, verificado em quase todos os importantes sítios históricos de Minas e por último e não menos importante encontra-se entre esses efeitos danosos o extenso vandalismo. Impune na maioria dos casos, é decorrente da falta de informação e da cultura voltada para a preservação desse rico patrimônio.

Assim como já proposto por Orosco, recomenda-se a eliminação na conservação e manutenção desse patrimônio de toda e qualquer limpeza por atrito, principalmente sobre a pedra-sabão, os xistos e as rochas calcárias. Para o caso dos monumentos que têm suas partes em pedra expostas, e em especial para aquelas várias esculturas produzidas em pedra e que serão mantidas em áreas externas, apesar da possibilidade de serem removidas e substituídas por cópias, recomenda-se que devam ser conservadas as suas respectivas pátinas e crostas. Normalmente, a presença dessas películas não afeta a estética dos monumentos ou das esculturas, e acaba mesmo por desempenhar o papel de elemento protetor e até mesmo consolidador de partes alteradas. Além disso, sua presença pode impedir novas perdas ou desgastes por conta da continuidade de ataques a que continuarão sujeitos os materiais que compõem os monumentos. Aqui vale lembrar que as colonizações micro-

[4] A este respeito consultar: COSTA et al. *Rochas Ornamentais e de Revestimento: Estudos a partir do patrimônio construído e de projetos arquitetônicos recentes*, 2003; OLIVEIRA. *Caracterização Petrográfica, estrutural e física de materiais com aplicação no setor de Rochas Ornamentais*, 1998; BEZERRA. *Mármores Ornamentais de Minas Gerais, novas técnicas de caracterização e prospecção. Pedreira do Cumbi – Cachoeira do Campo*, 1999; CAMPELLO. *Caracterização Tecnológica de Granitos Ornamentais*, 2000; MACIEL. *Caracterização Tecnológica dos Esteatitos da Região de Santa Rita de Ouro Preto, Acaiaca e Furquim*, 2002; SOUZA. *Rochas Ornamentais e de Revestimento. A importância da caracterização tecnológica nos processos de aplicação e conservação: ótica da Arquitetura*, 2003; BECERRA-BECERRA. *Alterabilidade de rochas com aplicação ornamental: procedimentos analíticos para sua avaliação*, 2004; SILVA. *Avaliação da susceptibilidade de rochas ornamentais e de revestimentos à deterioração – Um enfoque a partir do estudo em monumentos do barroco mineiro*, 2007; COSTA et al. *Ornamental and dimension stones: a study of cultural heritage buildings in Brazil*, 2004; COSTA et al. *Ornamental stones in monuments: a guide for the characterisation and evaluation*, 2008.

Os monumentos, as rochas e seus processos de alteração

Com o portal da Igreja do Senhor dos Passos da cidade do Rio de Janeiro, construído em gnaisse, abre-se o conjunto de exemplos da degradação de bens do patrimônio cultural do Brasil. Por conta da influência de diversos fatores, são evidentes os sinais da degradação destes monumentos em praticamente todos os sítios históricos do Brasil. Dentre estes fatores destacam-se aqueles provocados pela ação do homem, tais como: poluição ambiental, pichações, vandalismos, abandono, degradação do entorno e crescimento desordenado dos centros históricos.

kike

biológicas, por exemplo, nem sempre significam danos às rochas dos monumentos, especialmente se são mantidas sob controle.

No entanto, tal decisão deve ser precedida de estudos, visando ao levantamento de informações e de dados sobre as condições ambientais onde se encontra instalado o monumento, sobre as características dos materiais empregados em sua construção e sobre o tipo e composição das pátinas e crostas. Se por um lado as pátinas e crostas podem impedir ou reduzir a entrada de fluídos com ou sem sais dissolvidos, assim como de novas partículas, por outro lado podem também impedir a saída dos fluidos dificultando ou mesmo impedindo a evaporação. Dependendo das condições climáticas, isto pode significar comprometimento das características tecnológicas das rochas e nestes casos a limpeza para remoção da contaminação biológica e de crostas seria recomendável.

Sobre os procedimentos de limpeza e eventuais remoções é conveniente reproduzir um conceito trabalhado por J. Delgado Rodrigues[5], segundo o qual: *A limpeza é, por natureza, uma operação irreversível e dirige-se diretamente às superfícies onde residem, em exclusivo, os valores intrínsecos de natureza estética ou histórica, quando estão presentes. Assim, a limpeza correcta de situações desta natureza impõe que a superfície não seja tocada, pois qualquer remoção de material da superfície se traduz em perda irreversível e tanto mais significativa quanto maior for a remoção provocada.*

Como parte da conservação e da preservação desses bens, encontra-se a restauração. Esta restauração pode implicar em complementações de partes ou em substituições de peças. Para o caso das obras em pedra, saber-se de onde vieram os materiais empregados é tão fundamental, quanto o conhecimento das suas propriedades. Aqui haveria mesmo a necessidade de se manter preservadas as antigas pedreiras, como acontece em vários outros países, como na Itália, onde existem pedreiras de calcários e de serpentinitos para atenderem com exclusividade as obras de restauração de monumentos como os *duomos* de Milão e de Florença. Em 1999, quando ardeu a Capela do Carmo de Mariana, não se tinha informação alguma sobre as procedências das rochas ali utilizadas.

Sobre o tema da restauração e até que nível ela deve avançar, o pesquisador alemão J. Rüenauver, com seu trabalho: *Wo endet der Wert des Originals*, levanta uma importante questão, que entre nós permanece ainda sem posicionamento claro: aquela que questiona até que ponto na conservação deve avançar a restauração desses bens. Se por um lado restaurá-los significa preservá-los a serviço da história, como foi feito recentemente com a Ponte do Calixto, no Distrito de Itatiaia, por outro lado essa intervenção acaba por agir contra ou interromper a história do monumento, pois impede a sua degradação natural. Dependendo da extensão da

As restaurações indevidas

Intervenções sem o devido conhecimento das rochas e de suas propriedades, acabam por comprometer a estética dos monumentos.

[5] RODRIGUES. Deterioração e conservação de pedras carbonatadas. In: CASAL MOURA. *Mármores e calcários ornamentais de Portugal*, p. 253-254.

As restaurações e a história dos monumentos

Intervenções podem comprometer não só a estética, mas também interferir na história dos monumentos. No Distrito de Itatiaia, Minas Gerais, a Ponte do Calixto, além de incorretamente identificada como sendo da *Estrada Real*, sofreu um excessivo rejuvenescimento [página à direita], com perda de sua identidade histórica.

As restaurações e a identidade dos monumentos

Em Paraty, complementações com argamassa e pintura dos elementos em pedra da Igreja de Nossa Senhora dos Remédios [página à direita], comprometem a estética e interferem na identidade do monumento.

restauração, como no caso da citada ponte, ou da Igreja de Nossa Senhora dos Remédios, em Paraty, podem acabar acontecendo indesejáveis transportes no tempo, com perdas da originalidade e da identidade dos monumentos. No caso de Paraty, não ocorreram substituições ou significativas complementações com argamassas, mas as rochas tiveram suas feições cromáticas modificadas por conta da aplicação de uma película de uma solução marrom-laranja sobre as mesmas.

Tão importante quanto a preservação e a restauração das peças e das construções, deve ser a manutenção ou resgate do contexto onde estes bens foram implantados. Neste sentido, a reconstituição da antiga Praça da Sé, em Mariana, com o retorno de seu antigo chafariz, construído em xisto da Passagem, bem como as recomposições na Praça Tirandentes de Ouro Preto, constituem alentados sinais, que representam o esforço de instituições e de pessoas comprometidas com o resgate da memória e com a preservação do patrimônio.

Por fim e com relação à preservação deste patrimônio cultural, algumas medidas se impõem e devem ser de fato implementadas: para a sua conservação e restauro deve haver um perfeito entrosamento entre o conhecimento dos materiais e bens que o compõem e os parâmetros ambientais relacionados com o espaço e o tempo em que foram concebidos, em que permanecem e resistem, assim como o entendimento de que a conservação e o restauro desses bens encontram-se na interface entre as ciências histórico-artísticas e as físico-naturalistas.

A identidade restaurada e o compromisso com a preservação

Assim como acontecido com o antigo Pelourinho de Mariana [fotografia atual nesta página, à esquerda], demolido em 1871 e reconstruído em 1970 em seu local original, que na fotografia de 1949, reproduzida nesta página, à direita, corresponde à área do canto inferior esquerdo da mesma, onde se encontra um grupo de crianças, o Chafariz da Praça da Sé de Mariana, construído com xistos verdes da Passagem, retirado por conta de um desses inúmeros projetos de revitalização das praças dos nossos centros históricos, retornou em 2009 ao seu local de instalação original, de onde nunca deveria ter saído.

RESENDE, Maria Efigênia Lage de. Escrever a História de Minas Gerais. In: RESENDE & VILLALTA, L.C. (Orgs.). *História de Minas Gerais – As Minas Setecentistas*. Belo Horizonte: Autêntica, Companhia do Tempo, v. 1, 2007. 589p.

Revista do Serviço do Patrimônio Histórico e Artístico Nacional. Rio de Janeiro, Ministério da Educação e Saúde, nº. 6, 1942.

Revista do Arquivo Público Mineiro. Anno VI. Bello Horizonte: Imprensa Official de Minas Geraes, Documentos Históricos IV, Fascículo II, p. 595-597, Abril a Junho de 1901.

Revista do Arquivo Público Mineiro. Ano XIII. Memórias Históricas da Província de Minas Geraes, 1908. Bello Horizonte: Imprensa Official de Minas Geraes, p. 523-639, 1909.

ROCHA, D. Mateus Ramalho. *O mosteiro de São Bento do Rio de Janeiro, 1590/1990*. Rio de Janeiro: Ed. Studio HMF, 1991. 389p.

ROLFF, Paulo Anibal Marques de Almeida. Calcáreos dolomíticos no Município de Ouro Preto. In: *Revista da Escola de Minas*. Ouro Preto, Ano XV, nº. 1, p. 5-14, Abril 1950.

ROMEIRO, Adriana. A História das Minas. Entre o sertão e o Império. In: COSTA, Antônio Gilberto (Org.). *Os Caminhos do Ouro e a Estrada Real*. Belo Horizonte: Editora UFMG; Lisboa: Kappa Editorial, 2005. 244p.

ROSSI, Ferdinando. *La Pittura di Pietra: dall'arte del mosaico allo splendore delle pietre dure*. Firenze: Giunti Gruppo Editoriale, 2002. 192p.

RÖWER, Frei Basílio, OFM. *O Convento de Santo Antônio do Rio de Janeiro. Sua história, memórias, tradições*. Frei Róger Brunorio (Coord.) Rio de Janeiro: ZAHAR, 2008. 341p.

ROYER, Amandine. Le ciment romain en France: un matériau du XIXe siècle méconnu. In: *Monumental 2006*. Villemomble: Revue scientifique et technique dês monuments historiques. Semestrie 1 Juin 2006. p. 90-95.

SAINT-HILAIRE, Auguste de. *Viagem pelo Distrito dos Diamantes e Litoral do Brasil*. Tradução de Leonam de Azevedo Penna. Belo Horizonte: Editora Itatiaia, 1974. 233p.

SAINT-HILAIRE. *Viagem pelas províncias do Rio de Janeiro e Minas Gerais*. Tradução de Vivaldi Moreira. Belo Horizonte: Editora Itatiaia, 1975. 378p.

SALCEDO, Rosío F.B. *A reabilitação da residência nos centros históricos da América Latina*. Cusco (Peru) e Ouro Preto (Brasil). São Paulo: Editora UNESP, 2007.

SALLES, Fritz Teixeira de. *Vila Rica do Pilar (Um roteiro de Ouro Prêto)*. Belo Horizonte: Editora Itatiaia Limitada. Biblioteca de Estudos Brasileiros, 1965. v. I, 230p.

SANTA ROSA, Eleonora (Coord.). Minas Gerais Monumentos Históricos e Artísticos – Circuito do Diamante. In: *BARROCO*. Belo Horizonte: Fundação João Pinheiro. Coleção Mineiriana Série Municípios e Regiões. 2. ed., nº. 16, 522p., 1995.

SANTOS, Afonso Carlos Marques de. *O Paço da Cidade: biografia de um monumento*. In: CAVALCANTI, Lauro (Org.). *Paço Imperial*. Rio de Janeiro: Sextante, 1999. p. 52-119.

SANTOS, Benedito José dos. A geologia do Município de Ouro Prêto. In: *Bicentenário de Ouro Prêto 1711 – 1911: memória histórica*. Imprensa Official do Estado de Minas Geraes, 19--. 400p.

SANTOS, Joaquim Felicio. *Memórias do Distrito Diamantino da Comarca do Serro Frio*. Belo Horizonte: Itatiaia, 1976. 338p.

SANYOVA, Jana. *La technique du stuc-marble. L`autel de Notre-Dame des Douleurs de l`église Saint-Jean-Baptiste à Averbode: un exemple de stuc-marbre en Belgique*. In: CONGRESSO INTERNACIONAL DE LISBOA Policromia: a escultura policromada religiosa dos séculos XVII e XVIII: estudo comparativo das técnicas, alterações e conservação em Portugal, Espanha e Bélgica. Lisboa. Actas... Lisboa: Instituto Português de Conservação e Restauro, 2002. p. 103-112.

SENNA, Nelson de. Toponymia Geographica de origem brasílico-indigena em Minas Gerais. In: *Revista do Arquivo Público Mineiro. Ano XX*. Bello Horizonte: Imprensa Official de Minas Geraes, p. 191-338, 1924.

SILVA, Leonardo Dantas. *Pernambuco Preservado. Histórico dos Bens Tombados no Estado de Pernambuco*. Recife, 2002. 266p.

SILVA, Maria Elizabeth. *Avaliação da susceptibilidade de rochas ornamentais e de revestimentos à deterioração – Um enfoque a partir do estudo em monumentos do barroco mineiro*. Orientação: COSTA, Antônio Gilberto. Tese de Doutorado. Programa de Pós-Graduação/Geologia UFMG, 2007. 152p.

SILVA TELLES, Augusto Carlos, *Atlas dos monumentos históricos do Brasil*. Rio de Janeiro: MEC – DAC/FENAME, 1975. 347p.

SILVA TELLES, Pedro C. da. *História da Engenharia no Brasil (Séculos XVI a XIX)*. Rio de Janeiro: Livros Técnicos e Científicos Editora S.A., 1984. 510p.

SILVA, Zenaide de Carvalho. *O Lioz português de lastro de navio a arte na Bahia*. Lisboa: Edições Afrontamento, 2007. 156p.

SILVEIRA, Marco Antônio. *O universo do indistinto – estado e sociedade nas Minas setecentistas (1735 – 1808)*. São Paulo: Hucitec, 1997. 203p.

SMITH, Robert Chester. *A talha em Portugal*. Lisboa: Livros Horizonte, 1962. 192p.

SOARES, Gabriel. *Tratado descritivo do Brasil em 1587*.Belo Horizonte: Editora Itatiaia, 2001. 320p.

SOUSA REIS, José de. O Adro do Santuário de Congonhas. *Revista do Serviço do Patrimônio Histórico e Artístico Nacional*. Rio de Janeiro, Ministério da Educação e Saúde, nº. 3, p. 207-226, 1939.

SOUSA, Renato César José de. *Problemas de conservação de construções típicas em Minas Gerais* In: Bianchi Helmut K. (Org.) Concepts and Problems of the Conservation of Historical Monuments. Workshop in Belo Horizonte, 1992.

SOUZA, Cristina Calixto Silveira de Souza. *Rochas Ornamentais e de Revestimento. A importância da caracterização tecnológica nos processos de aplicação e conservação: ótica da Arquitetura*. Orientação: COSTA, Antônio Gilberto. Dissertação de Mestrado. Programa de Pós-Graduação/Geologia UFMG, 2003. 161p.

SOUZA, Laura de Mello e. *Desclassificados do ouro*. Rio de Janeiro: Graal, 1986. 237p.

SPIX, Johann Baptist von; MARTIUS, Carl Friedrich Philipp von. *Viagem pelo Brasil 1817 – 1820*. Belo Horizonte: Itatiaia, 1981. v. 1., Livro Quarto, Cap. 1. p. 205-216.

TAVARES, A. de Lyra. *A Engenharia Militar Portuguesa na Construção do Brasil*. Rio de Janeiro: Publicações do Estado-Maior do Exército, 1965. 188p.

TRINDADE, Cônego Raimundo. Instituições de Igrejas no Bispado de Mariana. In: *Revista do Serviço do Patrimônio Histórico e Artístico Nacional*. Rio de Janeiro: Imprensa Nacional - Ministério da Educação e Saúde, nº. 13, 378p, 1945.

____________. São Francisco de Assis de Ouro Prêto. In: *Publicações da Diretoria do Patrimônio Histórico e Artístico Nacional*. Rio de Janeiro: Ministério da Educação e Saúde, nº. 17, 497p, 1951.

____________. Igreja das Mercês de Ouro Prêto. In: *Revista do Serviço do Patrimônio Histórico e Artístico Nacional*. Rio de Janeiro: Ministério da Educação e Cultura, nº. 14, p. 161-282, 1959.

VASCONCELOS, Diogo de. As Obras de Arte. In: *Bi-centenário de Ouro Preto 1711 – 1911: memória histórica*. Imprensa Official do Estado de Minas Geraes, 19--. 400p.

VASCONCELLOS, Diogo de. *A Arte em Ouro Preto*. Edições da Academia Mineira de Letras. 1934. 102p.

____________. *História Antiga das Minas Gerais*. Belo Horizonte: Editora Itatiaia, 1974. 2v.

____________. *Historia Média de Minas Gerais*. Belo Horizonte: Editora Itatiaia, 4. ed., 1974. 367p.

____________. *História Antiga das Minas Gerais*. Belo Horizonte: Editora Itatiaia, 4. ed., 1999. 428p.

VASCONCELLOS, Sylvio de. *Arquitetura no Brasil: sistemas construtivos*. Belo Horizonte: UFMG, 1979. 186p.

____________. *VILLA RICA Formação e Desenvolvimento – Residências*. Rio de Janeiro: Instituto Nacional do Livro, 1956. 318p.

____________. *Mineiridade: ensaio de caracterização*. Belo Horizonte: Imprensa Oficial, 1968. 200p.

____________. *Arquitetura, Arte e Cidade*. LEMOS, Celina Borges (Org.). Belo Horizonte: BDMG Cultural, 2004.

ZEMELLA, Mafalda P. *O abastecimento da capitania das Minas Gerais no século XVIII*. São Paulo: HUCITEC, 1990. 247p.

Créditos

BEM-TE-VI PRODUÇÕES LITERÁRIAS

Av. Presidente Wilson, 231
10° andar, Centro. CEP 20030 905
Rio de Janeiro - RJ

Proibida toda forma de reprodução desta edição por qualquer modo forma, eletrônica, mecânica, fotocopiada, gravada ou por qualquer meio sem autorização expressa do autor e da editora.

Foi feito o depósito legal.

EDITORA RESPONSÁVEL
Vivi Nabuco

EDITORIA EXECUTIVA
Lélia Coelho Frota

ASSESSOR ESPECIAL
Fernando Pedreira

REVISÃO
Bem-Te-Vi / Léia Coelho

ASSESSORIA JURÍDICA
Manoel Nabuco

CONSELHO CONSULTIVO DA BEM-TE-VI
Anna Letycia
Armando Freitas Filho
Claudio Mello e Souza
Gilberto Velho
Luiz Paulo Horta
Moacir Werneck de Castro
Ricardo Cravo Albin
Sergio Augusto
Sergio Rodrigues
Silviano Santiago

ROCHAS E HISTÓRIAS DO PATRIMÔNIO CULTURAL DO BRASIL E DE MINAS

CONCEPÇÃO, PESQUISA E ORGANIZAÇÃO GERAL
Antônio Gilberto Costa

DESIGN GRÁFICO
Ângela Dourado New Design
Bernardo Lessa New Design
Antônio Gilberto Costa

ASSISTENTE DE DESIGN
Olívia França New Design

FOTOGRAFIA
José Israel Abrantes – autor de todas as fotos do livro, com exceção dos fotógrafos relacionados abaixo:

Laura Castro Caldas e Paulo Cintra
fotos identificadas por AHU-Projeto Resgate [pp 38(a, b), 39(c), 57, 124, 130, 144, 152, 153 e 164(a)];

Vicente de Mello
fotos identificadas por AHEx (Arquivo Histórico do Exército), BN (Biblioteca Nacional-RJ), AN (Arquivo Nacional-RJ) e MI (Mapoteca do Itamaraty) [pp 10, 12-13(a, b, c, d), 39(a, b, d), 123, 125, 131 e 192-193];

José Rosael
fotos identificadas por IEB-USP [pp 38(c, d) e 128];

Higino Bonfioli
fotos identificadas por MAB (Museu Abílio Barreto / Belo Horizonte) [pp 109];

Tibério França
foto identificada por APM-FJP (Arquivo Público Mineiro / Belo Horizonte) [pp 13(e)];

Dimas Guedes
foto [pp 127(d)];

Antônio Gilberto Costa
[Capa]; [Contra-capa (imagem inferior)]; [pp 5(b), 7(b, c), 55(a), 60, 61, 62(b, c, d), 65(c, d, e, g, h, i, j, l), 66, 67, 70(c, d), 71, 73 a 75, 77 a 91, 99, 110 a 121, 129(a, e, f), 132(c), 135(b), 138(a), 139(e), 147(a, b), 149(c), 150, 151, 162(a, b, e), 164(b, c), 167(a, f), 175(a), 179(a, f), 181(c, d, i, j, k, n, p, q), 184(d, e), 185(c), 186(g, m), 189(e), 190(a, d), 191(d), 205(a), 207, 209(d, e, f, g, l), 210-211(a, b, f, g, h, j, o, p, q), 214-215(v, x, z), 216-217(d, j, l), 221(a,f), 222, 234-235(c, e), 237, 238(f), 239(b), 241, 242(d, f, h, i), 243(d), 248, 249, 252(b), 258(a, b), 259(c, d, e h), 260, 261, 263, 268(a, c, e, f, j), 269(c), 270 a 279, 280(a), 281(a,b,c,d,e,g)];

FOTOGRAFIA - ARQUIVOS DIGITAIS, COLEÇÃO E ÁLBUM
APM [pp 136-137]; Museu da Inconfidência [pp 47 e 56]; BN-Portugal [pp 55(b)], MCM (Museus Castro Maya) [pp 98(a) e 133(a)], BN-Rio [pp 96 e 98(b)], Coletânea [pp 280 (b)] e Álbum do Lirim [pp 281 (g)].

Agradecimentos

ARQUIDIOCESE DE MARIANA
Bispo Dom Geraldo Lírio Orcha

ARQUIVO HISTÓRICO DO EXÉRCITO
Tenente-Coronel Claiton Pereira Muniz | Diretor
Tenente Antônio Mauro Pereira | Org. de mapas

ARQUIVO NACIONAL - RIO DE JANEIRO
Jaime Antunes da Silva | Diretor-Geral
Satiro Nunes | Coordenação de Consulta ao Acervo

ARQUIVO PÚBLICO MINEIRO
Renato Pinto Venâncio | Superintendente
Denis Soares da Silva

BIBLIOTECA NACIONAL DE PORTUGAL
Jorge Couto | Diretor
Maria Joaquina Feijão | Setor de Cartografia
Luís Sá | Divisão de Coleções

BIBLIOTECA NACIONAL DO RIO DE JANEIRO
Muniz Sodré de Araújo Cabral | Presidente
Maria Dulce de Faria | Divisão de Cartografia
Leia Pereira da Cruz | Divisão de Iconografia

CAPELA DE SÃO FRANCISCO DE ASSIS DE OURO PRETO
Pe. Luis Carlos César Ferreira Carneiro | Pároco
Ana Clara Gomes Lima Pinto

CAPELA DE SANTA EFIGÊNIA DE OURO PRETO
Pe. Marcelo Moreira Santiago | Pároco
Maria do Carmo Moreira

CONVENTO DE SANTO ANTÔNIO DO RIO DE JANEIRO
Frei Róser Brunorio
Restauradora Rejane Oliveira dos Santos

FUNDAÇÃO DE AMPARO À PESQUISA - FAPEMIG
Prof. Mário Neto Borges | Presidente
Prof. José Policarpo Abreu | Diretor Científico

FUNDAÇÃO DE DESENVOLVIMENTO DA PESQUISA - FUNDEP
Prof. Márcio Ziviani | Diretor Executivo
Admir Ribeiro | Superintendente Geral
Antônio Eugênio Faraci | Superintendente do Núcleo de Atendimento à UFMG
Simone Simões | Gerente
Waldênia Márcia da Silva | Analista

IGREJA DE NOSSA SENHORA DO BOM SUCESSO DE CAETÉ
Pe. Carlos Antônio Silva | Pároco
Ângela Maria Leite
Julia Romano Chaves

IGREJA DE SANTA RITA - RIO DE JANEIRO
Pe. Pedro Cunha | Pároco

IGREJA DO PILAR DE OURO PRETO, CAPELA DO ROSÁRIO DE OURO PRETO E CAPELA DO CARMO DE OURO PRETO
Pe. José Simões | Pároco
Carlos José Aparecido

INSTITUTO CULTURAL FLÁVIO GUTIERREZ
Ângela Gutierrez | Presidente

INSTITUTO DE ESTUDOS BRASILEIROS DA USP
Ana Lúcia Duarte Lanna | Diretora
Maria C. do Nascimento | Supervisora Técnica do Arquivo

IPHAN – 13ª SR
Leonardo Barreto de Oliveira | Superintendente

MUSEU ARQUIDIOCESANO DE ARTE SACRA DE MARIANA
Maria Conceição Brito | Museóloga

MUSEU HISTÓRICO ABÍLIO BARRETO - BELO HORIZONTE
Thaís Pimentel | Diretora
Maria Célia Pessoa Dias Ayres | Bibliotecária

MUSEU REGIONAL DE CAETÉ
Sonia Maria Barbosa | Diretora
Waldê de Macedo

MUSEU DA INCONFIDÊNCIA - OURO PRETO
Rui Mourão | Diretor
Edson Fialho de Rezende
Aldo Celso de Araújo

MUSEU DE ARTES E OFÍCIO - BELO HORIZONTE
Célia Corsino | Museóloga

MUSEU DE CIÊNCIA E TÉCNICA DA ESCOLA DE MINAS DA UFOP
Prof. Antônio Gandini | Diretor
Prof. Gilson Nunes

MUSEU DE MINERALOGIA DJALMA GUIMARÃES
Profa. Vitória Régia Peres Oliveira Marciano | Diretora
Prof. Rui Monteiro | Vice-Diretor

MUSEU DO OURO - SABARÁ
Ricardo Alfredo de Carvalho Rosa | Diretor
Ângelo Zacarias Lanze
Ermelinda Francisca dos Santos

MUSEUS CASTRO MAYA
Vera Maria Abreu de Alencar | Diretora
Gláucia Côrtes Abreu | Coordenadora de Acervos

ORDEM DA BENEFICÊNCIA POPULAR DO BRASIL
Irmã Francisca
Irmã Ico

ORDEM TERCEIRA DE SÃO FRANCISCO DA PENITÊNCIA – RIO DE JANEIRO
Carlos Pinheiro | Engenheiro
Márcio Roque Néri da Silva | Responsável

ORDEM TERCEIRA DO CARMO DE SABARÁ
Desembargador Hélio Costa | Prior

PROJETO RESGATE – MINISTÉRIO DA CULTURA
Dra. Esther Bertoletti

REGISTRO DO PARAIBUNA
Nelson de Oliveira Tomaz

SECRETARIA DE CULTURA DE MINAS GERAIS
Eleonora Santa Rosa | Secretária de Estado
Paulo Eduardo Brant | Secretário de Estado
Sylvana Pessoa | Secretária Adjunta de Estado

UNIVERSIDADE FEDERAL DE MINAS GERAIS IGC/CPMTC-LABORATÓRIOS
Hélvio Barcelos | Técnico
Kácia Maria Morais Monteiro | Técnica
Amanda Luzia da Silva | Técnica
Wenceslau Rodrigo dos Santos | Técnico
Fernando Soares de Souza | Técnico

IGC/DEPARTAMENTO DE GEOLOGIA
Prof. Octávio Elisio Alves de Brito
Profa. Lydia Maria Lobato
Prof. Friedrich Ewald Renger

ESCOLA DE BELAS ARTES
Profa. Maria Regina Emery Quites

UNIVERSIDADE DE LISBOA - FC
Profa. Maria Estela de Freitas Vera-Cruz Jardim

IMAGENS E FOTOGRAFIAS
Dodora dos Santos – Foto do Chafariz de Mariana/Álbum do Lirim
Coletânea Maria B. F. de Morais, Ari Antunes e Joaquim Oscavo - Foto São Francisco e Carmo de Mariana
Fernanda Bueno
Foca Lisboa
Prof. Roberto Luciano Leste Murta – Pedreira Prado Lopes

INDICAÇÕES DE ANTIGAS LAVRAS
Mestre Juca (*In memoriam*)
Ediniz José Reis
Rinaldo Urzedo

© 2009, Antônio Gilberto Costa
© 2009, Editora Bem-Te-Vi

C874r

Costa, Antônio Gilberto, 1955-

Rochas e Histórias do Patrimônio Cultural do Brasil e de Minas / Antônio Gilberto Costa. - Rio de Janeiro: Bem-Te-Vi, 2009.
il.

Inclui bibliografia
ISBN 978-85-88747-31-9

1. Técnicas construtivas – Rochas Ornamentais – Brasil – Minas Gerais. 2. Patrimônio Cultural – Arte popular – Arte Sacra. 3. História – Monumentos.

09-2118. CDD: 550
CDU: 551
06.05.09 12.05.09 012509

9 788588 747319

Esta obra foi produzida em sistema de editoração eletrônica Macintosh, usando os programas Adobe InDesign e Adobe Photoshop. O texto foi composto nas fontes The Sans Light Plain. Impresso em papel couché fosco 150g/m² pela Gráfica Ipsis para a Editora Bem-Te-Vi, em 2009.